ABITUR-WISSEN PHYSIK

Christian Gleixner

Elektrodynamik

STARK

ISBN 978-3-86668-252-8

Inhalt

Fortsetzung siehe nächste Seite

Fortsetzung siehe nächste Seite

Autor: Dr. Christian Gleixner

Vorwort

Liebe Schülerin, lieber Schüler,

die **Elektrodynamik** bildet einen inhaltlichen Schwerpunkt im Physikunterricht der gymnasialen Oberstufe. Der vorliegende Band aus der Reihe „Abitur-Wissen Physik" gibt Ihnen einen umfassenden Einblick in den prüfungsrelevanten Stoff aus diesem Themengebiet. Das Buch ist als **Ergänzung** und **Vertiefung** zu Ihren Lehrbüchern in der Schule gedacht; auch können Sie daran Ihr schon erworbenes Wissen erproben.

In den drei Hauptkapiteln des Buches werden die großen Themenbereiche **Felder, Schwingungen** und **Wellen** behandelt. In jedem Gebiet finden Sie zunächst die Anwendungen und Beispiele aus dem Bereich der **Mechanik**; auf diese folgen – häufig mit Hinweis auf die mechanische Variante – die Entsprechungen im Bereich der **elektromagnetischen Wechselwirkungen**. Jedes Mal werden die **Grundbegriffe** kurz und knapp erläutert und mit zahlreichen Beispielen aus Alltag, Natur, Forschung und Technik illustriert. In den sich anschließenden **Exkursen** werden historische Zusammenhänge, technische Anwendungen, Naturphänomene usw. im Überblick dargestellt. Sie dienen v. a. der Vertiefung, sollen aber auch Ihre Neugier wecken. Damit Sie über all das den Überblick nicht verlieren, sind jeweils am Ende der Teilkapitel unter dem Titel **„Fakten und Formeln"** die wichtigsten Inhalte zusammengefasst. Um Ihnen außerdem die Orientierung zu erleichtern, finden Sie dort auch sogenannte **„Concept maps"**, in denen die Zusammenhänge zwischen den einzelnen physikalischen Begriffen veranschaulicht werden. Sie geben Ihnen einen Anhaltspunkt, wie Sie Ihr Wissen strukturieren und vernetzen können.

Ich wünsche Ihnen viel Freude bei der Lektüre des Buches und viel Erfolg bei Ihren Prüfungen.

Dr. Christian Gleixner

Felder

1 Der Begriff „Feld“

1.1 Historisches

Abb. 1 a: Michael **Faraday** führte als Erster Feldlinien ein, um elektrische und magnetische Phänomene zu beschreiben.

Abb. 1 b: James Clerk **Maxwell** war fasziniert von Faradays gründlichen Beobachtungen und entwickelte eine dazu passende mathematische Beschreibung.

Eine grundlegend neue Idee zur Beschreibung physikalischer Phänomene war das Konzept des **Feldes**. Begründet wurde der Feldbegriff von *Michael Faraday* (1791–1867, Abb. 1 a), der ihn benutzte, um die Ergebnisse seiner Experimente zur Elektrizität und zum Magnetismus zu beschreiben. Faraday, der von *Humphry Davy* (1778–1829) als Chemiker ausgebildet wurde, besaß nur wenige mathematische Kenntnisse und suchte daher nach einer anschaulichen, nicht-mathematischen Beschreibung seiner Versuchsergebnisse. Dazu führte er die heute häufig verwendeten **Feldlinien** ein.
Der Schotte *James Clerk Maxwell* (1831–1879, Abb. 1 b) war eine große mathematische Begabung und interessierte sich sehr für Faradays Untersuchungen zur Elektrizität, die dieser in einer Reihe von Artikeln unter dem Titel „Experimental Researches in Electricity“ veröffentlicht hatte. Es gelang ihm, nicht nur Faradays Feldlinien, sondern auch dessen experimentelle Ergebnisse mathematisch abstrakt zu beschreiben, wobei er sich stark von Analogien zwischen den Feldlinien und Strömungen von Flüssigkeiten leiten ließ. Wir kennen diese Beschreibung heute als die vier **Maxwell'schen Gleichungen**, die in der klassischen Physik immer noch die Grundlage für die Beschreibung elektromagnetischer Felder darstellen. Es dauerte allerdings noch einige Zeit, bis der Feldbegriff als adäquate Beschreibung für elektromagnetische Phänomene bei den Physikern akzeptiert wurde. Dabei konnte Maxwell seine Überlegungen damals schon so weit ausbauen, dass sie ihn zur Vermutung führten, dass Licht als **elektromagnetische Welle** zu beschreiben sei.
Der Feldbegriff wurde später auch auf die Beschreibung der Gravitation übertragen und in zunehmendem Maße verallgemeinert. Heute sieht man Felder als eigenständige physikalische Objekte an, die durch entsprechende Eigenschaften (physikalische Größen) charakterisiert werden. So ordnet man Feldern heute u. a. Energie und Impuls zu.

1.2 Grundlagen

Im mathematischen Sinne bezeichnet man als **Feld** eine Funktion, die jedem Punkt des dreidimensionalen (oder bei Bedarf auch nur zweidimensionalen) Raumes eine Größe zuordnet. Im einfachsten Fall wird jedem Raumpunkt ein Zahlenwert zugeordnet; ein Beispiel dafür sind

z. B. die Angaben für Luftdruck und Lufttemperatur auf einer Wetterkarte (Abb. 2). Man spricht in diesem Fall von einem **Skalarfeld**. Häufig werden in Skalarfeldern Punkte mit gleichen Zahlenwerten durch Linien verbunden (Isolinien von griech. `ίσος: gleich).

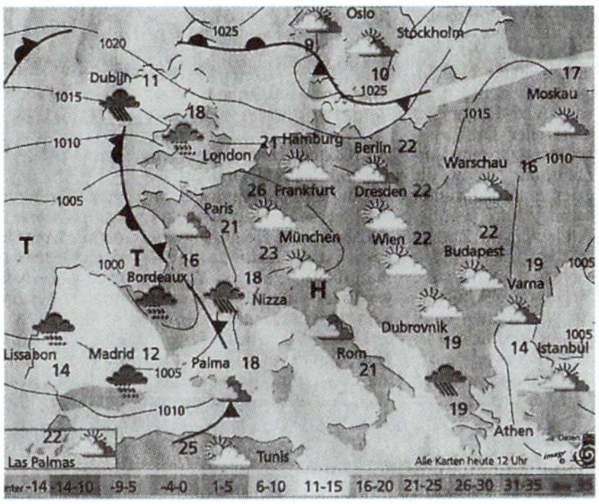

Abb. 2

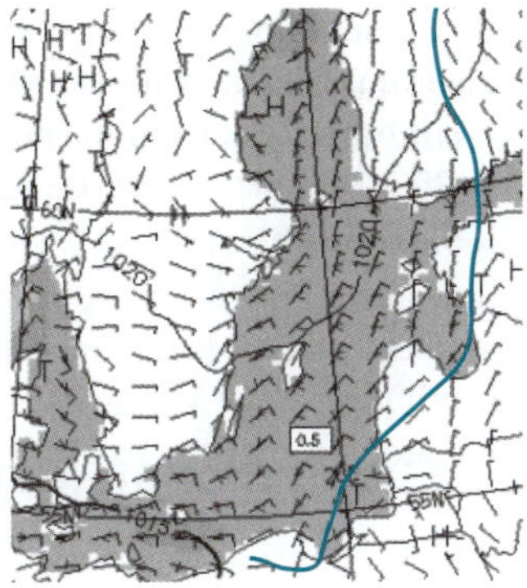

Abb. 3

Abb. 2: Die Angaben von Lufttemperatur und Luftdruck auf einer Wetterkarte stellen mathematisch gesehen ein **Skalarfeld** dar. Jedem Punkt auf der Karte wird ein entsprechender Zahlenwert (Skalar) zugeordnet. Punkte mit gleichen Werten werden häufig durch Linien verbunden, hier z. B. durch Linien gleichen Luftdrucks, die Isobaren.

Abb. 3: Die kurzen Linien mit den „Fähnchen" (Windpfeile) geben die Windrichtung und die Windstärke an. Sie stellen ein Beispiel eines **Vektorfeldes** dar. Zieht man eine Linie so, dass die Windpfeile stets tangential zu ihr verlaufen, erhält man eine Feldlinie (hier farbig gezeichnet).

Etwas aufwendiger ist die Beschreibung bei **Vektorfeldern**. Hier wird jedem Punkt eine gerichtete Größe, ein **(Feld-)Vektor** zugeordnet. Dieser wird durch seine **Richtung** und seinen **Betrag** charakterisiert. Auch hier kann die Wetterkarte als Beispiel dienen, wenn man jedem Punkt der Erdoberfläche die momentane Windgeschwindigkeit mit Betrag und Richtung zuordnet (Abb. 3). Häufig verwendet man bei Vektorfeldern **Feldlinien** zur Beschreibung. Feldlinien werden so angelegt, dass an jedem Punkt des Feldes der entsprechende Vektor tangential zur Feldlinie verläuft.

Hier in der Wetterkarte wurde der Betrag des Vektors über die Anzahl der Federn an dem Windpfeil dargestellt, damit die Darstellung trotz vieler eingetragener Werte übersichtlich bleibt. Häufiger verwendet man in der Physik (wie auch in der Mathematik) zur Darstellung von Vektoren **Pfeile**, deren Länge ein Maß für den Betrag des Vektors ist. Das wohl bekannteste Beispiel hierfür dürften die **Kraftpfeile** sein, deren Länge den Betrag der Kraft darstellt und deren Richtung mit der Richtung der Kraft übereinstimmt. Zahlentechnisch stellt man Vektoren durch Zahlentupel dar, z. B. im dreidimensionalen Fall durch ein Zahlentripel wie etwa $\vec{x} = (3\ \ -2\ \ 4)$, für die man entsprechende Rechenregeln aufstellt.

Die **Überlagerung von Skalarfeldern** lässt sich auf einfache Weise durchführen: Man muss nur die entsprechenden Zahlenwerte für jeden Ortspunkt addieren. Ordnet man z. B. jedem Punkt der Erdoberfläche die in einem Monat gefallene Regenmenge in mm Wasserhöhe zu, so

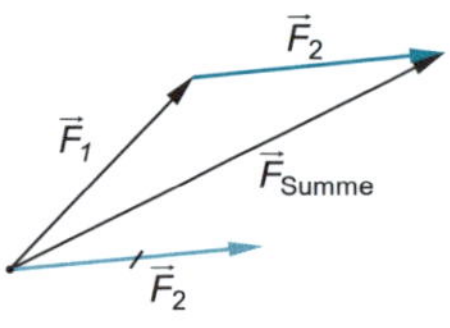

Abb. 4: Mithilfe einer Pfeildarstellung funktioniert die **Vektoraddition** so: Die beiden Pfeile beginnen jeweils am gleichen, zugehörigen Ortspunkt. Nun wird der Pfeil $\vec{F}_2$ so parallel verschoben, dass sein Fußpunkt mit der Spitze des Pfeils $\vec{F}_1$ zusammenfällt. Der Summenpfeil $\vec{F}_{Summe}$ ergibt sich daraus, dass man vom Fußpunkt von $\vec{F}_1$ zur Spitze von $\vec{F}_2$ einen Pfeil zeichnet.

erhält man die Jahreswassermenge für jeden Punkt, indem man die Zahlenwerte für alle Monate des Jahres für jeden Punkt jeweils addiert. Bei **Vektorfeldern** ist der Vorgang aufwendiger – hier muss man eine **Vektoraddition** durchführen. Rechentechnisch lässt sich diese ebenfalls als eine Addition von Zahlenwerten darstellen; allerdings müssen hier für jeden Ortspunkt mehrfach Zahlen addiert werden. Beispielsweise muss im dreidimensionalen Fall für jede der drei Dimensionen jeweils eine Zahlensumme berechnet werden. In der Veranschaulichung mit Pfeilen funktioniert die Addition so, wie es in Abb. 4 dargestellt ist **(Pfeiladdition)**.

2 Gravitationsfelder

2.1 Von Kepler über Newton zum Gravitationsfeld

Isaac Newton (1643–1727) begründete die Einsicht, dass zwischen Gegenständen, die Masse besitzen, eine stets anziehend wirkende **Gravitationskraft** auftritt. Die moderne Physik geht weiterhin von dieser Erfahrung aus, auch wenn es im Bereich der Kosmologie Hinweise darauf gibt, dass es unter Umständen eine Art von Materie geben könnte, die auch abstoßende Gravitationskräfte auf die uns bisher bekannte Materie ausübt (die sogenannte „dunkle Materie"). Newton konnte damit eine physikalische Erklärung für die **Kepler'schen Gesetze** geben, die *Johannes Kepler* (1571–1630) vorher auf rein empirisch-mathematischem Wege aus einer Vielzahl von Messwerten erschlossen hatte. Jener formulierte folgende drei Gesetze (vgl. Abb. 5):

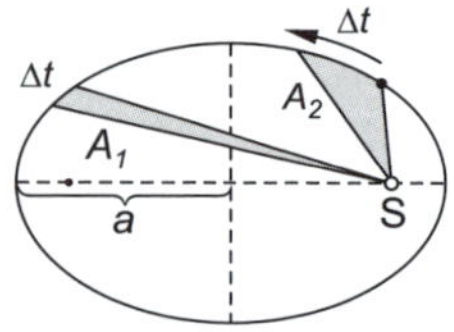

Abb. 5: Das 2. Kepler'sche Gesetz bezeichnet man auch als **Flächensatz**. Die Flächen A_1 und A_2 sind gleich groß.

1. Kepler'sches Gesetz: Alle Planeten bewegen sich auf elliptischen Bahnen, in deren einem Brennpunkt die Sonne (allgemein: ein Zentralgestirn) steht.

2. Kepler'sches Gesetz: Der Fahrstrahl zwischen der Sonne (dem Zentralgestirn) und dem Planeten überstreicht in der gleichen Zeitspanne Δt gleich große Flächenstücke.

3. Kepler'sches Gesetz: Das Verhältnis der Quadrate der Umlaufdauern T und der dritten Potenzen der großen Halbachsen a ist für alle Körper, die sich um das gleiche Zentralgestirn bewegen, gleich: $\frac{T^2}{a^3} = \text{const.}$

Newtons großes Verdienst war es, sein Konzept zur Beschreibung von Wechselwirkungen zwischen Gegenständen – nämlich den Begriff „Kraft“ – auf die Planetenbewegungen anzuwenden. Ihm gelang es damit zu zeigen, dass die Gravitationskraft quadratisch abnimmt, wenn der Abstand der Körper zunimmt (siehe Kasten „Fakten und Formeln“, S. 16). Dabei benutzte er nur das 3. Kepler'sche Gesetz und das Kraftgesetz für die Kreisbewegung. Die Formel zur Berechnung der Anziehungskraft zwischen zwei Körpern der Massen m_1 und m_2 ist heute unter der Bezeichnung **Newton'sches Gravitationsgesetz** bekannt.

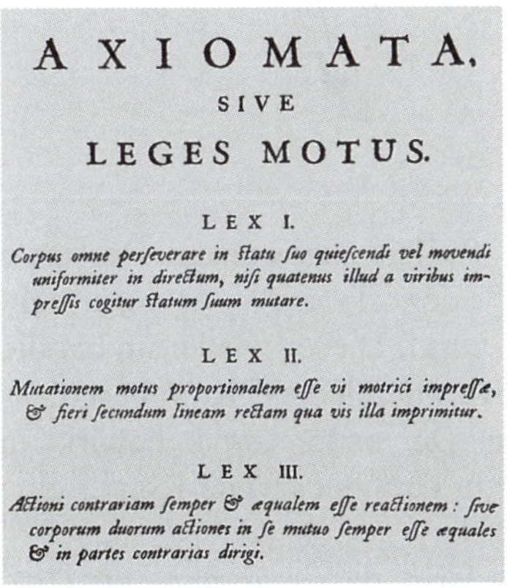

AXIOMATA,

SIVE

LEGES MOTUS.

LEX I.

Corpus omne perſeverare in ſtatu ſuo quieſcendi vel movendi uniformiter in directum, niſi quatenus illud a viribus impreſſis cogitur ſtatum ſuum mutare.

LEX II.

Mutationem motus proportionalem eſſe vi motrici impreſſæ, & fieri ſecundum lineam rectam qua vis illa imprimitur.

LEX III.

Actioni contrariam ſemper & æqualem eſſe reactionem: ſive corporum duorum actiones in ſe mutuo ſemper eſſe æquales & in partes contrarias dirigi.

Abb. 6

Axiome, oder Gesetze der Bewegung

I.

Alle Körper verharren im Zustand der Ruhe oder der gleichförmigen Bewegung in einer Richtung, wenn nicht eine äußere Kraft diesen Zustand ändert.

II.

Die Änderung der Bewegung ist proportional zur äußeren Kraft und erfolgt entlang der Linie, in der die Kraft wirkt.

III.

Die Aktion ist stets entgegengesetzt und gleich groß wie die Reaktion: Wenn zwei Körper gegenseitig aufeinander einwirken, so sind die Kräfte jeweils gleich groß und entgegengesetzt gerichtet.

Abb. 6: Ursprüngliche Formulierung der **Newton'schen Gesetze** aus dem Werk „Philosophiae Naturalis Principia Mathematica“, das 1687 erschien (Originaltext links, Übersetzung rechts)

Newton'sches Gravitationsgesetz

Zwischen zwei Körpern der Massen M und m wirken Gravitationskräfte, deren Betrag sich mit folgender Formel berechnen lässt:

$$F_G = G^* \cdot \frac{M \cdot m}{r^2}$$

Darin bedeuten r den Abstand der Schwerpunkte der beiden Körper und

$$G^* = 6{,}672 \cdot 10^{-11} \frac{m^3}{kg \cdot s^2}$$

die **Gravitationskonstante**; sie beschreibt die Stärke der Wechselwirkung und ist eine universelle Naturkonstante. Die Richtung von $\vec{F}_G$ wird dabei durch die Verbindungslinie der beiden Körperschwerpunkte vorgegeben.

Newton selbst konnte G^* noch nicht selbst bestimmen, dies gelang erst *Henry Cavendish* (1731–1810) im Jahre 1798, also mehr als hundert Jahre nach der Veröffentlichung der Newton'schen Gesetze. Heute beschreibt man die Gravitationswechselwirkung häufig unter Zuhilfenahme des Begriffs „Feld“, der sich historisch bei der Betrachtung elektrischer Wechselwirkungen entwickelt hat. Dabei werden den bei-

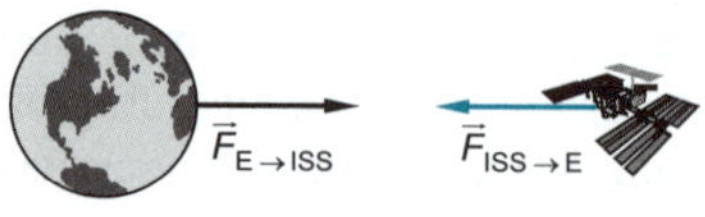

Abb. 7 a

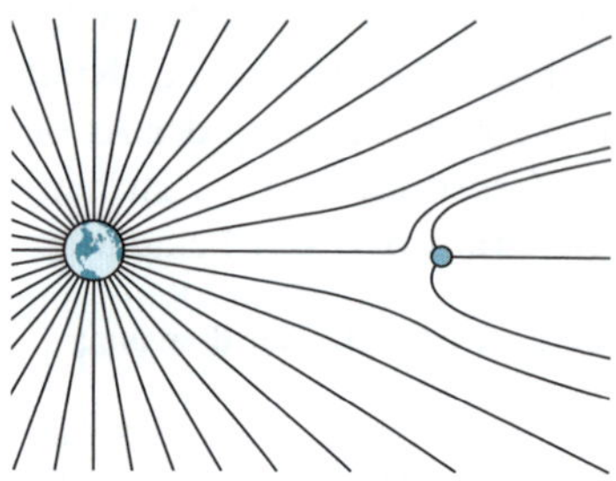

Abb. 8

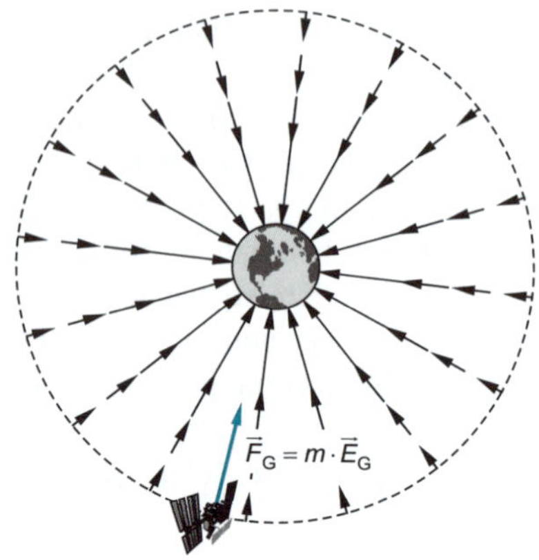

Abb. 7 b

Abb. 7: **Gravitationskräfte** zwischen zwei Körpern.

a: Zwei Körper üben Gravitationskräfte aufeinander aus, sobald beide Masse besitzen. Die Kraft, die z. B. die **Erde** auf die internationale Raumstation **ISS** ausübt ($\vec{F}_{E \to ISS}$, schwarzer Pfeil), ist genauso groß wie die Kraft, welche die ISS auf die Erde ausübt ($\vec{F}_{ISS \to E}$, grüner Pfeil). Der Betrag dieser beiden Kräfte hängt von der Größe beider Massen ab.

b: Unter Zuhilfenahme des **Feldbegriffs** sieht die Beschreibung so aus: Die Erde erzeugt ein Gravitationsfeld, das sich als Vektorfeld (schwarze Pfeile) beschreiben lässt. An jedem Punkt, der den Abstand r vom Erdmittelpunkt hat, (gestrichelte Kreislinie) hat die Feldstärke E_G den gleichen Betrag – die Feldvektoren haben die gleiche Länge.
Die Kraft, die auf einen Gegenstand mit Masse m in diesem Feld wirkt, ist dem Betrag nach $F_G = m \cdot E_G$. Kraftrichtung und Richtung des Feldvektors stimmen per definitionem überein, sodass man diese Gleichung schreiben kann als: $\vec{F}_G = m \cdot \vec{E}_G$.

Abb. 8: Das gemeinsame **Gravitationsfeld** von Erde und Mond wird hier durch Feldlinien beschrieben. Sie sind so gezeichnet, dass an jeder Stelle des Feldes der Feldvektor tangential zur Feldlinie verläuft. Die Dichte der Linien ist ein ungefähres(!) Maß für die Feldstärke am jeweiligen Ort. Für die Darstellung wurde das korrekte Massenverhältnis benutzt, die räumlichen Dimensionen sind nicht maßstabsgetreu.

den beteiligten Körpern verschiedene Rollen zugewiesen: Der erste Körper erhält die Rolle des „Aktiven“, des „Täters“ – er verursacht eine Kraft, die auf den zweiten Körper wirkt. Dieser wiederum hat die Rolle des „Passiven“, des „Opfers“: Er wird durch diese Kraft beschleunigt (oder verformt). Kurz gesprochen: Der erste Körper bewirkt in seiner Umgebung ein Gravitationsfeld, in dem der zweite Körper eine Kraft erfährt (Abb. 7).

Der Vorteil dieser Betrachtung besteht darin, dass man nun eine Größe definieren kann, die nur von der Masse des ersten Körpers, nicht aber von der Masse des zweiten Körpers abhängt. Dazu dividiert man die Gravitationskraft, die auf den zweiten Körper wirkt, durch dessen Masse. Man erhält so die **Gravitationsfeldstärke** $\vec{E}_G$; ihr Betrag ergibt sich aus dem Newton'schen Gravitationsgesetz:

$$E_G = \frac{F_G}{m} = G^* \cdot \frac{M}{r^2} \qquad (*)$$

Die Richtung von $\vec{E}_G$ stimmt mit der Richtung der Kraft auf den zweiten Körper überein. Somit kann man nun jedem Raumpunkt einen Vektor zuordnen, der die Kraftwirkung des ersten Körpers auf andere Körper beschreibt. Das Gravitationsfeld stellt also ein **Vektorfeld** dar, das sich zeichnerisch durch Feldlinien beschreiben lässt. Wie sich der Beziehung $(*)$ bzw. Abb. 7 b entnehmen lässt, hängt die Kraft auf einen Körper der Masse m in einem Gravitationsfeld mit der Gravitationsfeldstärke E_G über $\vec{F}_G = m \cdot \vec{E}_G$ zusammen. Vergleicht man dies mit dem zweiten Newton'schen Gesetz $\vec{F} = m \cdot \vec{a}$, so stellt man fest:

Die **Gravitationsfeldstärke ist identisch mit der Beschleunigung**, die ein Körper im Gravitationsfeld erfährt, kurz: $\vec{E}_G = \vec{a}$

Noch deutlicher werden die Vorteile der Beschreibung mithilfe von Feldern, wenn mehrere Körper ins Spiel kommen. Bewegt sich z. B. ein Satellit im Schwerefeld von Erde und Mond, dann muss zur Bestimmung der Satellitenbahn die jeweils wirkende Gesamtkraft mithilfe des Gravitationsgesetzes von Punkt zu Punkt bestimmt werden. Dabei geht stets die Masse des Satelliten in die Rechnung ein. Verwendet man den Feldbegriff, so lässt sich schon vorher für jeden Punkt des Raumes der zugehörige Feldvektor $\vec{E}_G$ berechnen, indem man die Gravitationsfelder von Mond und Erde überlagert (Abb. 8 und Kapitel 1.2, S. 4). Man weiß also schon im Voraus, welche Beschleunigung ein Satellit mit einer beliebigen (nicht zu großen) Masse an einem bestimmten Punkt des Schwerefelds erfahren wird.
Abb. 8 suggeriert, dass der Einfluss der Gravitationswirkung des Mondes in der Nähe der Erde unerheblich ist. Dies liegt daran, dass in der Feldliniendarstellung nur ungenaue Informationen über die Feldstärke enthalten sind. Tatsächlich wird für Meeresanwohner der Einfluss des Mondes in Gestalt von Ebbe und Flut (siehe Kapitel 2.2) täglich sichtbar. Genauso müssen diese Einflüsse bei der Berechnung von Satellitenbahnen berücksichtigt werden. Ein genaueres Bild liefert die Potenzialdarstellung des Gravitationsfeldes (siehe Kapitel 2.3, S. 8).

2.2 Naturphänomen: Ebbe und Flut

Im Alltagsgebrauch spricht man davon, dass der Mond um die Erde kreist, d. h. dass der Mond sich im Gravitationsfeld der Erde befindet. Man kann aber auch den umgekehrten Standpunkt einnehmen, dass sich die Erde im Gravitationsfeld des Mondes bewegt. Im Prinzip fällt die Erde dann ständig auf den Mond zu. Mond und Erde würden dann unweigerlich aufeinanderprallen, wenn sich nicht die Erde während des Fallens zusätzlich quer zur Kraftrichtung bewegte. Ähnlich ist die Situation, wenn man einen Stein waagrecht wegschleudert (Abb. 9): Während der Stein in Richtung Erde fällt, bewegt er sich quer zur Kraftrichtung mit dem Tempo weiter, das man ihm beim Abwurf „mitgegeben" hat.

Abb. 9: Je höher das Abwurftempo ist (symbolisiert durch die Pfeillänge), umso weiter fliegt der Stein. Erreicht er die **1. kosmische Geschwindigkeit**, so kreist der Stein in gleichbleibendem Abstand um die Erde.

Abb. 9

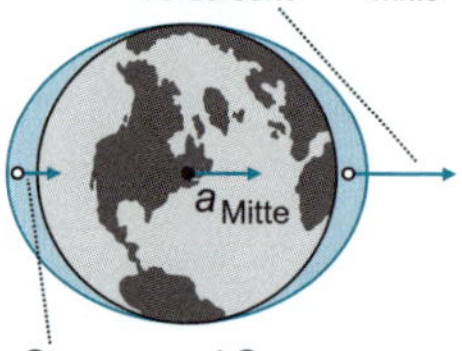

Abb. 10: Entstehen zweier **Flutberge**. Die Beschleunigung durch die Gravitationskraft des Mondes ist auf der mondzugewandten Seite stärker als auf der mondabgewandten Seite.

Die Erfahrungen (und auch die physikalischen Rechnungen) zeigen, dass die Wurfweite umso größer ist, je höher das Abwurftempo war. Spinnt man diesen Gedanken weiter, so kommt man zu dem Schluss, dass bei einem bestimmten Tempo die Wurfweite des Steins gerade so groß wie der Erdumfang wird – der Stein umkreist dann die Erde. Das dazu notwendige Tempo heißt **1. kosmische Geschwindigkeit.** In diesem Sinne fällt also die Erde um den Mond herum, wobei die Gravitationskraft des Mondes für die notwendige Zentripetalbeschleunigung sorgt. Da die Gravitationskraft aber vom Abstand abhängt, ist die Beschleunigung auf der mondzugewandten Seite größer als am Erdmittelpunkt. Das Wasser auf dieser Seite fällt also dem Erdmittelpunkt „davon". Dabei entfernt es sich vom Erdmittelpunkt so weit, bis die Kräfte zwischen den Wassermolekülen die größere Beschleunigung ausgleichen – es bildet sich ein Flutberg in Richtung auf den Mond zu. Auf der gegenüberliegenden Seite ist die Situation umgekehrt: Der Erdmittelpunkt fällt schneller dem Mond entgegen als das Wasser. So entsteht auch hier ein Flutberg (Abb. 10). Unter diesen Flutbergen dreht sich die Erde aufgrund ihrer Eigenrotation hinweg, sodass es viermal täglich zum Wechsel zwischen Ebbe und Flut kommt.

2.3 Energie, Potenzial und Arbeit im Gravitationsfeld

Im Folgenden spielt der **Energieerhaltungssatz** eine große Rolle. Er besagt:

> „In einem abgeschlossenen System bleibt die Summe der Energien (Gesamtenergie) erhalten." bzw.
> „In einem System bleibt die Summe der Energien (Gesamtenergie) erhalten, wenn kein Eingriff von außen erfolgt."

Wesentlich geht hierbei die Definition des abgeschlossenen Systems ein, was an folgendem Beispiel erläutert werden soll. Ein Stein, z. B. von der Masse ein Kilogramm, liegt auf der Erdoberfläche und wird um zwei Meter gehoben. Man kann nun diesen Vorgang aus drei verschiedenen Sichtweisen betrachten (Abb. 11):

- Sieht man Stein und Erde zusammen als das geschlossene System an, so begeht derjenige, der den Stein hochhebt, einen „Eingriff von außen", d. h., beim System Stein–Erde hat sich die Gesamtenergie durch diesen Eingriff geändert, das System hat potenzielle Energie in Form von Höhenenergie dazugewonnen. Derjenige, der den Stein hochhebt, **übt eine Kraft längs eines Weges aus**, er **verrichtet Arbeit an dem System.**

- Nimmt man denjenigen, der den Stein hochhebt, mit ins System hinein, so erfolgt lediglich eine **Energieumwandlung** – chemische Energie (Muskeltätigkeit) wird beim Vorgang des Hebens in potenzielle Energie umgewandelt, die Gesamtenergie dieses Systems ändert sich nicht.
- Man kann auch den Stein allein als System betrachten. Dann sind die Gravitationskraft der Erde *und* die Kraft des Hochhebenden Eingriffe von außen, die in entgegengesetzter Richtung erfolgen. Daher haben die Werte der jeweils verrichteten Arbeit das entgegengesetzte Vorzeichen (und den gleichen Betrag). Die gesamte am System Stein verrichtete Arbeit ist somit null. **Die Energie des Systems „Stein“ ändert sich in diesem Fall nicht.** Allerdings findet im äußeren System eine Umwandlung von chemischer Energie in potenzielle Energie statt.

Abb. 11: Je nach Definition des **physikalischen Systems** ändert sich die Betrachtungsweise hinsichtlich der Energie:
- Einwirkung von außen auf das System Erde–Stein (oben).
- Energieumwandlung innerhalb des Systems (Mitte)
- Energie des Systems „Stein“ unverändert; Energieumwandlung im äußeren System (unten)

Mithilfe einer Analogiebetrachtung kann man sich klarmachen, dass man die auftretenden Energieänderungen jeweils dem Gravitationsfeld zuschreiben kann. Die anziehenden Kräfte, die zwischen Erde und Stein wirken, stellt man durch eine Feder dar (Abb. 12). Diese Feder symbolisiert die Rolle des Gravitationsfelds: Je weiter Stein und Erde voneinander entfernt sind, umso mehr Energie steckt in der Feder, d. h., umso mehr Energie steckt im Gravitationsfeld.
Im oberen Fall der Abb. 12 wird am System Erde–Gravitationsfeld–Stein von außen Arbeit verrichtet; die Energie dieses Systems ändert sich also. In den beiden anderen Fällen wird jeweils chemische Energie in potenzielle Energie, d. h. in Energie des Gravitationsfeldes umgewandelt. Die Verwendung dieser Analogie hat allerdings Grenzen:

- Die potenzielle Energie der Feder ist unabhängig von der Masse des Steins. Beim Gravitationsfeld hingegen hängt die potenzielle Energie davon ab, wie groß die Masse des Steins ist.
- Im Gravitationsfeld nimmt, anders als bei der Feder, die Kraft nach außen hin ab.

Abb. 12: Das **Gravitationsfeld** der Erde wirkt wie eine gespannte Feder zwischen dem Stein und der Erde. Je weiter Erde und Stein voneinander entfernt sind, umso mehr Energie steckt in der Feder. Allerdings nimmt im Gravitationsfeld – anders als bei der Feder – die Kraft mit zunehmendem Abstand ab.

Um wieder unabhängig von der Masse des Steins zu werden, dividiert man die potenzielle Energie W_{pot} durch die Masse des Steins (hier wird als Formelzeichen für die Energie der Buchstabe W verwendet, um später deutlich von der Feldstärke E zu unterscheiden). Diese Größe nennt man **(Gravitations-)Potenzial Φ_G**:

$$\Phi_G = \frac{W_{pot}}{m}$$

Die Einheit ist $[\Phi_G] = 1\,\frac{J}{kg}$.

Beispiel: Die potenzielle Energie eines Steins der Masse m beträgt in der **Nähe der Erdoberfläche** $W_{pot} = m \cdot g \cdot h$; h ist dabei die Höhe über der Erdoberfläche.

Das zugehörige Potenzial ist dann

$$\Phi_G(h) = \frac{W_{pot}}{m} = g \cdot h. \qquad (*)$$

Allgemein gilt für das Potenzial im Gravitationsfeld einer Masse M (Herleitung siehe Kasten „Fakten und Formeln", S. 16):

$$\Phi_G(r) = -\frac{G^* \cdot M}{r} \qquad (**)$$

Die potenzielle Energie eines Körpers im Unendlichen ist hierbei null und hat an allen anderen Punkten einen negativen Wert. Somit nimmt, mathematisch gesehen, das Potenzial und damit die potenzielle Energie zu, wenn sich der Abstand vom Körper M vergrößert. Hingegen wählt man bei Berechnung des Potenzials in Erdnähe die Erdoberfläche als Potenzialnullpunkt – von diesem aus gesehen ist das Potenzial im Unendlichen unendlich groß und die Potenzialwerte sind positiv. Die unterschiedlichen Vorzeichen der Potenzialwerte bei den Gleichungen (*) und (**) beruhen also auf der unterschiedlichen Wahl des **Potenzialnullpunkts**. Dieser lässt sich frei wählen – es ändern sich damit zwar die Potenzialwerte, aber nicht die Differenzen zwischen den Potenzialwerten.

Das Potenzial, das zum Gravitationsfeld gehört, stellt mathematisch ein Skalarfeld dar – jedem Punkt des Raumes wird ein Zahlenwert zugeordnet. Punkte, die auf dem gleichen Potenzial liegen, verbindet man durch die **Äquipotenziallinien** (lat. aequus: gleich). Da Äquipotenziallinien Punkte verbinden, die den gleichen Potenzialwert haben, ergibt sich aus dem Zusammenhang zwischen diesem Wert und der potenziellen Energie, dass **die potenzielle Energie** bei Verschiebung eines Körpers **entlang einer Äquipotenziallinie konstant** bleibt.

Wird ein Körper zu einer Äquipotenziallinie verschoben, die einen anderen Potenzialwert repräsentiert, ändert sich die potenzielle Energie: Entweder wird **potenzielle Energie umgewandelt** (z. B. in kinetische Energie) oder es wird **Arbeit an dem System verrichtet** (Abb. 13).

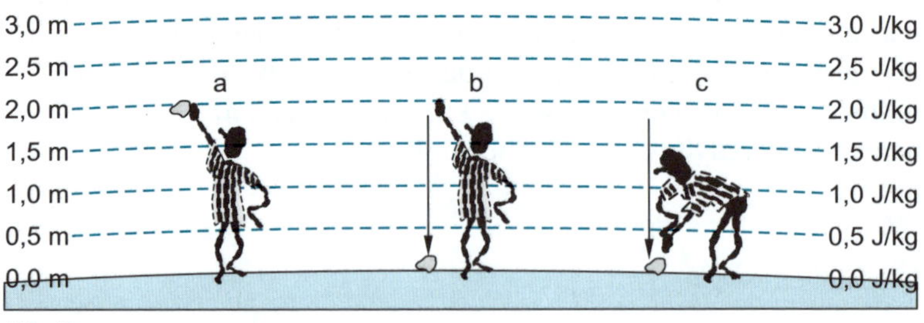

Abb. 13

Abb. 13: In der Nähe der Erdoberfläche können die **Äquipotenziallinien** näherungsweise als parallele Geraden gezeichnet werden (gestrichelt). Setzt man die Erdoberfläche als Potenzialnullpunkt fest, ergeben sich die rechts angezeigten Potenzialwerte.

a: Der hochgehobene Stein hat bei 1 kg Masse die potenzielle Energie 2,0 J; wäre er 3 kg schwer, wäre die potenzielle Energie 6,0 J.

b: Lässt man den Stein fallen, so bewegt er sich zu einem Punkt mit niedrigerem Potenzial. Dabei wandelt sich in dem System Erde – Stein die potenzielle Energie in kinetische Energie um.

c: Legt man den Stein auf dem Boden ab, bewegt er sich ebenfalls zu einem Punkt mit niedrigerem Potenzial. Allerdings wird jetzt am System Erde – Stein Arbeit verrichtet. Deren Wert ist negativ, denn das System Erde – Stein hat an Energie verloren.

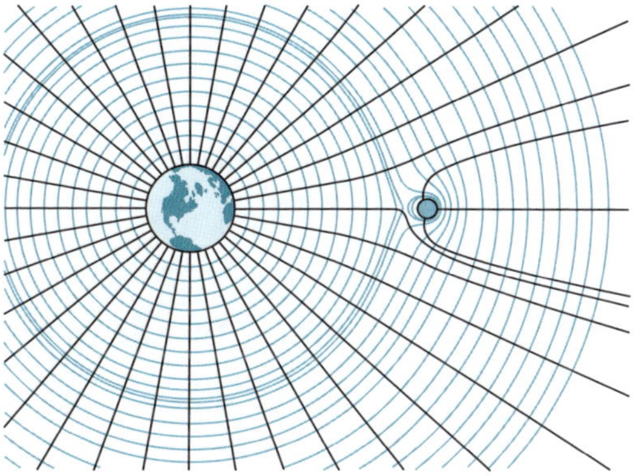

Abb. 14 a

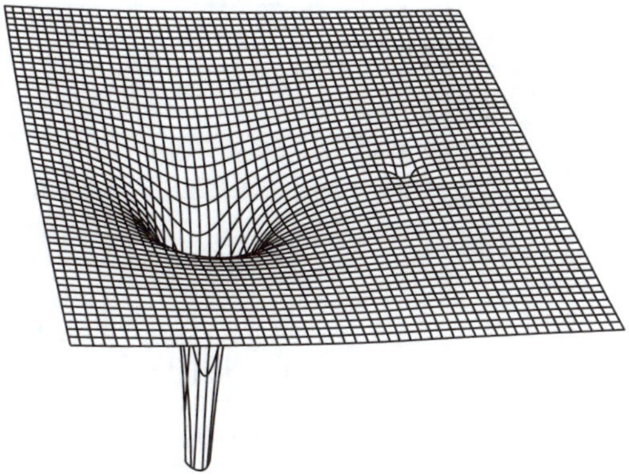

Abb. 14 b

Abb. 14: **Erde und Mond**

a: **Gemeinsames Gravitationsfeld** von Erde und Mond in der Ebene der Mondbahn mit Feldlinien und Äquipotenziallinien. Die Äquipotenziallinien verlaufen stets senkrecht zu den Feldlinien. Wird ein Körper in dem Gravitationsfeld entlang dieser Linien verschoben, findet keine Energieumwandlung statt bzw. wird keine Arbeit verrichtet.

b: **Dreidimensionale Darstellung des Potenzials.** In ihr findet man die relative Stärke der jeweils wirkenden Kraft wieder: Je steiler das Flächenstück ist, umso stärker wirkt die Kraft auf einen Körper, der sich in diesem Gravitationsfeld befindet. Dabei ist zu beachten, dass diese Darstellung die gemeinsame Wirkung von Erde und Mond auf einen dritten Körper darstellt, nicht aber die Wirkung der Erde auf den Mond. Ließe man auf der als Netz dargestellten Fläche eine Kugel rollen, würde sie sich genauso bewegen wie ein entsprechender Satellit im Gravitationsfeld.

Oft findet man dreidimensionale Darstellungen für die Potenzialwerte in einer bestimmten Ebene. Hierbei werden auf der z-Achse die Potenzialwerte angetragen, während die x- und y-Werte die Koordinaten von Punkten in dieser Ebene angeben (Abb. 14).

Mithilfe der Potenzialwerte lässt sich die umgewandelte Energie bzw. die verrichtete Arbeit leicht berechnen. Man muss nur die **Differenz der Potenzialwerte** mit der Masse des Körpers multiplizieren.

Beispiel: Fällt ein Stein mit Masse 1 Kilogramm aus 2 Metern Höhe bzw. wird ein Stein von dieser Höhe aus auf den Erdboden gelegt, so ergibt sich:

$$\Delta W = m \cdot \Delta\Phi = m \cdot (\Phi_{\text{Ende}} - \Phi_{\text{Anfang}}) = 1\,\text{kg} \cdot \left(0{,}0\,\frac{\text{J}}{\text{kg}} - 2{,}0\,\frac{\text{J}}{\text{kg}}\right) = -2\,\text{J}$$

Das Minuszeichen beim Ergebnis besagt, dass die Energie entweder von potenzieller Energie in eine andere Energieform überführt wurde oder dass dem System Energie entzogen wurde.

Ein weiterer Vorteil bei der Verwendung von Potenzialen ergibt sich dadurch, dass sich bei der Überlagerung verschiedener Gravitationsfelder die Potenzialwerte für das Gesamtfeld aus der Addition der Werte für das jeweilige Einzelfeld ergeben. Befindet sich z. B. ein Satellit im Abstand r_E vom Erdmittelpunkt und im Abstand r_M vom Mondmittelpunkt, so ist das Potenzial an diesem Ort:

$$\Phi_G = -\frac{G^* \cdot M_E}{r_E} - \frac{G^* \cdot M_M}{r_M}$$

Abb. 15 zeigt die Potenzialwerte, die sich auf einer geraden Verbindungslinie zwischen Mond und Erde ergeben. Man kann erkennen, dass nur in der Nähe des Mondes sich der Potenzialverlauf wesentlich vom Potenzial des Gravitationsfeldes der Erde unterscheidet.

Abb. 15: Der **Potenzialverlauf** für das gemeinsame Gravitationsfeld von Erde und Mond (durchgezogene Linie) entsteht aus der Addition der einzelnen Potenziale von Erde und Mond (gestrichelte Linien).

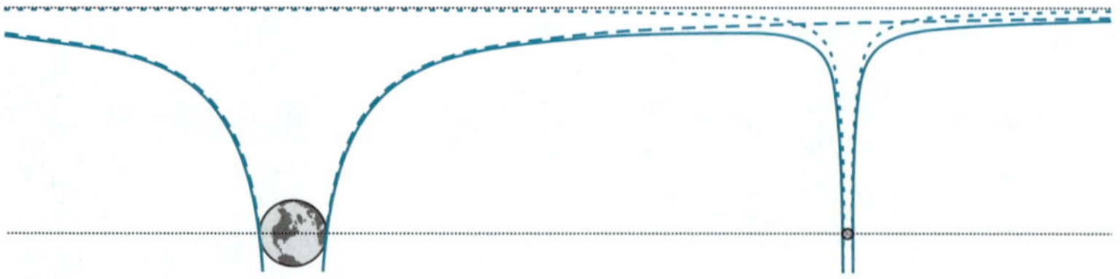

Abb. 15

Anmerkung: Die Formeln (∗) und (∗∗) (S. 10) für das Gravitationspotenzial in der Nähe der Erdoberfläche,

$$\Phi_G(h) = g \cdot h \quad \text{und} \quad \Phi_G(r) = -\frac{G^* \cdot M}{r} \quad \text{mit } r = r_E + h,$$

sehen sehr unterschiedlich aus (r_E: Erdradius). Die Rolle des Vorzeichens wurde oben schon geklärt. Setzt man formell die Differenz der Potenziale für die Abstände r_E und $(r_E + \text{h})$ vom Erdmittelpunkt an, erhält man:

$$\Delta\Phi = -\frac{G^* \cdot M}{(r_E + h)} + \frac{G^* \cdot M}{r_E} = -G^* \cdot M \cdot \frac{r_E - (r_E + h)}{r_E \cdot (r_E + h)} = -G^* \cdot M \cdot \frac{-h}{r_E \cdot (r_E + h)}$$

Da der Erdradius ca. 6 370 km beträgt, kann man bis in etwa 60 km Höhe (≈ 1 % von r_E) gut mit der Näherung rechnen, dass $r_E \approx r_E + h$ ist. Damit ist dann

$$\Delta\Phi = \frac{G^* \cdot M}{r_E^2} \cdot h,$$

die Potenzialdifferenz ist also praktisch proportional zur Höhe über dem Erdboden. Setzt man noch den Wert für die Masse der Erde ($5{,}98 \cdot 10^{24}$ kg) ein, so erhält man für den Proportionalitätsfaktor:

$$\frac{G^* \cdot M}{r_E^2} = \frac{6{,}672 \cdot 10^{-11} \frac{\text{m}^3}{\text{kg} \cdot \text{s}^2} \cdot 5{,}98 \cdot 10^{24}\,\text{kg}}{(6{,}37 \cdot 10^6\,\text{m})^2} = 9{,}83\,\frac{\text{m}}{\text{s}^2} = 9{,}83\,\frac{\text{N}}{\text{kg}}$$

Das ist der Wert der Fallbeschleunigung bzw. des Ortsfaktors g an der Erdoberfläche.

2.4 Exkurs: Das Potsdamer Geoid

Abb. 16 a

Abb. 16 b

Abb. 16: Auf den beiden Bildern von der **Erde** sieht man jeweils Afrika im Vordergrund.

a: Satellitenaufnahmen lassen die Erde als eine Kugel erscheinen. Die Rotation der Erde führt zu einer leichten Abplattung der Kugelgestalt – der Durchmesser von Pol zu Pol ist um etwa 42 km kleiner als der Durchmesser auf Höhe des Äquators. Die Erde hat dann die Form eines **Ellipsoids** (im Maßstab des Bildes ist der Unterschied mit freiem Auge nicht erkennbar).

b: Aus den Bewegungen von Satelliten kann man erschließen, dass selbst das Ellipsoid noch eine Idealisierung ist. Das sogenannte **Potsdamer Geoid** ist eine berechnete Darstellung der Erde und zeigt, wie die Form der Erde von einem idealen Ellipsoid abweicht. Das ideale Ellipsoid legt dabei die Höhe „Normal Null" fest. Die Höhenabweichungen des Geoids gegenüber der Oberfläche des Ellipsoids betragen nicht mehr als 100 m. Im Bild wurden sie stark überhöht dargestellt – sie lassen die Erde wie eine Kartoffel erscheinen.

Das Bild über die geometrische Gestalt der Erde hat sich im Laufe der Menschheitsgeschichte immer wieder verändert. Zunächst erscheint die Erde aus der durch die geringe Mobilität eingeschränkten Sicht als eine mehr oder weniger bucklige Scheibe, dann führt die Seefahrt hin zur Kugelgestalt, welche die Raumfahrt dann durch einen Blick von „draußen" mittlerweile für alle sichtbar macht (Abb. 16).

Nun liefern die Satelliten nicht nur durch Fotografien ein Bild der Erde – sie lassen auch durch ihre Flugbahnen einen Blick auf und in die Erde werfen. Hätte die Erde die Idealform eines Ellipsoids (ein Ellipsoid entsteht, wenn man eine Ellipse um eine ihrer Hauptachsen rotieren lässt), so würden die Satelliten auf perfekten Ellipsen um die Erde fliegen. Die Abweichungen von der Idealform rufen bei den Satelliten Bahnstörungen hervor, die sich durch genaue Vermessung der Bahnkurven ermitteln lassen. Aus diesen Abweichungen kann man auf die unregelmäßige Form der Erde zurückschließen. Ursachen für diese Abweichungen von der Idealform sind die ungleichmäßige Verteilung der Masse der Erde und Dichteschwankungen im Erdinneren durch Konvektionsprozesse im flüssigen Erdmantel.

2.5 Exkurs: Fly-by-Manöver in der Raumfahrt

Weltraummissionen von Raumsonden sind eine langwierige Angelegenheit. Eines der Hauptprobleme ist dabei die Energieversorgung des Satelliten, vor allem in Hinsicht auf die Korrektur von Flugrichtung und -geschwindigkeit. Im Wesentlichen ist man hier zunächst auf das Rückstoßprinzip angewiesen. Ansonsten wird die Flugbahn durch das Gravitationsfeld bestimmt, in dem sich die Raumsonde bewegt. Dieses lässt sich aber in bestimmten Situationen geschickt ausnutzen, um die Raumsonde in eine bestimmte Richtung umzulenken oder ihr neuen Schwung zu verschaffen. Solche Manöver werden **Swing-by, Fly-by, Slingshot** („Schuss mit einer Schleuder") oder **Gravity Assist** genannt. Die Raumsonde Cassini führte auf ihrem Flug von der Erde zum Saturn gleich mehrere solche Manöver durch (Abb. 17).

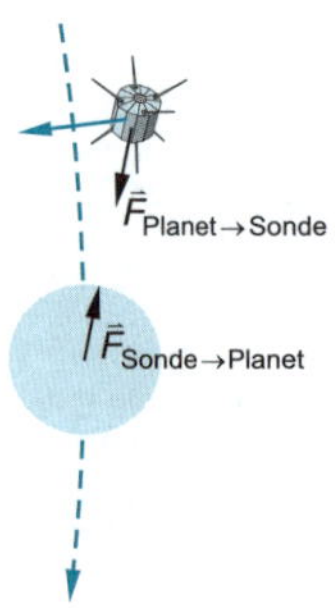

Abb. 17 a

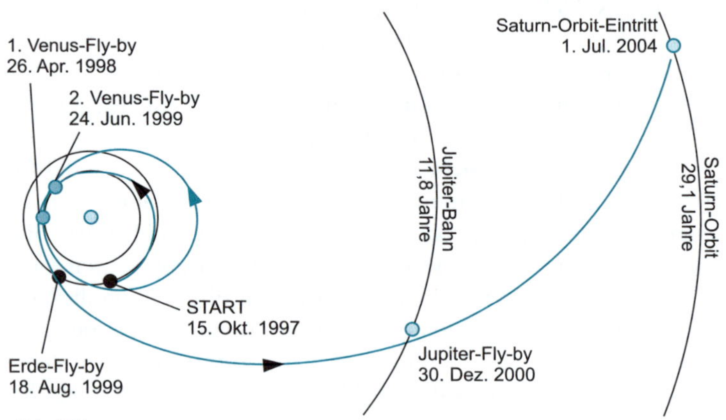

Abb. 17 b

Abb. 17: Flugbahn der **Raumsonde Cassini**

a: **Bahn** aus Sicht eines Beobachters, der relativ zur Sonne ruht. Auf dem Weg zum Saturn führte die Sonde vier Fly-by-Manöver durch.

b: Im linken Bildteil ist das Grundprinzip solcher **Fly-by-Manöver** dargestellt: Die Sonde wird durch die Gravitationskraft des Planeten in dessen Bewegungsrichtung mitgezogen. Der Planet wird dadurch leicht abgebremst.

Die Grundidee eines Fly-by-Manövers ist, dem Planeten einen winzigen Bruchteil der kinetischen Energie zu entziehen, die dieser auf seiner Umlaufbahn um die Sonne besitzt. Dazu lässt man die Sonde nahe hinter dem Planeten vorbeifliegen. Aufgrund der Gravitation wird die Sonde nun in Richtung des Planeten gezogen. Der Trick besteht nun darin, dass sich während des Vorbeiflugs der Sonde der Planet auf seiner Umlaufbahn ein Stück weiterbewegt. Die Sonde wird nun quasi in dieser Richtung mitgezogen, gleichzeitig wird der Planet – gemäß dem Wechselwirkungsprinzip – etwas abgebremst. Da der Planet im Vergleich zur Sonde eine riesige Masse besitzt, ist seine Geschwindigkeitsänderung äußerst gering. Die Sonde hat an kinetischer Energie gewonnen, der Planet diese verloren.

2.6 Exkurs: Gravity Probe B

Eine der bekanntesten Theorien der Physik ist die Relativitätstheorie, die Albert Einstein in ihren Grundzügen entwickelt hat. In der von ihm im Jahr 1915 formulierten „Allgemeinen Relativitätstheorie“ (ART) ist die Gravitation eine geometrische Eigenschaft der vierdimensionalen Raumzeit. Weil Massen Gravitation verursachen, sollten sie auch Einfluss auf die Zeit haben.

Um entsprechende Vorhersagen zu überprüfen, wurde am 20. April 2004 die Sonde **Gravity Probe B** auf eine Umlaufbahn in 642 km Höhe über der Erdoberfläche gebracht. An Bord der Sonde befinden sich vier **Gyroskope** – das sind im Prinzip vier Kreisel. Diese Kreisel wurden aber nicht in der üblichen Kreiselform angefertigt, sondern als nahezu perfekte Kugeln (Abb. 18). Damit wollte man zwei Vorhersagen der ART überprüfen:

- Aufgrund der Verformung der Raumzeit durch die Erdmasse sollte sich die Lage der Rotationsachsen der Gyroskope pro Jahr um 6,6 tausendstel Winkelsekunden verdrehen **(geodätische Präzession)**.
- Rotierende Massen verdrillen die Raumzeit – das sollte zu einer Veränderung der Rotationsachse um 0,039 tausendstel Winkelsekunden führen **(Frame-dragging)**.

Bei der Durchführung des Experiments traten unerwartete Probleme mit elektrostatischen Aufladungen auf. Erst Kontrollexperimente und eine aufwendige Datenanalyse ließen den Schluss zu, dass die Messergebnisse zumindest eine der Vorhersagen bestätigen (Abb. 19).

Abb. 18: Mit den Quarzkugeln für die Gyroskope von **Gravity Probe B** kamen die Wissenschaftler sogar ins Guinness Buch der Rekorde. Sie schufen dasjenige von Menschenhand gemachte Objekt, das am wenigsten von der Kugelform abweicht. Die relative Abweichung beträgt 1,8 Millionstel Prozent.

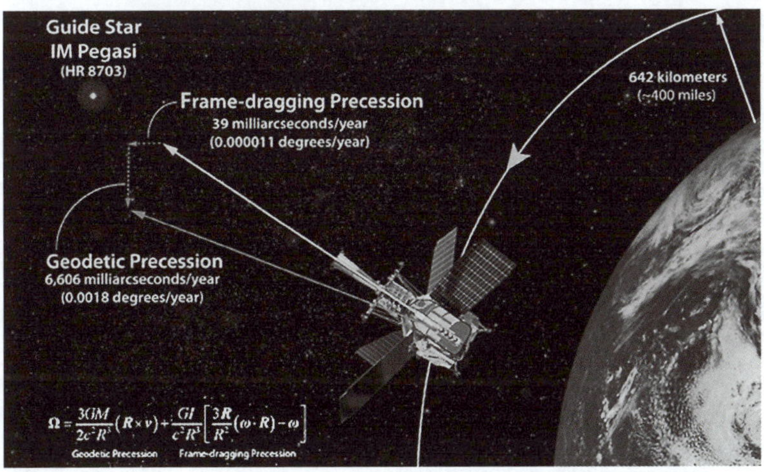

Abb. 19

Abb. 19: **Ziele und Methode** von Gravity Probe B im Überblick. Von den im Bild dargestellten Effekten konnte die geodätische Präzession nach langer Datenanalyse nachgewiesen werden.

Fakten und Formeln: Gravitationsfeld

- Aus dem Kraftgesetz (1) und der Geschwindigkeitsdefinition für die Kreisbewegung (2) sowie dem 3. Kepler'schen Gesetz (3) lässt sich ableiten, dass die **Gravitationskraft** quadratisch mit dem Abstand r zwischen den beiden Körpern abnimmt:

$$\left.\begin{array}{ll}(1) & F=\frac{m\cdot v^2}{r}\\ (2) & v=\frac{2\pi\cdot r}{T}\\ (3) & \frac{T^2}{r^3}=\text{const.}\end{array}\right\} \Rightarrow F_G=\frac{m\cdot 4\pi^2\cdot r^2}{T^2\cdot r}=m\cdot 4\pi^2\underbrace{\frac{r^3}{T^2}}_{\text{const.}}\cdot\frac{1}{r^2}$$

$F_G \sim \frac{1}{r^2}$

- Der Betrag der Gravitationskraft, die zwischen zwei Körpern längs ihrer Verbindungslinie wirkt, hängt von den Massen beider Körper und dem Abstand der Körperschwerpunkte ab.
  Die **Gravitationskonstante G^*** ist eine universelle Naturkonstante.

$\vec{F}_G \parallel \vec{r}$

$F_G = G^*\cdot\frac{M\cdot m}{r^2}$

$G^* = 6{,}67\cdot 10^{-11}\,\frac{\text{m}^3}{\text{kg}\cdot\text{s}^2}$

- Die **Schwerkraft**, die auf der Erde wirkt, ist die Gravitationskraft, die die Erde auf jeden Gegenstand ausübt.
- In der Nähe der Erdoberfläche lässt sich die Gravitationskraft auf einen Körper vereinfacht berechnen, sie ist proportional zu seiner Masse. Der Proportionalitätsfaktor g wird **Erdbeschleunigung** bzw. **Ortsfaktor** genannt. Der Wert von g ist ortsabhängig.

$F_G = m\cdot g$

$g \approx 9{,}81\,\frac{\text{m}}{\text{s}^2} = 9{,}81\,\frac{\text{N}}{\text{kg}}$

- Die **Feldstärke** im Gravitationsfeld ist der Quotient aus Gravitationskraft und Masse des Körpers, auf den die Kraft wirkt. Sie ist damit identisch mit der Beschleunigung, die der Körper erfährt, auf den die Gravitationskraft wirkt; nahe der Erdoberfläche ist sie gleich g.

$\vec{E}_G = \frac{\vec{F}_G}{m}$

$E_G(r) = G^*\cdot\frac{M}{r^2}$

$E_G(r_E) = G^*\cdot\frac{M}{r_E^2} = g$

- Ändert ein Körper der Masse m seinen Abstand zum Körper mit der Masse M von r_1 auf r_2, so wird entweder **Energie** umgewandelt oder **Arbeit** verrichtet. Deren Wert lässt sich so berechnen:

$$\Delta W_G(r_1, r_2) = \int_{r_1}^{r_2} F_G\,\mathrm{d}r = \int_{r_1}^{r_2} G^*\cdot\frac{M\cdot m}{r^2}\,\mathrm{d}r = -G^*\cdot M\cdot m\cdot\left(\frac{1}{r_2}-\frac{1}{r_1}\right)$$

- Als **Potenzial $\Phi(r)$** definiert man den Quotienten aus ΔW_G und der Masse m für $r_1 \to \infty$ und $r_2 = r$.

$$\Phi_G(r) = \lim_{r_1\to\infty}\frac{\Delta W_G(r_1, r)}{m} = -G^*\cdot M\cdot\frac{1}{r}$$

- Der **Energieumsatz** bei der Bewegung eines Körpers von r_1 nach r_2 im Gravitationsfeld ist gleich dem Produkt aus der Körpermasse und der Differenz der Potenziale bei r_1 nach r_2.

$$\Delta W_G = m\cdot\Delta\Phi = m\cdot(\Phi_G(r_2)-\Phi_G(r_1))$$

Concept Map: Gravitationsfeld

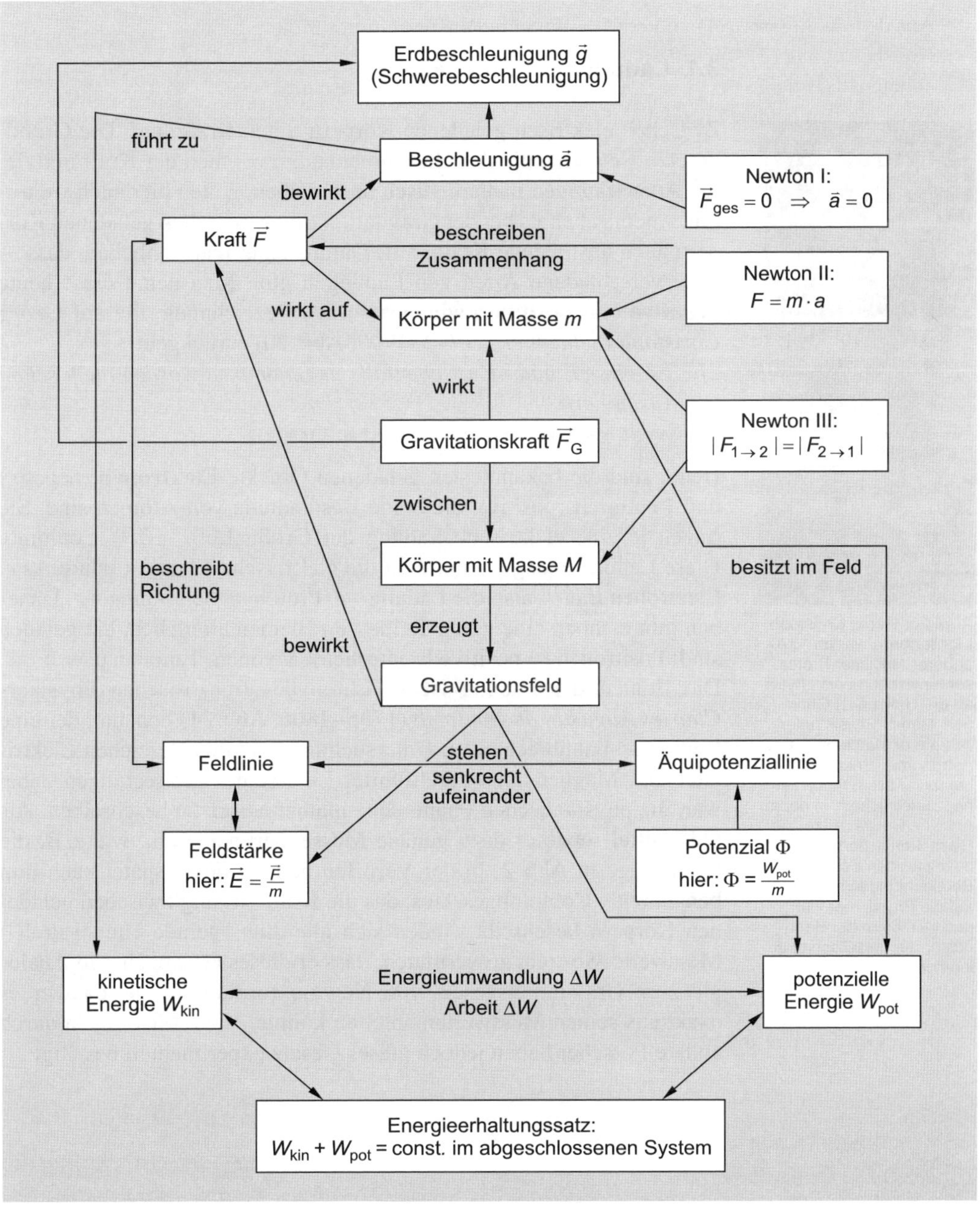

3 Elektrisches Feld und Spezielle Relativitätstheorie

3.1 Ladungen, Kräfte, Felder

Abb. 20: Georg Christoph **Lichtenberg** war ab 1770 außerordentlicher Professor für Experimentalphysik an der Universität Göttingen. Neben Physik unterrichtete er Mathematik und Astronomie. Bekannt ist er heute vor allem durch seine „Sudelbücher", in denen er seine Geistesblitze und Gedanken notierte. Dabei beschränkten sich seine Beobachtungen nicht nur auf die Physik – er war auch ein kritischer Beobachter der Gesellschaft um ihn herum.

Zwischen elektrisch geladenen Körpern treten Kräfte auf. Die Grundgesetze Newtons, die den Zusammenhang zwischen der Kraft und deren Auswirkungen mathematisch beschreiben, gelten hier auch weiterhin. Anders aber als bei der Gravitation treten zwischen geladenen Körpern auch abstoßende Kräfte auf. Daraus kann man schließen, dass es zwei verschiedene Arten von Ladungen gibt. Man nennt diese heute **negative** und **positive** Ladungen – eine Bezeichnung, die auf *Georg Christoph Lichtenberg* (1742–1799, Abb. 20) zurückgeht:

„[…] Mein +E und –E ist ebenfalls angenommen worden auch schon von Ausländern."

aus: Georg Christoph Lichtenberg, Sudelbücher, J 1440

Heute sind die bekanntesten geladenen Objekte **Elektronen** (negativ) und **Protonen** (positiv), die beide Bestandteile von Atomen sind. Sie tragen je eine elektrische Ladung der Größe $1{,}602 \cdot 10^{-19}$ Coulomb. Diese Ladungsmenge nennt man die **elektrische Elementarladung** e. Elektronen tragen also die Ladung $-e$, Protonen die Ladung $+e$. Daneben gibt es noch eine ganze Reihe von Elementarteilchen, die geladen sind: Positronen (= positive Elektronen), Myonen, Tauonen usw.
Die Einheit der Ladung ist zu Ehren des französischen Physikers *Charles Augustin de Coulomb* (1736–1806, Abb. 21) benannt, der eine Reihe von bahnbrechenden Untersuchungen in den Bereichen Elektrizität und Magnetismus durchführte. Eine seiner Zielsetzungen dabei war, die physikalischen Phänomene mathematisch zu beschreiben. Als Hilfsmittel setzte er dazu genaue Messexperimente ein, wie z. B. die Drehwaage in Abb. 2. In der Veröffentlichung des – später nach ihm benannten – Coulombgesetzes, das die Kraftwirkung zwischen geladenen Körpern beschreibt, finden sich allerdings gerade einmal drei(!) Messwerte. So steht zu vermuten, dass er dieses Gesetz eher in Analogie zum Gravitationsgesetz von Newton formulierte, als dass er es exakt aus seinen Messwerten ableiten konnte. Viele Messungen durch andere Forscher haben jedoch dieses Gesetz experimentell bestätigt.

Coulomb'sches Gesetz: Kraftwirkung zwischen Punktladungen

Zwischen zwei punktförmigen Körpern im Abstand r, die die Ladungen Q und q tragen, wirken elektrische Kräfte, deren Betrag sich mit folgender Formel berechnen lässt:

$$F_{\text{el}} = \frac{1}{4\pi \cdot \varepsilon_0} \cdot \frac{Q \cdot q}{r^2}$$

Die Größe $\varepsilon_0 = 8{,}854 \cdot 10^{-12} \frac{\text{C}}{\text{V} \cdot \text{m}}$ ist die **elektrische Feldkonstante** für das Vakuum; sie beschreibt die Stärke der Wechselwirkung und ist eine universelle Naturkonstante. Sie wird auch **Permittivität des Vakuums** genannt. Die Richtung von $\vec{F}_{\text{el}}$ wird dabei durch die Verbindungslinie der beiden Körperschwerpunkte vorgegeben. Zwischen gleichnamigen Ladungen wirken dabei abstoßende Kräfte, zwischen ungleichnamigen Ladungen anziehende Kräfte.

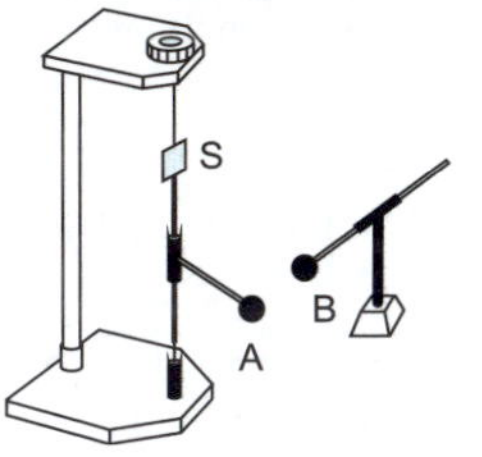

Abb. 21: Charles Augustin de **Coulomb** konstruierte eine Drehwaage zum Messen von Kräften: Ein Balken hängt an einem Draht, der sich verdrillen kann. Der Winkel, um den der Draht verdrillt wird, ist direkt proportional zur Kraft, die auf den geladenen Körper am Ende des Balkens wirkt.

Für kugelförmige Körper mit leitender Oberfläche gilt dieses Gesetz ebenso exakt, wenn man sich weiter als der Kugelradius von deren Mittelpunkt entfernt befindet; r bezeichnet dann den Abstand der Kugelmittelpunkte.

Wie bei der Gravitationswechselwirkung hängt der Betrag der Kraft von beiden geladenen Körpern ab. Auch hier hat man daher das Konzept „Feld" angewendet und mit der **elektrischen Feldstärke $\vec{E}$** eine Größe geschaffen, die nur noch von einer der beiden Ladungen abhängt. Der Betrag der Feldstärke ergibt sich aus dem Coulomb'schen Gesetz:

$$E = \frac{F_{\text{el}}}{q} = \frac{1}{4\pi \cdot \varepsilon_0} \cdot \frac{Q}{r^2}$$

Die Einheit der elektrischen Feldstärke ergibt sich zu $[E] = 1\,\frac{\text{V}}{\text{m}}$.

Ebenso wie bei der Gravitation sieht man die eine Ladung nun als **felderzeugende Ladung Q** an – sie verursacht das elektrische Feld. Die andere Ladung betrachtet man als **Probeladung q**, auf die im elektrischen Feld eine Kraft wirkt. Die Richtung des Feldstärkevektors $\vec{E}$ ist dabei identisch mit der Richtung der Kraft $\vec{F}_{\text{el}}$, die eine entsprechende **positive** Probeladung in dem Feld erfahren würde. Das hat zur Folge, dass die **Feldlinien**, mit denen sich das elektrische Feld beschreiben lässt, bei einer **positiven Ladung von der Ladung weg** weisen, bei einer **negativen Ladung auf diese hin** weisen (Abb. 22). Das elektrische Feld ist wie das Gravitationsfeld mathematisch gesehen ein Vektorfeld.

Punktladungen besitzen ein **radialsymmetrisches Feld**; die Felder mehrerer Ladungen ergeben sich, ganz analog zum Gravitationsfeld, aus der Überlagerung der Felder der einzelnen Ladungen. In Abb. 23

Abb. 22: Schnitt durch das elektrische Feld einer **Punktladung**

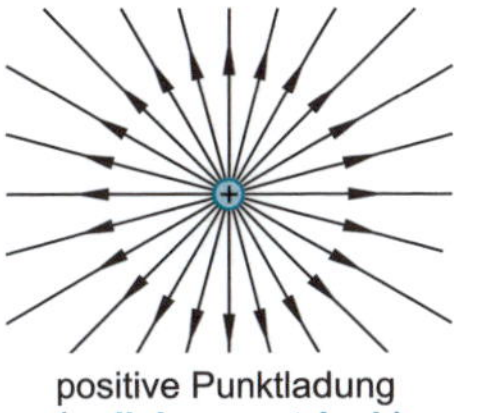

positive Punktladung **(radialsymmetrisch)**

negative Punktladung **(radialsymmetrisch)**

Abb. 23: Schnitt durch das elektrische Feld unterschiedlicher **Ladungsverteilungen**

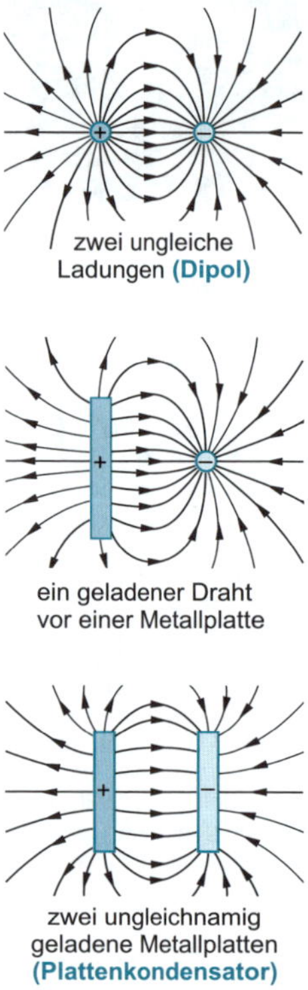

sind dazu einige Beispiele gezeigt. Eine besondere Bedeutung kommt dabei dem zuletzt abgebildeten Fall zu, der die Ladungsverteilung zwischen zwei entgegengesetzt geladenen Metallplatten zeigt.

Das elektrische Feld eines Plattenkondensators

Zwei elektrisch entgegengesetzt aufgeladene Metallplatten bilden einen **Plattenkondensator**. Das elektrische Feld zwischen den Platten ist durch zwei Eigenschaften charakterisiert:

- Die Feldrichtung lässt sich in weiten Bereichen durch parallel verlaufende Feldlinien beschreiben.
- Der Betrag der Feldstärke ist an allen Stellen gleich.

Solche Felder nennt man **homogen**. Als Ladung des Plattenkondensators definiert man die Ladungsmenge Q, die auf einer Platte vorhanden ist; die andere Platte trägt dann automatisch die Ladungsmenge $-Q$. Zwischen der Feldstärke und der Ladungsmenge besteht folgender Zusammenhang:

$$E = \frac{Q}{\varepsilon_0 \cdot A}$$

A ist die Fläche einer Kondensatorplatte. Die Feldstärke hängt also außer von der Ladungsmenge nur noch von einer geometrischen Größe des Plattenkondensators ab.

Für alle elektrischen Felder gilt unabhängig von ihrer Form, dass auf eine (Probe-)Ladung q, die sich in dem Feld befindet, eine Kraft wirkt, deren Betrag und Richtung sich mithilfe der elektrischen Feldstärke bestimmen lassen.

Grundgleichung des elektrischen Feldes

Die Kraft auf eine Ladung q, die sich in einem elektrischen Feld der Stärke $\vec{E}$ befindet ist: $\vec{F} = q \cdot \vec{E}$

Häufig genügt auch die Betragsgleichung: $F = q \cdot E$

Vergleicht man die Gravitationskräfte und die elektrischen Kräfte, die z. B. ein Elektron und ein Proton im Abstand von einem Zentimeter aufeinander ausüben. so stellt man fest, dass die elektrischen Kräfte um ein Vielfaches größer sind als die Gravitationskräfte:

$F_{el} = 2{,}3 \cdot 10^{-24}\,\text{N}$; $F_{Grav} = 1{,}0 \cdot 10^{-63}\,\text{N}$.

Bildet man den Quotienten

$$\frac{F_{el}}{F_{Grav}} = \frac{\frac{1}{4\pi \cdot \varepsilon_0}}{G^*} \cdot \frac{q_{Elektron}}{m_{Elektron}} \cdot \frac{Q_{Proton}}{m_{Proton}},$$

erkennt man die Gründe: Zum einen ist die Proportionalitätskonstante im elektrischen Fall etwa um den Faktor 10^{20} größer als bei der Gravitation; zum anderen beträgt das Verhältnis $\frac{q}{m}$ von elektrischer Ladung zur Masse in diesem Fall etwa $10^{11} : 1$ (Elektron) bzw. $10^7 : 1$ (Proton). Den Quotienten $\frac{q}{m}$ nennt man **spezifische Ladung**.

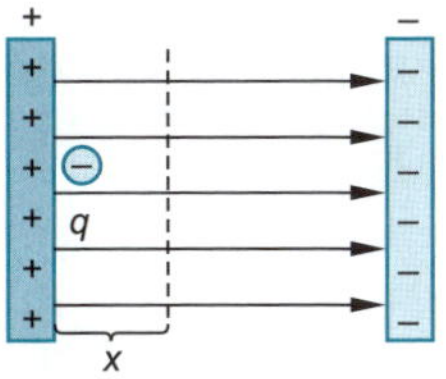

Abb. 24: Um die Ladung q längs des **homogenen** Feldes zu verschieben, muss man mit der konstanten Kraft $F = q \cdot E$ an ihr ziehen. Man verrichtet so auf der Strecke x die Arbeit $\Delta W = F \cdot x = q \cdot E \cdot x$ an dem System „Ladung + Plattenkondensator". Ist die Ladung negativ wie im Bild, nimmt die Energie des Systems zu; andernfalls nimmt sie ab. Legt man die linke Platte als Nullniveau der potenziellen Energie fest, stellt ΔW gleichzeitig der Wert der potenziellen Energie W_{pot} dar.

3.2 Energie, Arbeit, Potenzial

So wie ein Körper mit Masse im Gravitationsfeld potenzielle Energie besitzt, hat – bei geeigneter Wahl des Systems – auch ein geladener Körper (kurz: Ladung) in einem elektrischen Feld **potenzielle (elektrische) Energie**. Dies kann man sich leicht vor Augen führen, wenn man bedenkt, dass auf eine Ladung q im elektrischen Feld eine Kraft wirkt. Diese führt dazu, dass q – falls man sie nicht festhält – beschleunigt wird. Potenzielle Energie W_{pot} wird hierbei in kinetische Energie W_{kin} umgewandelt. Die potenzielle Energie hängt dabei sowohl von der Ladung q selbst als auch von der felderzeugenden Ladung Q ab. In zwei Fällen lässt sie sich einfach berechnen (siehe Fakten und Formeln, S. 40): im homogenen Feld eines Plattenkondensators (Abb. 24) und im radialsymmetrischen Feld einer Punktladung (Abb. 25).
Analog zum Gravitationsfeld führt man hier ebenfalls eine Größe ein, die unabhängig von q ein Maß für die potenzielle Energie ist. Man erhält sie, indem man den Wert der potenziellen Energie durch den Wert der Probeladung q dividiert. Sie wird als **elektrisches Potenzial Φ** bezeichnet. Wie beim Gravitationsfeld werden Punkte mit gleichen Potenzialwerten mit **Äquipotenziallinien** verbunden. Die Abb. 26 und 27 zeigen zwei- und dreidimensionale Darstellungen des Potenzialverlaufs im homogenen und im radialsymmetrischen elektrischen Feld. Mit den Bezeichnungen E für die elektrische Feldstärke und x für den Abstand von einer Platte gilt:

- Im homogenen Feld ändert sich das elektrische Potenzial **linear mit dem Abstand** von einer der Platten:
  $\Phi = E \cdot x$
- Im radialsymmetrischen Feld ändert sich das elektrische Potenzial **proportional zum Kehrwert des Abstandes** von der Ladung im Zentrum:
  $$\Phi = \frac{Q}{4\pi\varepsilon_0} \cdot \frac{1}{r}$$

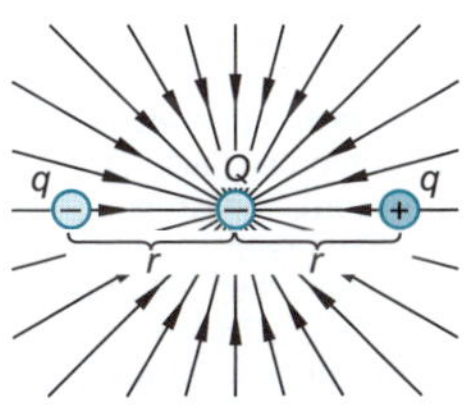

Abb. 25: Um die Ladung q aus dem Unendlichen bis auf den Abstand r an die **Punktladung** Q heranzubringen, muss ebenfalls Arbeit verrichtet werden. Das System aus q und Q hat an potenzieller Energie gewonnen, wenn q und Q negativ sind. Ist dagegen q positiv, sinkt die Energie. Der Wert der potenziellen Energie ergibt sich analog zum Gravitationsfeld, wenn man das Nullniveau im Unendlichen ansiedelt.
Gleichnamige Ladungen:
$$W_{pot} = \frac{q \cdot Q}{4\pi \cdot \varepsilon_0 \cdot r},$$
Ungleichnamige Ladungen:
$$W_{pot} = -\frac{q \cdot Q}{4\pi \cdot \varepsilon_0 \cdot r}.$$

Die Differenz zwischen zwei elektrischen Potenzialwerten bezeichnet man als **(elektrische) Spannung U**. Sie stellt ein Maß für den **Unterschied an potenzieller elektrischer Energie zwischen zwei Punkten des elektrischen Feldes** dar. In den dreidimensionalen Darstellungen der Potenzialwerte bedeutet die Spannung U einen Höhenunterschied zwischen zwei Punkten auf der Potenzialfläche. In vielen Fällen darf man sich die elektrische Spannung zwischen zwei Punkten als eine Art „elektrischer Höhenunterschied“ zwischen den Punkten des elektrischen Feldes vorstellen. Positive Ladungen beschleunigen *mit* dem Gefälle, negative Ladungen *entgegen* dem Gefälle. Bringt man durch einen äußeren Eingriff eine Ladung von einem Punkt mit dem Potenzial Φ_1 zu einem Punkt mit dem Potenzial Φ_2, so verrichtet man an ihr die Arbeit $\Delta W = q \cdot (\Phi_2 - \Phi_1) = q \cdot U$.

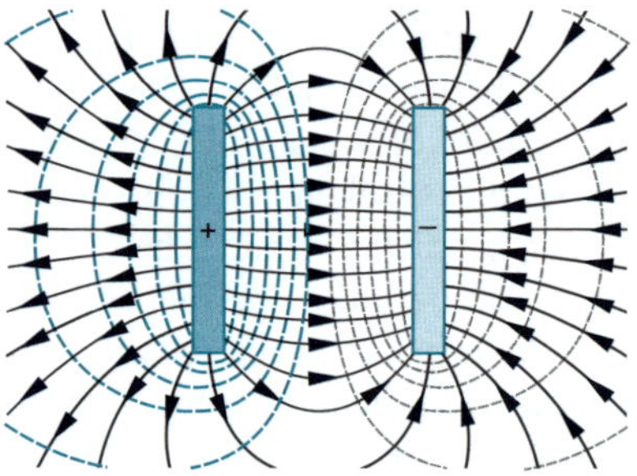

Abb. 26

Abb. 26: Im **homogenen** Feld zwischen den Kondensatorplatten verlaufen sowohl Feldlinien als auch Äquipotenziallinien jeweils parallel zueinander. Die Äquipotenziallinien stehen dabei senkrecht auf den Feldlinien (links). In der dreidimensionalen Darstellung ergeben die Potenzialwerte im Bereich zwischen den Platten eine schräge Ebene. Das Potenzial nimmt vom höchsten Wert links zum niedrigsten Wert rechts linear ab.

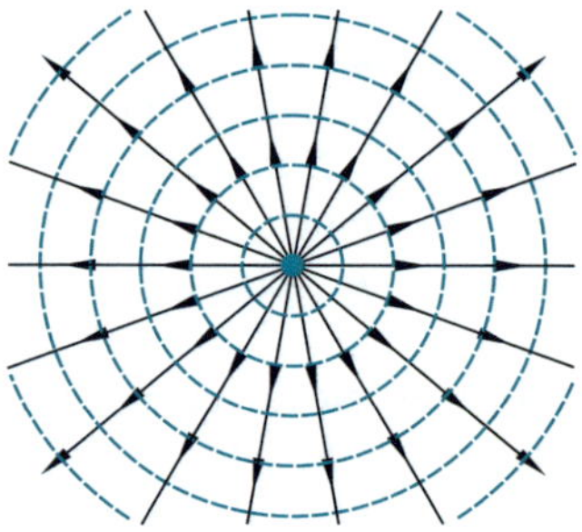
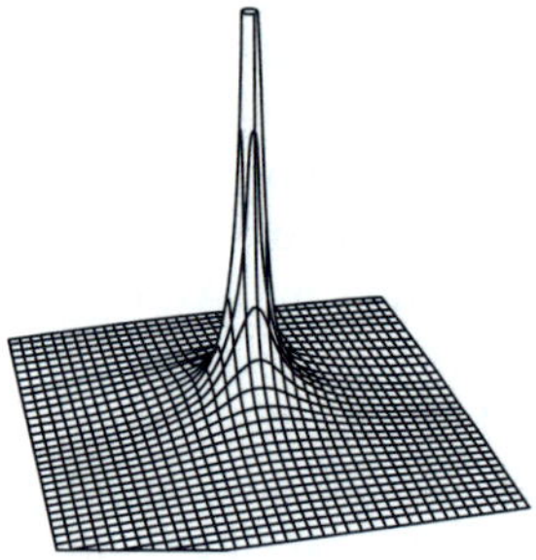

Abb. 27

Abb. 27: Im Feld einer **Punktladung** verlaufen die Äquipotenziallinien (konzentrische Kreise) stets senkrecht zu den Feldlinien (Radialstrahlen). In der zugehörigen dreidimensionalen Darstellung sind die Potenzialwerte der felderzeugenden (hier positiven) Ladung als Höhenwerte dargestellt. Die Steigung der Fläche ist ein Maß für die Feldstärke bzw. die Kraft auf Ladungen an dieser Stelle.

3.3 Elektronenkanonen und Einsteins Spezielle Relativitätstheorie

Elektronen lassen sich aufgrund ihrer geringen Masse in elektrischen Feldern sehr leicht beschleunigen. Diese Tatsache nutzt man bei verschiedenen technischen Geräten aus. Im industriellen Bereich setzt man Elektronenstrahlen beim Härten von Lacken sowie beim Schweißen und Bohren von Metallen ein. Wichtige Geräte im medizinischen Bereich beruhen ebenfalls darauf, dass man Elektronen beschleunigt.

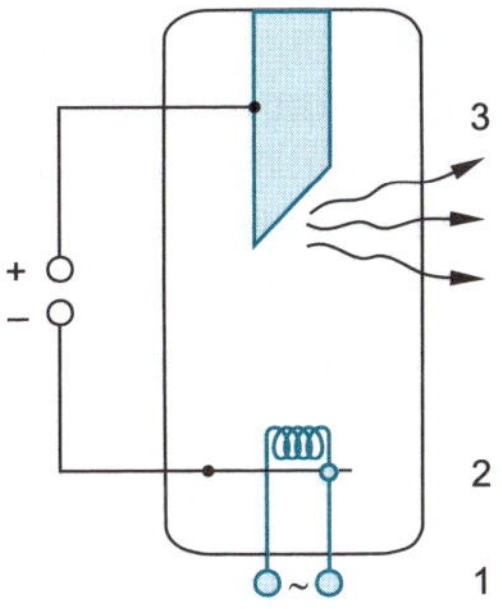

Abb. 28 a

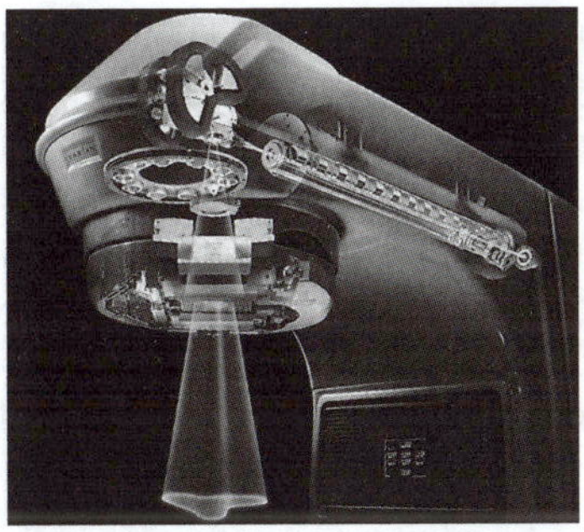

Abb. 28 b

Abb. 28: Elektronenbeschleunigung

a: In der **Röntgenröhre** werden Elektronen an einem Glühdraht (1) freigesetzt und durch das elektrische Feld zwischen Kathode (2) und Anode (3) beschleunigt. Bei dem Aufprall auf die massive Metallanode entstehen Röntgenstrahlen.

b: Durch eine mehrstufige Energiezufuhr in einem **Linearbeschleuniger** erhält man einen hochenergetischen Elektronenstrahl. Dieser dient zur Erzeugung von Röntgenphotonen mit hoher Energie, die bei der Tumortherapie eingesetzt werden.

Bei **Röntgenröhren** werden Elektronen zunächst auf hohe Geschwindigkeit gebracht. Die eigentlich gewünschte Röntgenstrahlung entsteht erst, wenn die Elektronen auf die massive Metallanode der Röhre prallen (Abb. 28 a).

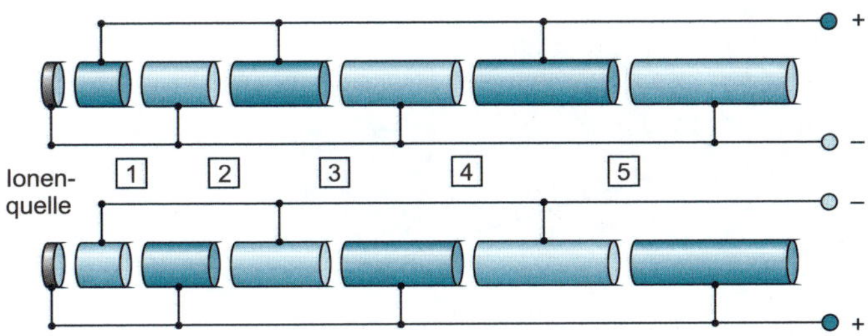

Abb. 29 a

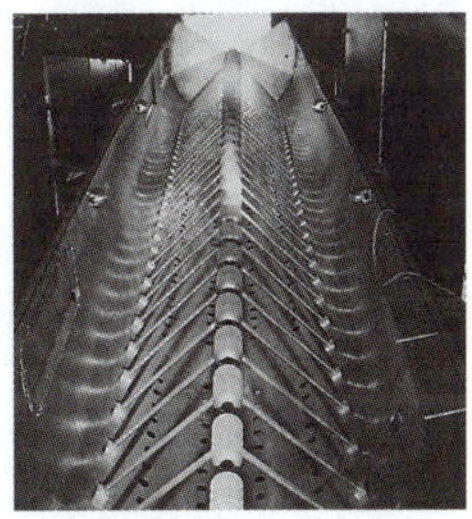

Abb. 29 b

Abb. 29: Aufbau eines Linearbeschleunigers

a: Prinzipskizze: Mehrere Metallröhren sind abwechselnd mit je einem Pol einer Wechselspannungsquelle verbunden. Der Raum innerhalb der Röhren ist feldfrei; zwischen den Enden der Röhren entsteht ein elektrisches Feld, in dem die Ionen beschleunigt werden.

b: Innenansicht LINAC1. In der Anlage, die am CERN in Genf von 1958 bis 1992 in Betrieb war, wurden Protonen auf eine Energie von 100 MeV beschleunigt. Sie wurde mit einer 200-MHz-Wechselspannung betrieben.

Zur Therapie von Tumoren werden **Linearbeschleuniger** verwendet, auch LINAC (**Lin**ear **Ac**celerator) genannt, um zunächst hochenergetische Elektronenstrahlen herzustellen, die dann zur Erzeugung von Röntgenstrahlen wie in einer Röntgenröhre dienen (Abb. 28). Ein solcher Beschleuniger besitzt den in Abb. 29 a gezeigten schematischen Aufbau und funktioniert nach folgendem Prinzip: Sendet die Ionenquelle z. B. negativ geladene Ionen aus, werden diese zunächst in die erste Röhre hineingezogen (obere Teilgrafik). Anschließend durchfliegen sie in dieser den feldfreien Raum mit konstanter Geschwindigkeit. Während dieser Zeit polt sich die Spannung um (untere Teilgrafik), sodass die Ionen im Zwischenraum [1] beschleunigt werden. Daraufhin wiederholt sich der Vorgang in den nachfolgenden Röhren. Damit die Umpolung nach gleichbleibenden Zeitspannen erfolgen kann, müssen die Röhren immer länger werden.

Für die physikalische Grundlagenforschung baute man Großanlagen wie das SLAC (**S**tanford **L**inear **A**ccelerator **C**enter) bei San Francisco oder das DESY (**D**eutsches **E**lektronen **Sy**nchroton) bei Hamburg, um geladene Teilchen zu beschleunigen. Grundprinzip ist auch bei diesen Geräten, geladene Teilchen durch ein **elektrisches Längsfeld** zu beschleunigen. Die Teilchen durchlaufen eine Spannung U_B zwischen Anode und Kathode. Dadurch verändert sich jeweils die kinetische Energie um den Betrag $\Delta E = q \cdot U_B$. Zum bequemen Vergleich der Teilchenenergien führte man als Energieeinheit das **Elektronenvolt** ein:

$$1\,\text{Elektronenvolt} = 1\,\text{eV} = 1\text{e} \cdot 1\,\text{V} = 1{,}602 \cdot 10^{-19}\,\text{C} \cdot 1\,\text{V} = 1{,}602 \cdot 10^{-19}\,\text{J}$$

> 1 eV ist der Energiebetrag, um den sich die kinetische Energie eines Teilchens mit der Ladung $q = \pm e$ ändert, wenn es die Spannung 1 V durchläuft.

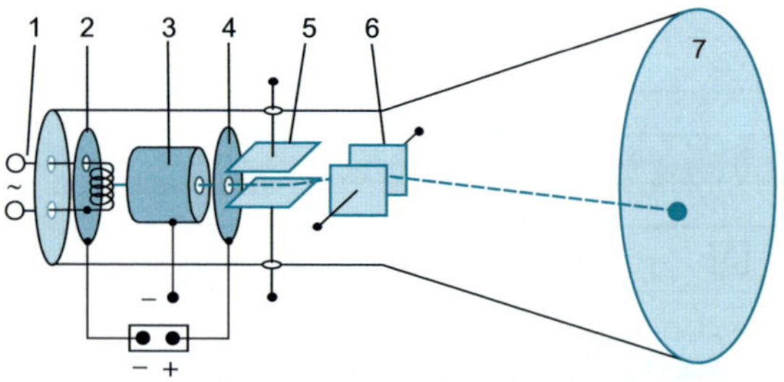

Abb. 30

Abb. 30: Prinzipieller Aufbau einer **Braun'schen Röhre** (Oszilloskopröhre). Die ganze Anordnung befindet sich in einer evakuierten Glasröhre. An der Glühwendel (1) werden Elektronen freigesetzt. Diese werden durch das elektrische Feld zwischen Kathode (2) und Anode (4) beschleunigt. Der Wehnelt-Zylinder (3) ist gegenüber der Anode auf niedrigerem Potenzial und bündelt den Elektronenstrahl. Zwei Plattenpaare dienen zur Horizontal- (5) bzw. Vertikalablenkung (6). Beim Auftreffen auf den Leuchtschirm (7) erzeugt der Elektronenstrahl einen Leuchtpunkt.

Lange Zeit war die **Braun'sche Röhre** (Abb. 30), deren erster Prototyp 1897 von *Karl Ferdinand Braun* (1850–1918) entwickelt wurde, ein wesentlicher Bestandteil von Fernsehapparaten und Oszilloskopen. Heute ist sie bei beiden Geräten in weiten Teilen von LCD-Bildschirmen verdrängt worden. In der Braun'schen Röhre werden Elektronen zunächst durch ein **Längsfeld** beschleunigt. Anschließend werden sie durch **Querfelder** abgelenkt, d. h. aus physikalischer Sicht ebenfalls beschleunigt (in Fernsehapparaten erfolgte die Querablenkung durch magnetische Felder; dies hat den Vorteil, dass sich der Betrag der Geschwindigkeit dabei nicht ändert, siehe Kapitel 4). Beide Situationen haben Entsprechungen im Gravitationsfeld (Abb. 31):

- Die **Längsbeschleunigung** entspricht dem **freien Fall**: In Bewegungsrichtung wirkt eine (bei homogenen Feldern konstante) Kraft. Es erfolgt somit hier eine konstante Beschleunigung.
- Bei der **Querablenkung** ist die Situation wie beim **waagrechten Wurf**: In Bewegungsrichtung wirkt keine Kraft, quer dazu wirkt eine (konstante) Kraft. Entsprechend ergibt sich hier als Bahnkurve ein Teil einer Parabel.

Bald entdeckte man, dass Elektronen sich beim Beschleunigen anders verhalten, als man es von klassischen Teilchen erwarten würde. Eine kurze Rechnung zeigt, dass schon relativ geringe Spannungen ausreichen würden, um sie auf Geschwindigkeiten weit über der Lichtgeschwindigkeit beschleunigen zu können:

$$\Delta E = \frac{1}{2} m \cdot v^2 = \frac{1}{2} \cdot 9{,}11 \cdot 10^{-31}\,\text{kg} \cdot 9 \cdot 10^{16}\,\frac{\text{m}^2}{\text{s}^2} = 4{,}1 \cdot 10^{-14}\,\text{J} = 0{,}26\,\text{MeV}$$

Eine Spannung von etwa 260 kV würde nach bisheriger Vorstellung also genügen, um mit Elektronen Lichtgeschwindigkeit zu erreichen.
Joseph John Thomson hatte im Jahr 1897 die Existenz des Elektrons nachgewiesen. Er und *George Frederick Charles Searle* hatten schon Hinweise darauf, dass die Masse von Elektronen von deren Geschwindigkeit abhängt. Zu dieser Zeit hatte *Albert Einstein* seine **Spezielle Relativitätstheorie** entworfen. Darin forderte er unter anderem, dass kein materieller Gegenstand sich schneller als mit Lichtgeschwindigkeit bewegen könne (soweit nicht anders erwähnt, ist darunter stets die Vakuumlichtgeschwindigkeit $c \approx 3 \cdot 10^8\,\frac{\text{m}}{\text{s}}$ zu verstehen). Als eine der Folgerungen daraus ergab sich, dass die Masse von Teilchen mit der Geschwindigkeit zunehmen sollte, passend zu den vorhandenen Vermutungen. Die deutschen Physiker *Walter Kaufmann* und *Alfred Bucherer* konnten dies mit ihren Experimenten in den Jahren 1901 bis 1908 schließlich nachweisen (siehe Exkurs, S. 38). Viele weitere Experimente zeigten übereinstimmend, dass beim Beschleunigen von Teilchen nur ein Teil der Energie dazu dient, die Geschwindigkeit zu erhöhen – der andere Teil führt zu einer Vergrößerung der (trägen) Masse des Teilchens. Deutlich bemerkbar macht sich dieser Effekt allerdings erst ab etwa 10 % der Lichtgeschwindigkeit: Für $v = 0{,}1\,c$ ergibt sich

$$m_r = m_0 \cdot \frac{1}{\sqrt{1 - 0{,}1^2}} = m_0 \cdot 1{,}005.$$

Die relativistische Masse weicht bei dieser Geschwindigkeit also um 0,5 % von der Ruhemasse ab. Ab diesem Wert ist es unerlässlich, die klassischen Rechnungen durch **relativistische Rechnungen** zu ersetzen. Bei Elektronen wird dieser Wert schon erreicht, wenn sie eine Potenzialdifferenz von 2,6 kV durchlaufen und dabei frei beschleunigt werden. Bei Protonen liegt dieser Wert aufgrund der deutlich höheren Masse bei etwa 4,7 Millionen Volt (Abb. 32).
Am SLAC werden auf einer ca. 3 Kilometer langen Strecke Elektronen und Positronen auf eine Energie von 50 GeV beschleunigt. Das ist etwa das Hundertausendfache der Ruheenergie, die Elektronen haben also etwa hunderttausendmal so viel Masse wie in Ruhe. Sie bewegen sich dann mit etwa 99,99999999 % der Lichtgeschwindigkeit. Im Ver-

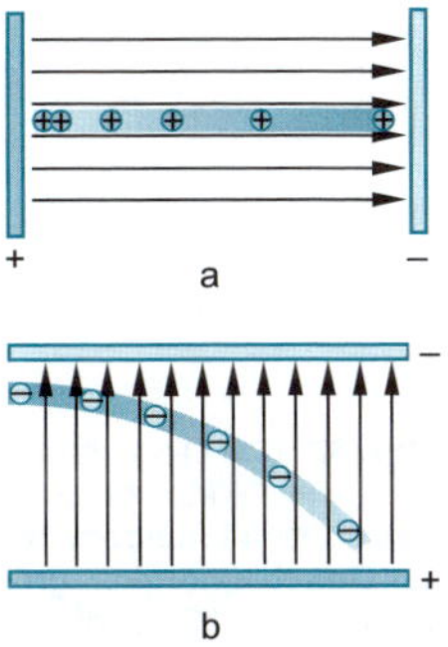

Abb. 31: Ablenkung im elektrischen Feld

a: Ein positiv geladenes Teilchen wird **längs** beschleunigt. Die Bewegung erfolgt wie beim freien Fall mit konstanter Beschleunigung. Zwischen den dargestellten Positionen des Teilchens liegen jeweils gleiche Zeitspannen; von der Anfangsposition aus gemessen verhalten sich die Wegstrecken wie 1 : 4 : 9 : 16 : 25 …

b: Ein negativ geladenes Teilchen fliegt von links **quer** zu den Feldlinien. Entlang der Feldlinien wird es beschleunigt, während es senkrecht dazu seine Geschwindigkeit beibehält. Insgesamt durchläuft das Teilchen – wie beim waagrechten Wurf – einen Parabelast (siehe Fakten und Formeln, S. 40).

gleich dazu soll der Large Hadron Collider (LHC) am CERN in Genf Protonen auf Energien bis zu 14 TeV beschleunigen; das ist die 300-fache Energie des Linearbeschleunigers in Stanford. Allerdings handelt es sich beim LHC um eine ringförmige Beschleunigungsanlage, bei der die geladenen Teilchen mittels eines Magnetfelds auf der Bahn gehalten werden (siehe Kapitel 4).

Abb. 32: Das Diagramm zeigt, wie die **Masse** eines Teilchens **mit zunehmender Geschwindigkeit größer** wird. Bei 80 % der Lichtgeschwindigkeit besitzt das Teilchen etwa die zehnfache Masse wie in Ruhe.
Elektronen besitzen die Ruheenergie $E_0 = 511$ keV; um auf 80 % der Lichtgeschwindigkeit zu kommen, muss man etwa das Neunfache dieser Energie zuführen (ca. 4,6 MeV). Die Elektronen müssen also insgesamt eine Potenzialdifferenz von 4,6 Millionen Volt durchlaufen haben.

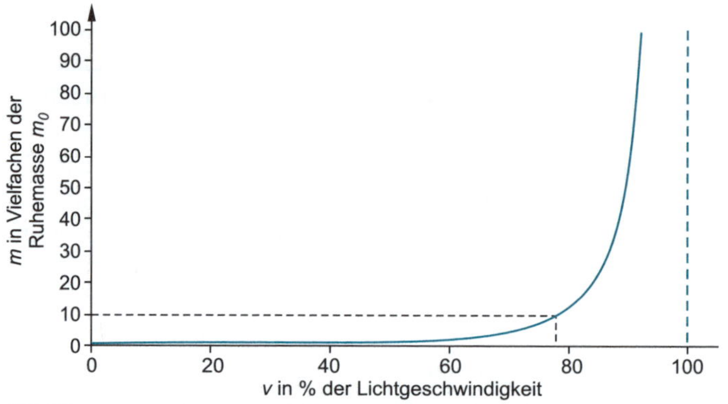

Abb. 32

Die wesentlichen Grundgedanken **relativistischer Rechnungen** sind:

- „Masse ist Energie“: Bei Energiebilanzen muss die sogenannte **Ruheenergie** berücksichtigt werden. Diese berechnet man, indem man die Masse m_0 des Teilchens im Ruhezustand mit dem Quadrat der Lichtgeschwindigkeit multipliziert:
  $E_0 = m_0 \cdot c^2$
- Man betrachtet stets die **„Gesamtenergie“**, d. h. die **Summe aus Ruheenergie und kinetischer Energie**:
  $E_{ges} = E_0 + \Delta E$
- Die Gesamtenergie lässt sich auch so berechnen:
  $E_{ges} = m_r \cdot c^2$
  Darin ist
  $$m_r = \frac{m_0}{\sqrt{1 - \frac{v^2}{c^2}}}$$
  die **relativistische Masse**, welche das Teilchen bei der Geschwindigkeit v besitzt. Die Energiedifferenz
  $\Delta E = m_r \cdot c^2 - m_0 \cdot c^2$
  ist gleich derjenigen Energie, die umgewandelt oder dem Teilchen zugeführt wurde, um es zu beschleunigen. Sie stellt somit die kinetische Energie des Teilchens dar.

3.4 Millikan und die Entdeckung der Elementarladung

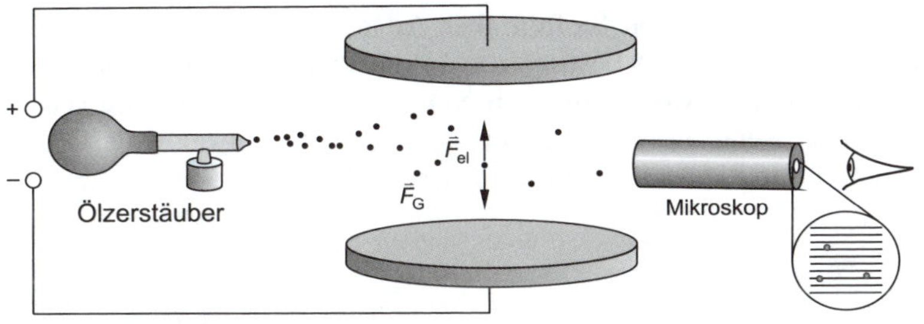

Abb. 33 a

Abb. 33 b

Abb. 33: Millikan-Versuch

a: Feine Öltröpfchen werden zwischen die Platten eines Kondensators gesprüht, wobei sie sich durch Reibung aufladen. Durch das elektrische Feld zwischen den Platten kann man die Öltröpfchen in der Schwebe halten oder so beschleunigen, dass ein Kräftegleichgewicht zwischen der elektrischen Kraft, der Gewichtskraft, dem Auftrieb und der Luftreibung besteht. Aus den Messdaten lassen sich dann die **Ladungen der Öltröpfchen** bestimmen.

b: Robert Andrews **Millikan** verfeinerte einen Versuch von Joseph John Thomson und Harold Albert Wilson.

Als Joseph John Thomson 1897 entdeckt hatte, dass die elektrische Ladung auf Teilchen sitzt, konnte er nur das Verhältnis von Ladung und Masse dieser Teilchen bestimmen, die sogenannte **spezifische Ladung $\frac{q}{m}$**. Um aus diesem Messwert die Masse des Teilchens bestimmen zu können, benötigte man noch den Wert der Ladung selbst. Dies gelang *Robert Andrews Millikan* (1868–1953) im Jahre 1910. Mit dem heute nach ihm benannten Versuch konnte er nachweisen, dass Ladungen stets nur als Vielfache einer kleinsten Ladungsmenge auftreten, die man **Elementarladung *e*** nennt (Abb. 33). Elektronen und Protonen tragen jeweils genau eine Elementarladung, nur mit entgegengesetztem Vorzeichen. Damit konnte man nun die Masse von Elektronen und anderen geladenen Teilchen bestimmen.

Millikans Versuch basierte auf Vorarbeiten anderer Forscher. Deren Messwerte streuten jedoch stark und ließen keine eindeutigen Aussagen zu. Millikan gelang es, das Experiment so zu verbessern, dass er damit die Elektronenladung bis auf einige Prozent Abweichung bestimmen konnte (Abb. 34). 1923 erhielt er u. a. hierfür den Nobelpreis für Physik.

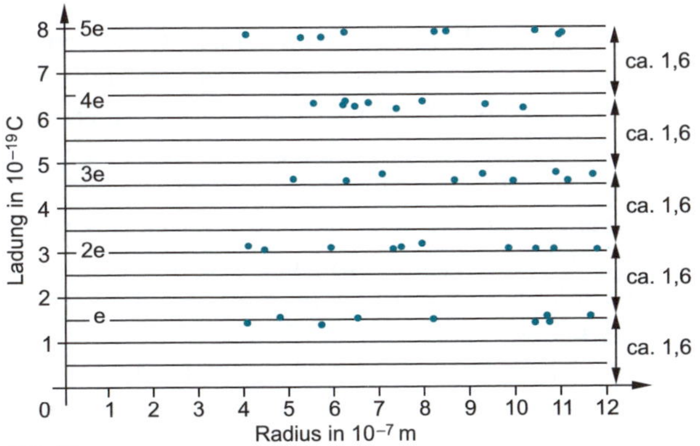

Abb. 34

Abb. 34: Bei dieser Durchführung des Millikan-Versuchs wurde der Radius der Öltröpfchen und deren Ladung bestimmt. Es zeigt sich, dass die Tröpfchen unabhängig von deren Größe stets nur **Vielfache einer Ladungsmenge von etwa $1{,}6 \cdot 10^{-19}$ C** tragen.

3.5 Umweltschutz mit elektrischen Feldern

Beim Verbrennen von Stoffen aller Art entstehen Abgase, die stets einen Anteil an feinen Feststoffpartikeln enthalten. Hier kann man auf relativ einfache Art mithilfe von elektrischen Feldern Abhilfe schaffen, auch wenn die dazu notwendigen Anlagen teilweise die Größe von Mehrfamilienhäusern erreichen (Abb. 35).

Abb. 35: Elektrofilter

a: Prinzipieller Aufbau. Von der Sprühelektrode werden über den Spitzeneffekt Elektronen „versprüht", die sich auf den Rauchpartikeln festsetzen. Diese werden dann durch das Feld zwischen Sprüh- und Niederschlagselektrode beschleunigt und schlagen sich an letzterer nieder. Mittels des Klopfwerks werden die Partikel von der Niederschlagselektrode gelöst und fallen in einen Sammeltrichter.

b: Technischer Aufbau. Die Niederschlagselektroden sind hier als Platten ausgebildet, die Sprühelektroden als eine Reihe von Drähten, die mit Spitzen versehen sind.

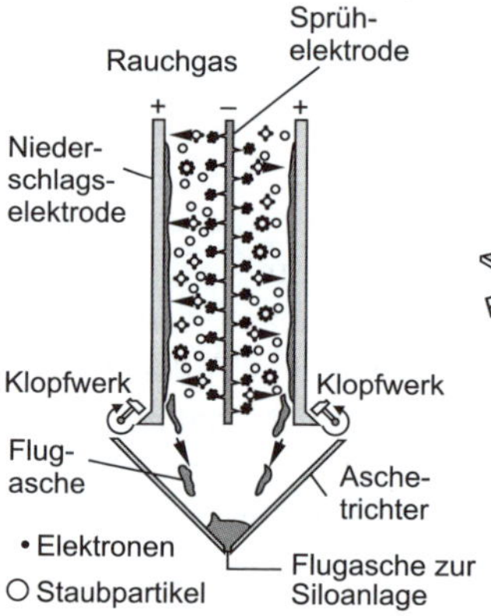

Abb. 35 a

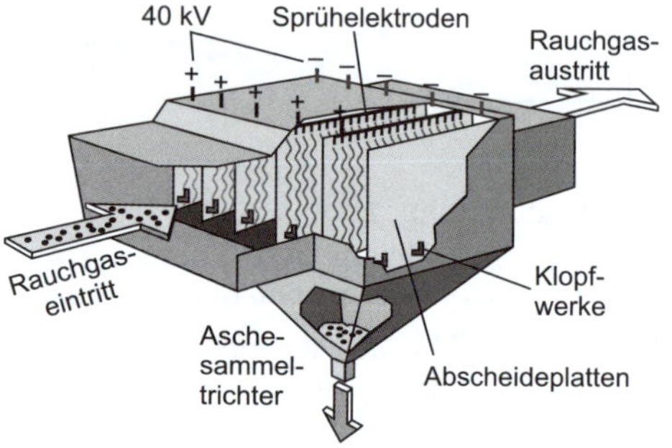

Abb. 35 b

Eine wesentliche Rolle spielt dabei der **Spitzeneffekt**. An einer metallischen Spitze entstehen im Vergleich zu ebenen Flächen bei gleicher Spannung sehr hohe Feldstärken. Diese können ausreichen, um aus der Spitze Ladungen herauszureißen. Auch im Alltag lässt sich dieser Effekt beobachten: Hat man sich auf einem Teppich aus Kunstfasern aufgeladen, so kann man einen Schlüssel benutzen, um sich über die Türklinke ohne den bekannten elektrischen „Schlag" zu entladen. Der Entladungsfunke springt dann zwischen Schlüsselspitze und der Türklinke über.

Um eine ähnliche Problematik geht es auf einem ganz anderen Gebiet, dem Lackieren von Gegenständen. Neben Tauch- und Streichverfahren kommen hier sehr häufig Sprühverfahren zum Einsatz. Auch hier besteht das Ziel darin, möglichst wenige Partikel in der Luft zu lassen. Dazu setzt man, v. a. bei metallischen Oberflächen, elektrische Felder ein. Beim **elektrostatischen Lackieren** schließt man Sprühpistole und Objekt jeweils an einen Pol einer Spannungsquelle an. Das elektrische Feld zwischen Sprühpistole und Objekt bewirkt nun, dass die geladenen Lackpartikel verstärkt das Objekt treffen. Ein angenehmer Nebeneffekt dabei ist, dass die Lackteilchen auch auf die Rückseite des Objekts gelangen können, ohne dass man die Position der Sprühpistole ändert (Abb. 36).

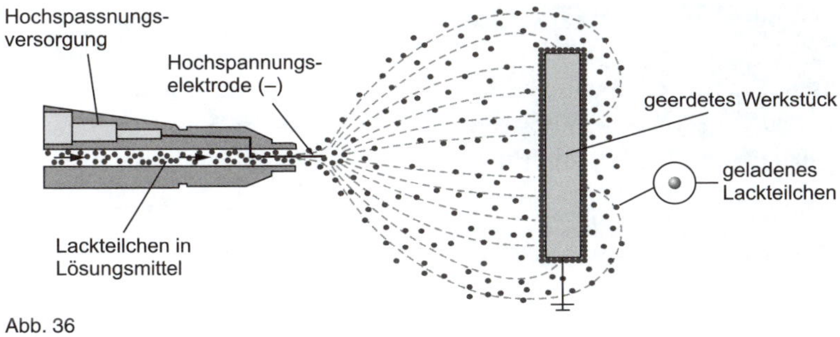

Abb. 36

Abb. 36: Beim **elektrostatischen Lackieren** wird die Düse der Sprühpistole mit einem Pol einer Hochspannungsquelle verbunden (5 – 20 kV). Der andere Pol wird über die Erdung an das Objekt angeschlossen, das lackiert werden soll. Dadurch entsteht ein elektrisches Feld, durch das die geladenen Lackpartikel auf das Objekt hingelenkt werden.

3.6 Naturphänomen: Gewitter

Jeder kennt das Magnetfeld der Erde, kaum jemand spricht über das **elektrische Feld der Erde**, obwohl es zeitweise für uns deutlich sichtbare Auswirkungen in Form von **Blitzen** während eines Gewitters mit sich bringt. Tatsächlich muss man zwischen dem **Schönwetterfeld** und dem **Schlechtwetterfeld** unterscheiden. Das Schönwetterfeld besteht zwischen der Erdoberfläche und der Ionosphäre in ca. 100 km Höhe. Die Erdoberfläche stellt dabei eine **Äquipotenzialfläche** dar; die Feldstärke in ihrer Nähe beträgt etwa 100 $\frac{\text{V}}{\text{m}}$. Insgesamt besteht zwischen ihr und der Ionosphäre eine Spannung von 300 kV. Aufgrund des Schönwetterfeldes fließt ständig ein Strom zwischen Ionosphäre und Erdoberfläche, durch den die Ladungen auf der Erdoberfläche und in der Ionosphäre sich binnen einer halben Stunde ausgleichen würden. Dem wirken mehrere Effekte entgegen: Schnelle geladene Teilchen aus dem Kosmos, Ladungstransport durch Ionen, die auf Regentropfen, Staub und Hagelkörnern sitzen, und eben Gewitter (Abb. 37).

Abb. 37: Elektrisches Feld der Erde

a: Das **Schönwetterfeld** der Erde besteht zwischen der negativ geladenen Erdoberfläche und der positiv geladenen Ionosphäre. Unter **Gewitterwolken** ist die elektrische Feldrichtung umgekehrt.

b: Verlauf der elektrischen Feldstärke des Erdfelds am **Sendemasten Gaisberg** bei Salzburg am Nachmittag des 2. August 2000, gemessen mit einer Feldmühle. Auch hier ist die Umkehrung der Feldrichtung während des Gewitters gut zu erkennen.

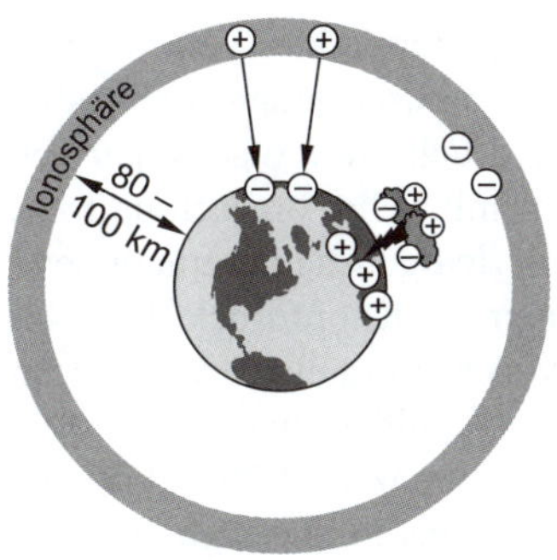

Abb. 37 a

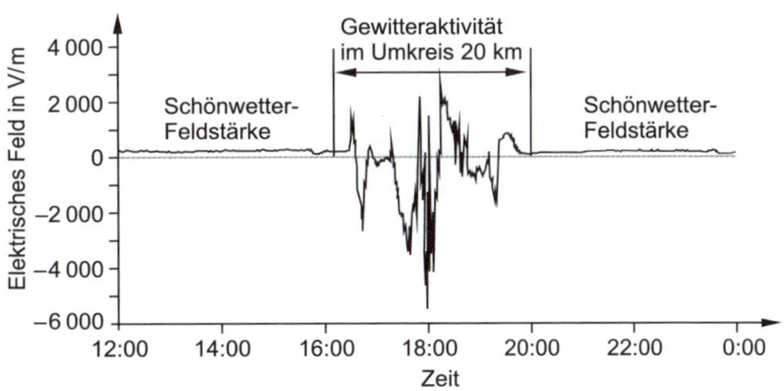

Abb. 37 b

Während eines Gewitters findet jeweils ein Ladungstransport in umgekehrter Richtung wie im Schönwetterfeld statt, sodass das elektrische

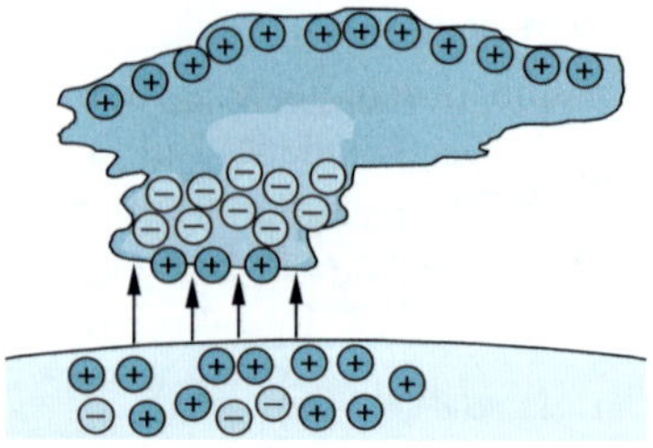

Abb. 38

Abb. 38: Eine **Gewitterzelle** mit einem typischen Gewitterturm. Der Amboss im oberen Teil reicht bis in etwa zehn Kilometer Höhe. Innerhalb der Gewitterwolken kommt es durch verschiedene Prozesse zur Ladungstrennung. Die oberste Wolkenschicht ist stark positiv geladen. Dicht über der untersten, leicht positiv geladenen Schicht findet man einen stark negativ geladenen Bereich. Das hat zur Folge, dass sich im Bereich unter der Gewitterzelle das elektrische Feld umkehrt und die Ströme in entgegengesetzter Richtung wie beim Schönwetterfeld fließen.

Feld zwischen Ionosphäre und Erdoberfläche aufrechterhalten bleibt. Gewitterwolken von einzelnen Gewitterzellen sind durch ihren typischen turmartigen Aufbau mit dem **Amboss** (Abb. 38) gut erkennbar. Die Feldstärken in Schlechtwetterfeldern erreichen häufig tausendmal so große Werte wie im Schönwetterfeld, d. h. über 100 000 $\frac{V}{m}$. Hier entstehen dann Blitze, deren Mehrzahl **Wolke-Wolke-Blitze** sind. Sie entstehen in mehreren Schritten wie die **Wolke-Erde-Blitze**: Zu Beginn bildet sich in Sprüngen von einigen zig Metern ein feiner Kanal aus ionisierter Luft (engl. step(ped) leader). Kurz vor der Erdoberfläche wächst diesem Ionisationskanal eine Fangentladung entgegen.
Nach dem Zusammentreffen treten darin oft mehrere Hauptblitze auf. Zwischen Wolke und Erde bestehen dabei Spannungen von einigen Millionen Volt; in Hauptblitzen werden Stromstärken von einigen 10 000 Ampere erreicht. Durch einen Blitz entsteht eine kurzfristige Störung des elektrischen und magnetischen Feldes, die sich nach allen Seiten ausbreitet. Dies nutzt man aus, um Blitze zu orten (Abb. 39).

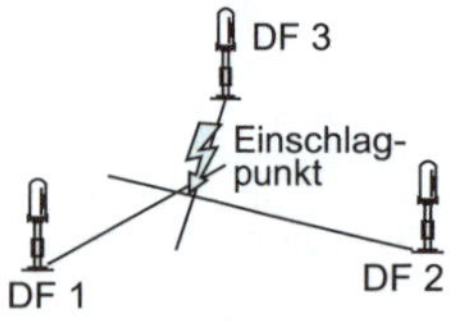

Abb. 39: Eine **Ortung von Blitzen** ist möglich, indem man die Laufzeiten der durch sie ausgelösten Störungen des elektrischen und magnetischen Feldes misst oder deren Ausbreitungsrichtung ermittelt.

3.7 Kopieren mit elektrischen Feldern

Abb. 40: Carlson und Kornei hielten mit ihrer ersten **Fotokopie** zugleich das Datum und den Ort fest: 22. Oktober 1938, Astoria (ein Viertel im New Yorker Stadtteil Queens).

Kopieren von Dokument mithilfe eines Kopierapparates gehört heute zu den selbstverständlichen Vorgängen in praktisch jedem Lebensbereich. Was vor fünfzig Jahren entweder gedruckt, mit Wachsmatrizen hektografiert (vervielfältigt) oder mühsam mit Schreibmaschine bzw. per Hand abgeschrieben werden musste, erledigen heute zunehmend aufwendiger ausgestattete Kopiermaschinen auf Knopfdruck. Die wenigsten wissen, dass es sich beim Kopiervorgang um einen raffinierten Umgang mit elektrischen Ladungen und ihren Feldern handelt.
Das Grundprinzip dazu entwickelte *Chester Carlson* (1906–1968), als er als Patentanwaltsgehilfe eine Möglichkeit suchte, die täglich anfallenden Kopien leichter herstellen zu können. Seine Methode beruht darauf, dass manche Stoffe wie z. B. Schwefel oder Selen bei Dunkelheit Nichtleiter, unter Lichteinfluss hingegen Leiter sind. Somit kann

man z. B. eine mit Schwefel beschichtete Platte im Dunkeln elektrisch laden und durch gezielte Belichtung einzelner Stellen anschließend entladen. Der geladene Teil der Platte kann dann Pigmentpartikel anziehen, die dann haften bleiben. Auf diese Weise stellten Carlson und sein Assistent *Otto Kornei* (1903–1993) die erste Fotokopie der Welt her (Abb. 40); das Verfahren meldete er zum Patent an.
Der erste Lizenznehmer erfand dafür das Kunstwort „Xerografie" (griech. ξηρός (xeros): trocken; γράφω (grapho): ich schreibe); die erste Firma, die Fotokopierer in Serie herstellte, benannte sich daher von „Haloid" in „Xerox" um. Abb. 41 zeigt das Grundprinzip, nach dem Fotokopierer und Laserdrucker arbeiten.

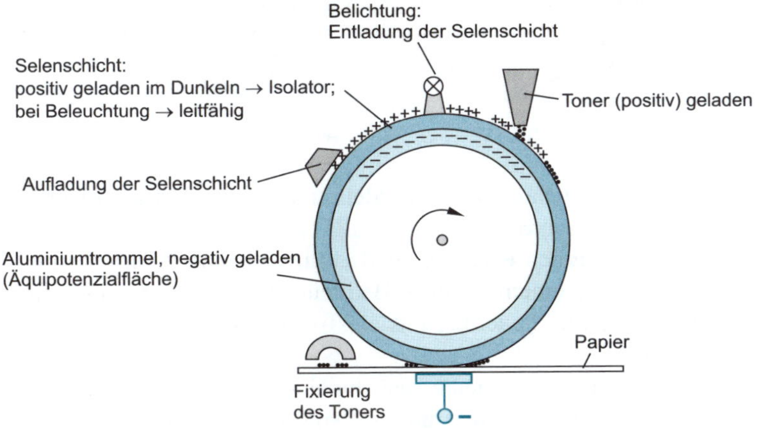

Abb. 41

Abb. 41: Das Herzstück eines **Fotokopierers** ist ein halbleiterbeschichtete Aluminiumtrommel. Das Aluminium wird mit dem negativen Pol verbunden und stellt eine Äquipotenzialfläche dar. Auf die Selenschicht werden positive Ladungen aufgebracht. An den Stellen, an denen die Selenschicht belichtet wird, entlädt sie sich. Dort kann sich dann der positiv geladene Toner niederschlagen. Mithilfe einer negativ geladenen Elektrode wird dieser dann von der Trommel auf das Papier übertragen und anschließend durch Erhitzen fixiert.

3.8 Bildschirmtechnik und Sensoren

Auch wenn heute **Flachbildschirme** (LCD von engl.: **L**iquid **C**rystal **D**isplay bzw. TFT von engl.: **T**hin **F**ilm **T**ransistor) die Röhrenbildschirme (CRT von engl.: **C**athode **R**ay **T**ube) verdrängt haben – die Bilderzeugung ist weiterhin eine Sache von elektrischen Feldern.
Kernstück bei LCD-Monitoren sind **Flüssigkristalle**. Das sind Substanzen, die flüssig sind und zugleich kristalline Eigenschaften besitzen, die von der Richtung abhängen, wie z. B. die Lichtdurchlässigkeit. Im Wesentlichen bestehen Flüssigkristalle aus stäbchenförmigen Molekülen, die sich – manchmal nur schichtweise – parallel zueinander ausrichten. Durchstrahlt man eine Schicht aus Flüssigkristallen mit linear polarisiertem Licht, so wird die Schwingungsebene des Lichts verdreht. Dies nutzt man in LCD-Zellen aus, wo über eine Anordnung

von Polarisationsfiltern, Elektroden und einer Flüssigkristallschicht gesteuert wird, ob eine Stelle dunkel oder hell erscheint (Abb. 42).

Abb. 42: Lichtdurchlässigkeit beim **Flüssigkristall**. Durch die Polarisationsfolie P_2 wird linear polarisiertes Licht erzeugt, das in genau einer Ebene schwingt.

a: Ohne elektrisches Feld wird durch die Flüssigkristallschicht LC die Schwingungsebene gedreht (hier 90°). Das führt dazu, dass das Licht durch die Polarisationsfolie P_1 hindurchgeht. Das Pixel auf dem Bildschirm erscheint hell.

b: Liegt zwischen den beiden Elektroden E_1 und E_2 **eine Spannung an**, so bewirkt das elektrische Feld zwischen ihnen, dass sich die Moleküle des Flüssigkristalls entlang des Feldes ausrichten; die Schwingungsebene des Lichts wird nicht mehr gedreht und das Pixel erscheint dunkel. Über die Feldstärke lässt sich das Maß der Ausrichtung der Molkeüle und damit die Helligkeit des Pixels steuern.

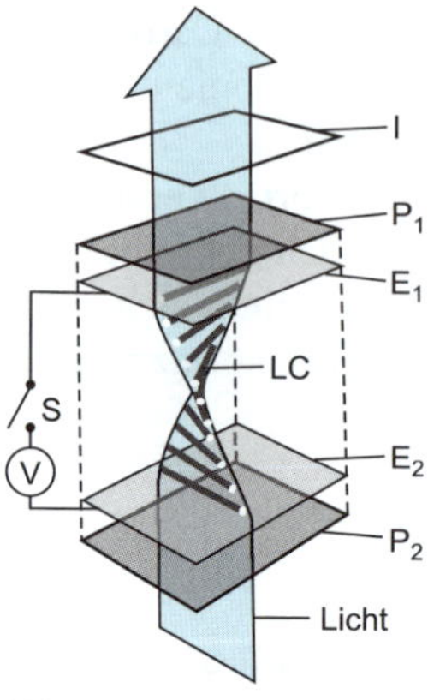

Abb. 42 a

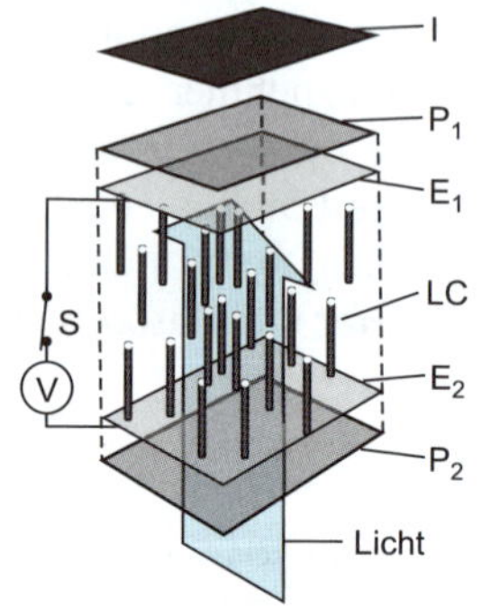

Abb. 42 b

Auf diese Weise gelangt an einer Stelle mehr oder weniger Licht hindurch. Bei den TFT-Bildschirmen sind für jeden Bildpunkt drei LCD-Zellen für die Farben Rot, Blau und Grün vorhanden. Für jede LCD-Zelle gibt es in einem dünnen Halbleiterfilm einen durchsichtigen Transistor, der die Steuerung des elektrischen Feldes für diese Zelle übernimmt.

Moderne Technik sieht heute manchmal so aus wie Science-Fiction von gestern. **Touchscreens** sind etwa spezielle Computerbildschirme, die auf Berührung mit einem Finger reagieren. Häufig steckt dahinter, dass durch die Berührung die Kapazität eines Kondensators verändert wird (Abb. 43). Entsprechend funktionieren Lampen, die sich durch Berührung des Metallfußes schalten oder dimmen lassen.

Abb. 43: Bei einem kapazitiven **Touchscreen** bildet eine Metallschicht, die auf eine Glasplatte aufgedampft wurde, eine Platte eines Kondensators. An den Ecken dieser Schicht wird eine Spannung angelegt. Berührt man mit dem Finger die Schutzschicht, so bildet dieser die zweite Platte des Kondensators. Es kommt zu Ladungsverschiebungen, die als Ströme gemessen werden können. Aus den Strömen, die an den vier Ecken registriert werden, wird die Fingerposition bestimmt.

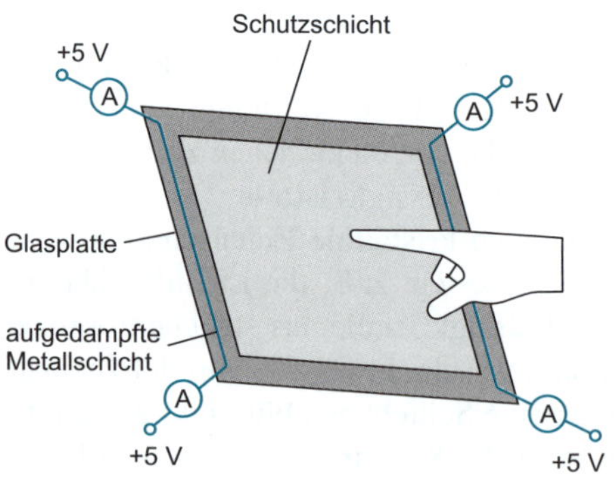

Abb. 43

Auch **Drucksensoren** lassen sich aus Kondensatoren bauen (Abb. 44). Hier wird durch Druck der Abstand zweier Platten voneinander verändert. Die dadurch verursachte Veränderung der Kapazität kann z. B. durch Ströme, die vom Kondensator weg- oder zufließen, gemessen werden.

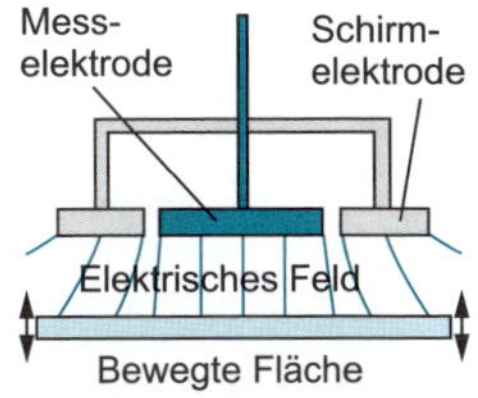

Abb. 44: Wird in einem **Drucksensor** durch Druck der untere Teil näher an die obere Platte gedrückt, so vergrößert sich die Kapazität. Bei gleichbleibender Spannung müssen nun Ladungen auf die Platten zufließen.

3.9 Kondensatoren als Ladungs- und Energiespeicher

Bei Fahrradbeleuchtungen ist es mittlerweile Standard, dass sie eine Standlichteinrichtung besitzen, sodass zumindest das Rücklicht auch ohne laufenden Dynamo noch einige Zeit in Betrieb ist. Die dafür nötige Energie wird im elektrischen Feld von **Kondensatoren** gespeichert (Schaltzeichen ⊣⊢), die während des Fahrens mithilfe des Dynamos aufgeladen werden (Abb. 45).

Im Wesentlichen bestehen Kondensatoren aus zwei einander gegenüberliegenden geladenen Schichten, die durch einen Isolator voneinander getrennt werden. Die einfachste Bauart ist der Plattenkondensator aus zwei Metallplatten, die sich nicht berühren (siehe Kapitel 3.1, S. 20). Welche Ladungsmenge (und damit wie viel Energie) der Kondensator speichern kann, hängt von mehreren Faktoren ab: von der Spannung zwischen den beiden Platten, von der Fläche und dem Abstand der Platten und von dem Material zwischen den Platten, dem sogenannten **Dielektrikum**. Da die letzten drei Größen jeweils durch die Bauart des Kondensators festgelegt sind, fasst man ihren Einfluss in einer Kenngröße für den Kondensator, der **Kapazität *C***, zusammen.

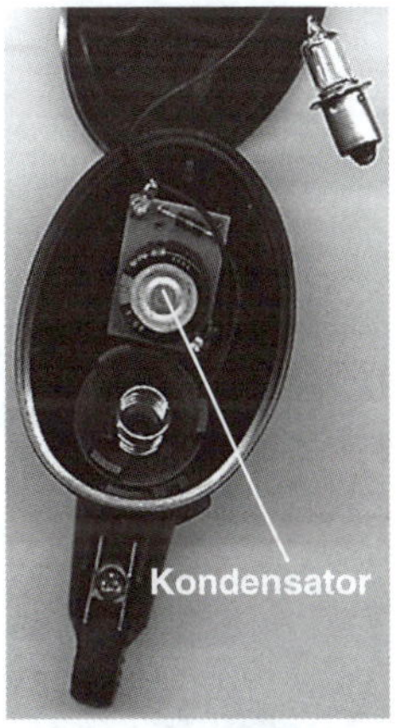

Abb. 45: Der Kondensator in diesem **Fahrradfrontlicht** dient zur Energieversorgung, während das Fahrrad steht. Er wird über den Dynamo aufgeladen, wobei die Wechselspannung vorher noch gleichgerichtet werden muss.

Ladung, Kapazität und Spannung beim Kondensator

Die **Kapazität *C*** ist eine Kenngröße für Kondensatoren, die deren relatives Speichervermögen für Ladungen beschreibt.

- Die in einem Kondensator gespeicherte **Ladungsmenge *Q*** ist direkt proportional zur **Spannung *U*** zwischen den beiden Platten:
  $Q = C \cdot U$
- Die Kapazität wird berechnet durch $C = \varepsilon \cdot \frac{A}{d}$.
- Die Kapazität wird durch geometrische Größen und Materialeigenschaften bestimmt:
  A: Fläche einer Platte;
  d: Abstand der beiden Platten
  ε: Permittivität; sie beschreibt den Einfluss des Dielektrikums.
  Für Vakuum (und näherungsweise für Luft) gilt: $\varepsilon = \varepsilon_0$
- Die **Einheit** der Kapazität ist $[C] = 1\,\text{Farad} = 1\,\text{F} = 1\,\frac{\text{C}}{\text{V}}$.

Mit Q ist dabei die Ladung gemeint, die sich auf einer der beiden Platten befindet; auf der anderen Platte befindet sich automatisch die gleiche Ladungsmenge nur mit dem anderen Vorzeichen. Die Einheit der Kapazität wurde benannt nach dem englischen Naturforscher *Michael Faraday* (1791–1867; siehe Exkurs, S. 39).

Die Grundeinheit der Kapazität stellt einen sehr großen Wert dar. Mit Luft als Dielektrikum müsste ein Kondensator mit 1 F Kapazität bei einem Plattenabstand von 40 µm (Dicke eines Haares) eine Fläche von 4,5 km^2 haben. Hätten die Metallfolien eine Dicke von nur 1 µm, so würde dieser Kondensator ein Volumen von knapp 200 m^3 haben! Allerdings könnte er nur mit einer Spannung bis etwa 100 V betrieben werden, weil sonst zwischen den Metallfolien Funken überspringen würden. Abhilfe schaffen hier besser isolierende Materialien wie z. B. Kunststofffolien oder Papier. Bei gleicher Spannung würde man Papier benötigen, das nur ein Fünftel so dick ist wie der vorige Plattenabstand, sodass sich dadurch die Fläche ebenfalls schon auf ein Fünftel verringern würde. Dazu kommt, dass die Permittivität von Papier größer ist als die von Luft, sodass sich die Fläche noch einmal um ein Viertel reduzieren lässt. Insgesamt verringert sich damit das Volumen des Kondensators um den Faktor 100 – bleiben immerhin noch 2 m^3.

Daher ist es nicht verwunderlich, dass die häufig verwendeten **Wickel-** oder **Schichtkondensatoren** (Abb. 46), die aus metallbeschichteten Papier- oder Kunststoffschichten bestehen, nur geringe Kapazitäten aufweisen. Diese liegen im Bereich von Pikofarad (1 pF $= 10^{-12}$ F) bis wenige Mikrofarad (1 µF $= 10^{-6}$ F).

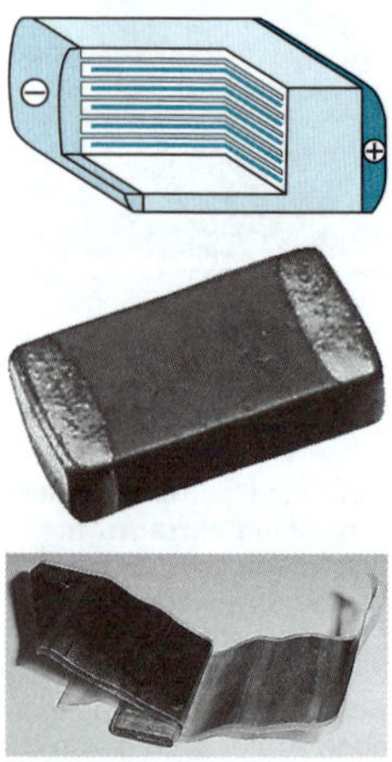

Abb. 46: Schicht- oder Wickelkondensatoren bestehen aus abwechselnden Lagen von Metall- bzw. Isolatorfolie. Die Isolatorfolie sorgt dafür, dass der Kondensator mit höheren Spannungen betrieben werden kann und mehr Ladungen speichern kann.

Bei **Elektrolytkondensatoren** (Abb. 47 a) ist eine Platte durch einen Elektrolyten ersetzt, d. h., die Ladung wird nicht durch Elektronen, sondern durch Ionen transportiert. Beide Kondensatortypen werden heute u. a. für die SMD-Technik hergestellt (**S**urface **M**ounted **D**evice: oberflächenmontierbares Bauteil): Anstelle von Anschlussdrähten haben diese Bauteile Kontaktflächen, an denen sie direkt auf die Oberfläche der Platine gelötet werden.

In der Fahrradbeleuchtung werden **Doppelschichtkondensatoren** verwendet, die eine Spezialform von Elektrolytkondensatoren besonders hoher Kapazität darstellen (Abb. 47 b). Sie werden unter dem Handelsnamen GoldCap® oder UltraCap® mittlerweile mit Kapazitäten bis zu 5000 F vertrieben. Beim Fahrradlicht werden Kapazitäten von etwa 2 F benutzt. Bei einer üblichen Ladespannung von 6 V ist in einem solchen Kondensator die Ladungsmenge 12 C gespeichert. Damit ließe sich ein Rücklicht mit vier LED, die im Betrieb jeweils 20 mA Stromstärke benötigen, 10 Minuten betreiben. Tatsächlich ist die Leuchtdauer aber geringer, weil beim Entladen auch die Spannung des Kondensators schon vorher unter die Betriebsspannung der LED absinkt.

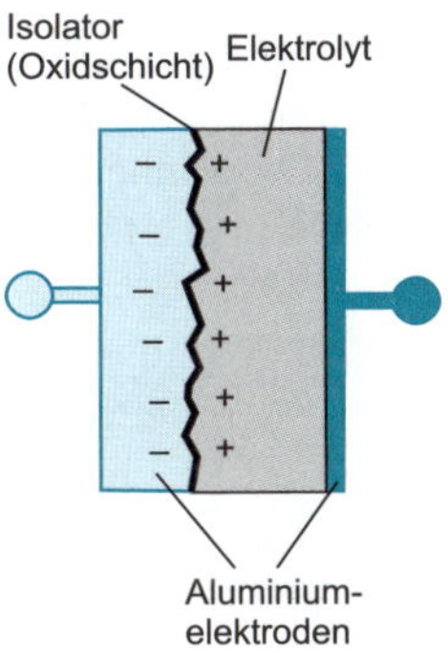

Abb. 47 a

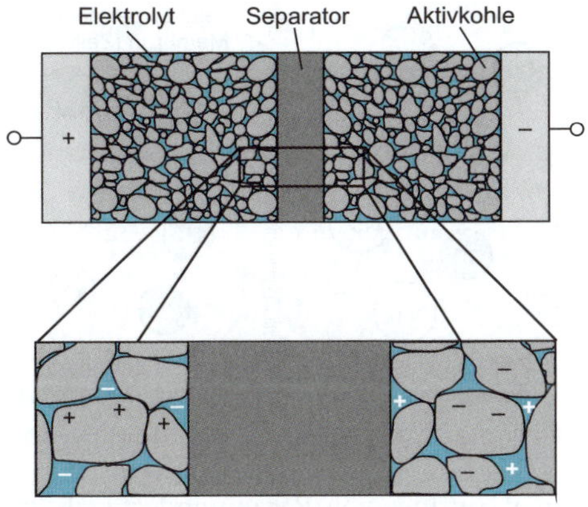

Abb. 47 b

Abb. 47: Elektrolytkondensatoren

a: Die elektrischen Ladungen lagern sich beidseitig der isolierenden Oxidschicht an. Durch elektrochemisches Aufrauen der linken Aluminiumelektrode vergrößert man die effektive Fläche des Kondensators deutlich.

b: Bei einem **Doppelschichtkondensator** bestehen die „Platten" aus poröser Aktivkohle. In diese Poren kann der Elektrolyt eindringen, sodass die Kontaktfläche auf kleinem Volumen sehr groß wird. Zwischen den beiden Aktivkohleschichten befindet sich eine Separatorschicht, die elektrisch isoliert, aber die Ionen des Elektrolyten hindurch diffundieren lässt. An der Grenzfläche lagern sich an die geladenen Kohlepartikel jeweils die entgegengesetzt geladenen Ionen des Elektrolyten an. Die ganze Anordnung stellt im Prinzip zwei hintereinander geschaltete Kondensatoren dar. Aufgrund der großen Grenzfläche erhält man sehr große Kapazitäten.

Bei **Drehkondensatoren** (Abb. 48) kann man die Kapazität verändern, indem man Plattenpaketen gegeneinander verdreht.

Die Energie, die im elektrischen Feld eines Kondensators gespeichert ist, hängt wie die Ladungsmenge von der Kapazität und der Ladespannung ab:

Energie eines Kondensators

Ein Kondensator der Kapazität C, der auf die Spannung U aufgeladen wurde, hat die Ladungsmenge $Q = C \cdot U$ und die Energie

$$W_{el} = \frac{1}{2} C \cdot U^2 = \frac{Q^2}{2C}$$

gespeichert.

3.10 Elektrik im Körper – Ruhe- und Aktionspotenziale

Heute weiß man, dass sehr viele Vorgänge im menschlichen Körper elektr(ochem)ischer Natur sind. Die Grundlage bildet dabei die Diffusion von Ionen durch **selektiv permeable Membranen** (Abb. 49). Die dadurch entstehende Spannung zwischen dem **Cytoplasma** (dem Zellinneren) und der **Zwischenzellflüssigkeit** nennt man im Ruhezustand der Zelle – physikalisch etwas ungenau – **Ruhepotenzial**. Das Zellinnere stellt dabei den negativen Pol dar. Definiert man das Potenzial im Zelläußeren als null, stimmt der Wert der Spannung zwischen innen und außen tatsächlich mit dem Potenzialwert überein. Das Ruhepotenzial der Zelle beträgt je nach Typ zwischen –30 mV und –100 mV.

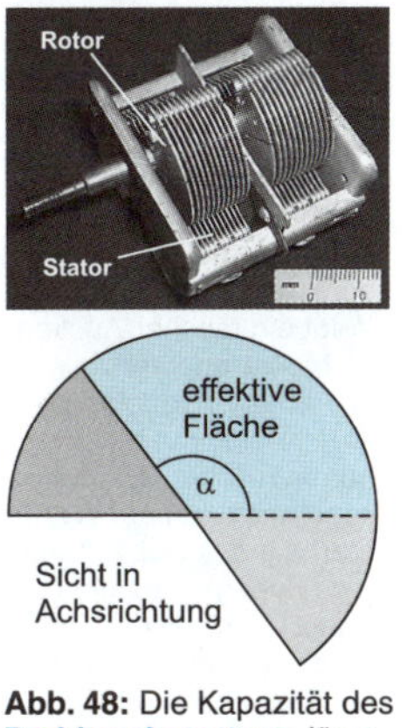

Abb. 48: Die Kapazität des **Drehkondensators** lässt sich stufenlos einstellen. Er besteht aus zwei gegeneinander verdrehbaren Systemen von halbkreisförmigen Platten. Nur der Bereich, in dem sich die Plattenflächen überlappen, trägt zur Kapazität bei. Sie ist proportional zum Überlappungswinkel α.

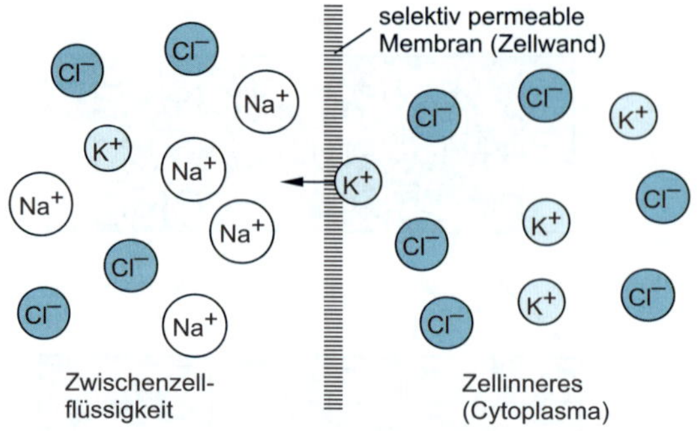

Abb. 49

Abb. 49: Ionenaustausch bei **biologischen Zellen**. Zellwände sind selektiv permeable Membranen, d. h. Schichten, die nur für bestimmte Stoffe oder Moleküle durchlässig sind. In diesem Fall befindet sich auf der einen Seite der Membran NaCl, auf der anderen Seite KCl, jeweils in disoziierter Form. Die Membran lässt hier ausschließlich K^+-Ionen passieren. Auf der linken Seite entsteht daher ein Überschuss an positiven Ionen, auf der rechten Seite ein Mangel. Zwischen den beiden Bereichen besteht daher eine Potenzialdifferenz, also eine Spannung. Über die Membran hinweg bildet sich ein elektrisches Feld aus, das dafür sorgt, dass sich ein Gleichgewichtszustand einstellt. Je nach Zelltyp werden Spannungen zwischen 30 mV und 100 mV erreicht.

Unter Einfluss von Reizen ändert sich das Zell- oder Membranpotenzial von Nervenzellen allmählich hin zu positiven Werten, bis ein **Schwellenwert** überschritten wird. Dann erfolgt eine schnelle Veränderung des Potenzials auf +30 mV, die etwa ein bis zwei Millisekunden dauert. Diesen Vorgang (Anstieg auf +30 mV, Abfall auf –30 mV) nennt man **Aktionspotenzial**. Anschließend kehrt die Zelle wieder schnell zum Ruhepotenzial zurück. Die Änderung der Zellpotenziale erfolgt über **Ionenkanäle** in der Membran: Beim Aktionspotenzial öffnen sich Kanäle für Na^+-Ionen, die ins Zellinnere strömen. Wenn sich diese zu schließen beginnen, öffnen sich K^+-Kanäle, sodass diese aus der Zelle herausströmen können und das Ruhepotenzial wiederhergestellt wird (Abb. 50). Für eine Zeit von ein bis zwei Millisekunden nach einem Aktionspotenzial ist die Nervenzelle nicht „ansprechbar", danach reagiert sie zunächst auf starke Reize, dann mit zunehmend reizloser Zeit auch auf schwächere Reize.

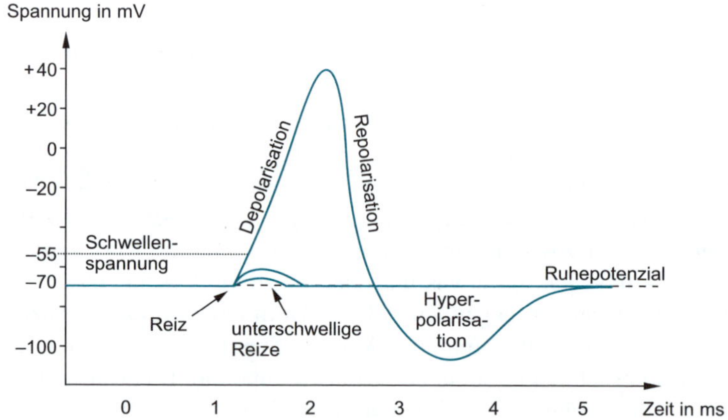

Abb. 50

Abb. 50: Typischer Verlauf eines **Aktionspotenzials**. Nachdem die Schwellenspannung (hier –55 mV) überschritten worden ist, erfolgt ein rascher Anstieg des Membranpotenzials auf +40 mV (Depolarisation), gefolgt von einem ebenso raschen Abfall (Repolarisation) auf Werte unterhalb des Ruhepotenzials (Hyperpolarisation). Nach 2–3 ms ist das Ruhepotenzial wieder erreicht.

3.11 Rasterkraftmikroskop

Der Traum vieler Physiker, einzelne Atome betrachten zu können, hat sich indirekt mit dieser Art Mikroskop verwirklicht. Dabei ist der prinzipielle Aufbau eines **Rasterkraftmikroskops (AFM)** (engl.: **A**tomic **F**orce **M**icroscope) ziemlich einfach: An einem biegsamen Hebel befindet sich eine sehr feine Spitze; Abb. 51 zeigt die Dimensionen solcher Messspitzen. Damit tastet man, ähnlich wie die Nadel eines Plattenspielers, die Oberfläche eines Gegenstandes Punkt für Punkt ab. Dabei wird der Hebel etwas verformt, was mithilfe elektrischer oder optischer Sensorsysteme registriert wird (Abb. 52). Die Kraftwirkung beruht dabei im Wesentlichen auf den elektrischen Kräften, welche die Atomhüllen aufeinander ausüben.

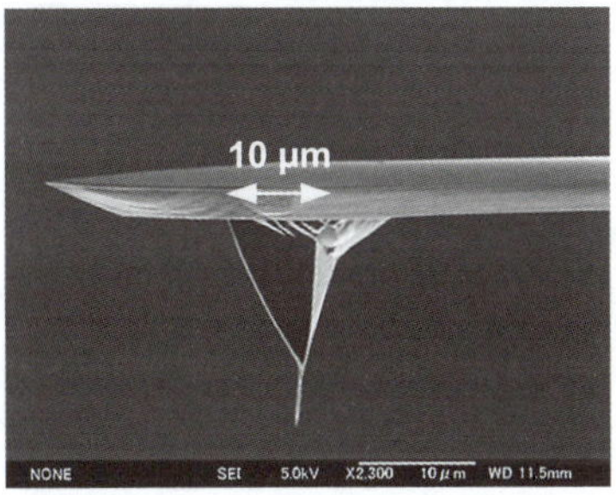

Abb. 51

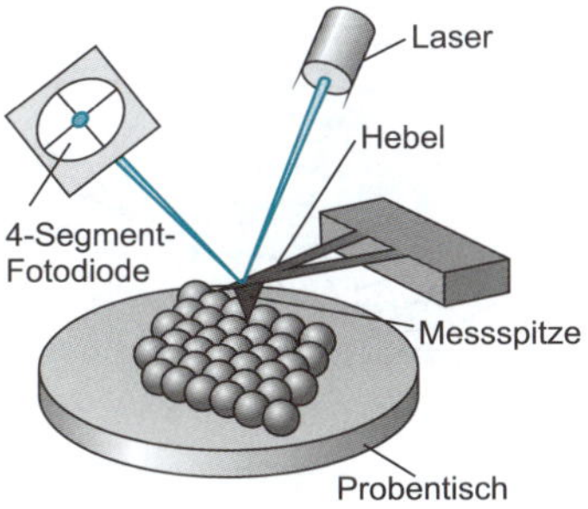

Abb. 52

Abb. 51: Die **Messspitze**, mit der man beim Rasterkraftmikroskop die Oberfläche abtastet, ist extrem fein. Hier endet die Spitze in einem Nanoröhrchen, das einen Durchmesser von 10–30 nm hat.

Abb. 52: Mit dem Probentisch wird die Materialprobe verschoben. Die jeweilige Kraftwirkung wird über die Verformung des **Hebels** gemessen. Dazu wird der Hebel mit einem scharf fokussierten Laser beleuchtet. In der Ruhelage trifft der reflektierte Strahl in die Mitte einer 4-Segment-Fotodiode. Damit können sowohl Verformungen nach oben oder unten als auch seitliche Deformationen des Hebels registriert werden.

Forschern ist es mittlerweile gelungen, mit einer extrem feinen Messsonde, deren Spitze von einem CO-Molekül gebildet wird, **Strukturen im atomaren Bereich** aufzulösen. Sie konnten damit direkt die Lage der Atome im Pentazen-Molekül sichtbar machen, allerdings unter extremen Bedingungen: Die Messungen mussten im Ultrahochvakuum und bei einer Temperatur von 5 Kelvin durchgeführt werden (Abb. 53).

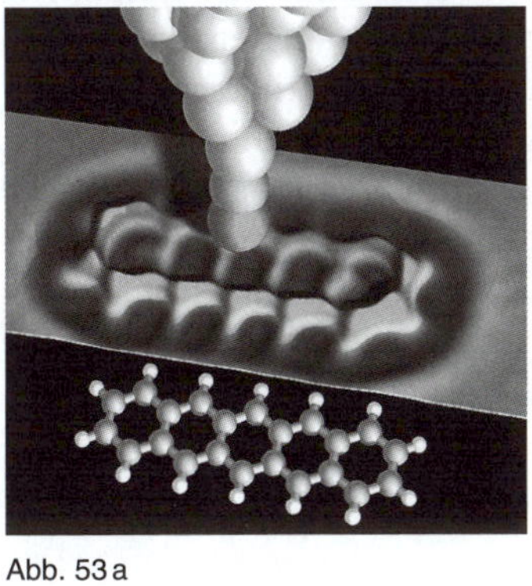

Abb. 53 a

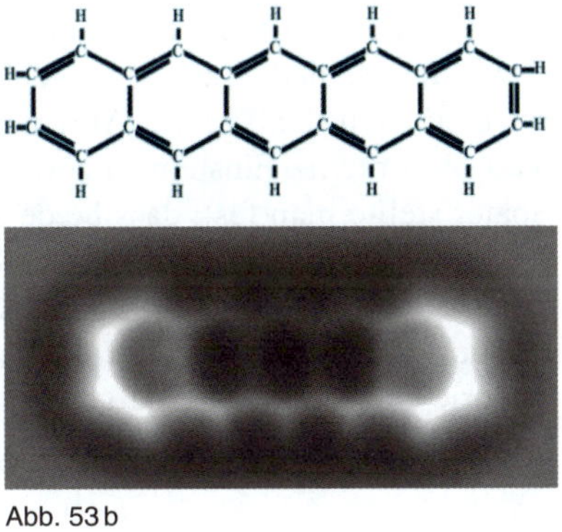

Abb. 53 b

Abb. 53: Struktur des **Pentazen-Moleküls**

a: Die Spitze dieses Rasterkraftmikroskops besteht aus einem **CO-Molekül** (Farbmarkierung). Damit lässt sich die atomare Struktur von Pentazen abbilden.

b: Das Bild stimmt sehr gut mit der räumlichen Vorstellung überein, die man aus der Strukturformel von Pentazen erhält.

3.12 Exkurs: Das Experiment von Kaufmann und Bucherer

Walter Kaufmann (1871–1947) führte in den Jahren 1897 bis 1905 sehr genaue Messungen an „Bequerel-Strahlen“ durch, heute nennt man sie β-Strahlen. Dabei bestätigte er Vorhersagen von *Joseph John Thomson*, wonach die Masse der Elektronen von deren Geschwindigkeit abhängen sollte. Kaufmann benutzte dabei die Ablenkung geladener Teilchen in einer Kombination aus einem elektrischen Feld und einem Magnetfeld. Er untersuchte damit schnelle β-Teilchen, während *Alfred Bucherer* (1863–1927) mit einem veränderten Versuchsaufbau langsame β-Teilchen ins Visier nahm (Abb. 54).

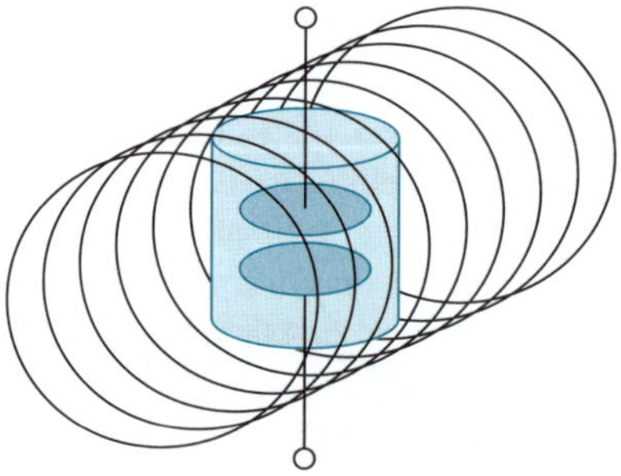

Abb. 54 a

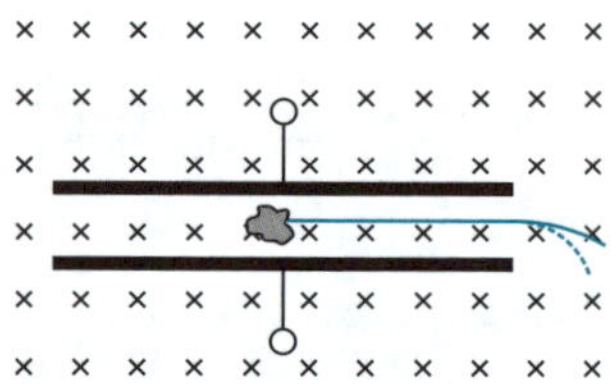

Abb. 54 b

Abb. 54

a: Versuchsaufbau. Bucherer platzierte einen evakuierten Zylinder in einer Spule. In den Zylinder war ein Plattenkondensator eingebaut, zwischen dessen Platten sich ein radioaktives Präparat befand. Die Innenseite des Zylinders war mit einem fotografischen Film ausgelegt.

b: Geschwindigkeitsabhängigkeit der Teilchenmasse. Im Bereich zwischen den Kondensatorplatten heben sich für β-Teilchen mit einer bestimmten Geschwindigkeit die elektrischen und die magnetischen Kräfte auf; außerhalb des Kondensators durchlaufen sie einen Kreisbogen. Die beobachteten Kreisbögen (durchgezogene Linie) weisen einen zu großen Radius im Vergleich zu dem theoretisch erwarteten (gestrichelte Linie) auf.

Allerdings gab es zu dieser Zeit zwei verschiedene theoretische Erklärungsmodelle für dieses Phänomen, wobei beide auf Vorarbeiten des Niederländers *Hendrik Antoon Lorentz* (1853–1928) basierten. Die eine Theorie wies dem Elektron eine „longitudinale Masse“ für Längsbeschleunigungen und eine „transversale Masse“ für Querbeschleunigungen zu. Sie wurde in Deutschland v. a. von dem Physiker *Max Abraham* (1875–1922) vertreten, der ein vielgelesenes Standardwerk zur Elektrodynamik verfasst hatte. Die andere Theorie war die Albert Einsteins **Spezielle Relativitätstheorie**, die ohne diese Unterscheidung auskam. Beide Theorien kamen hinsichtlich der Massenzunahme zu etwas unterschiedlichen Aussagen. Kaufmanns experimentelle Ergebnisse stützten die Theorie Abrahams, Bucherer kam zu dem Schluss, dass die Lorentz-Einstein-Theorie besser zu seinen Resultaten passte. Später stellte man fest, dass beide Experimente nicht genau genug gewesen waren, um zwischen den beiden Theorien unterscheiden zu können. Erst im Jahre 1940 war man in der Lage, ähnliche Versuche mit der nötigen Genauigkeit durchzuführen und die Lorentz-Einstein-Theorie endgültig zu bestätigen.

3.13 Exkurs: Michael Faraday (1791 – 1867)

Michael Faraday wuchs in London auf, kam mit 13 Jahren zu einem Buchhändler in die Lehre und lernte dort Buchbinderei und Papierhandwerk. Der Buchhändler gestattete Faraday die Bücher, die er zum Einbinden bekam, auch zu lesen, wenn Zeit dafür übrig war. Unter den Büchern befand sich auch der Band E der *Encyclopedia Britannica* mit einem 127-seitigen Artikel über Elektrizität, der Faraday sehr faszinierte. Er begnügte sich bald nicht mehr, über Elektrizität zu lesen, sondern begann mit einfachen Mitteln Versuche nachzuvollziehen, worüber er stets sehr genaue Aufzeichnungen führte. In den Jahren 1810 bis 1812 besuchte er bei einem gewissen *John Tatum* Vorträge über Naturwissenschaften, die er mitnotierte und durch eigene Gedanken ergänzte (Abb. 55 b). Diese Aufzeichnungen zeigte Faradays Lehrmeister dem Sohn eines Mitglieds der Royal Institution, woraufhin Faraday Eintrittskarten zu einer Vortragsreihe des damals schon berühmten *Humphrey Davy* erhielt. Bei diesem erhielt er Anfang des Jahres 1813 eine Assistentenstelle an der Royal Institution, wobei seine Arbeit sich zunächst mehr im Bereich der analytischen Chemie bewegte. 1821 heiratete Faraday Sarah Barnard, die Tochter eines Silberschmiedes. Im Jahr zuvor hatte *Hans Christian Oersted* entdeckt, dass ein stromdurchflossener Leiter einen Magneten beeinflussen kann. Faraday variierte dieses Experiment und fand seinerseits heraus, dass ein stromdurchflossener Draht um einen Magneten rotieren kann.

Im Jahr 1825 wurde die Stelle des Direktors der Royal Institution frei. Die Manager – auch Davy war unter ihnen – beschlossen, Faraday diesen Posten anzutragen. Dieser nahm an und führte die später berühmten Freitagabend-Vorlesungen ein, die er teilweise selbst hielt und die verschiedene wissenschaftliche Themen von allgemeinem Interesse behandelten. Seine großen Entdeckungen beruhen auf seiner genauen Beobachtungsgabe, der sorgfältigen Durchführung der Versuche und seinem stets kritischen Hinterfragen der Ergebnisse. Aufzuzählen sind das **Faraday'sche Induktionsgesetz** (die elektromagnetische Induktion), die **Faraday'schen Gesetze** (die Grundgesetze der Elektrolyse), der **Faraday-Effekt** (die Drehung der Polarisationsebene des Lichts durch Magnetismus) und der **Faraday-Käfig** (die Abschirmung elektrischer Felder durch einen metallenen Käfig). Ihm zu Ehren wurde die Einheit der elektrischen Kapazität mit „Farad“ benannt. Die höchste Auszeichnung der Royal Institution, die Copley-Medaille, erhielt er zweimal.

Abb. 55 a: Auf der Rückseite der britischen 20-Pfund-Note ist Michael **Faraday** porträtiert. Außerdem ist darauf eine Elektrisiermaschine und Faraday bei einer Vorlesung dargestellt.

Abb. 55 b: Die Zeichnung aus **Faradays Merkbuch** zeigt detailliert den Raum, in dem John Tatum seine Vorträge hielt.

Fakten und Formeln: Elektrisches Feld und Relativität

- Die **elektrische Kraft** zwischen zwei Punktladungen Q und q ist umgekehrt proportional zu ihrem Abstand r (Coulomb'sches Gesetz). ε_0 bezeichnet die **elektrische Feldkonstante**.
  $$F_{el} = \frac{1}{4\pi \cdot \varepsilon_0} \cdot \frac{Q \cdot q}{r^2}$$
  $$\varepsilon_0 = 8{,}854 \cdot 10^{-12} \frac{\mathrm{C}}{\mathrm{V \cdot m}}$$
- **Grundgleichung des elektrischen Feldes:** Wirkt in einem elektrischen Feld auf eine Ladung q die Kraft $\vec{F}$, so ist die Feldstärke $\vec{E}$ durch den Quotienten aus Kraft und Ladung festgelegt.
  $$\vec{E} = \frac{\vec{F}}{q} \iff \vec{F} = q \cdot \vec{E}$$
- Das elektrische Feld einer Punktladung Q ist **radialsymmetrisch**. Der Betrag der Feldstärke sinkt quadratisch mit dem Abstand zu Q.
  $$E = \frac{1}{4\pi \cdot \varepsilon_0} \cdot \frac{Q}{r^2}$$
- In einem **homogenen** Feld ist die Feldstärke $\vec{E}$ an jedem Ort gleich. Das homogene Feld in einem luftgefüllten **Plattenkondensator** hängt ausschließlich von der an den Platten anliegenden Spannung U und dem Plattenabstand d ab.
  $$E = \frac{U}{d}$$
  $$[E] = 1 \frac{\mathrm{V}}{\mathrm{m}}$$
- Durchläuft eine Ladung q die Spannung U, so wird dabei die Energiemenge $\Delta E = q \cdot U$ von potenzieller in kinetische Energie umgewandelt oder umgekehrt. Als neue Energieeinheit führt man das **Elektronenvolt** ein: Das ist die Energiemenge, die umgewandelt wird, wenn ein Teilchen mit der Ladung $e = 1{,}602 \cdot 10^{-19}$ C die Spannung 1 V durchläuft.
  $$1\,\mathrm{eV} = 1{,}602 \cdot 10^{-19}\,\mathrm{J}$$
- Fliegt ein Teilchen (Masse m, Ladung q, Geschwindigkeit v) im rechten Winkel zur Richtung eines homogenen elektrischen Feldes der Stärke E, so durchläuft es in diesem Feld eine **parabelförmige Bahnkurve**.
  $$y = \frac{q \cdot E}{2m \cdot v^2} \cdot x^2$$
- Die Ladungsmenge, die sich auf einem Kondensator speichern lässt, ist proportional zur anliegenden Spannung. Der Proportionalitätsfaktor heißt **Kapazität** und ist eine Kenngröße für Kondensatoren. Die **Einheit** der Kapazität ist das **Farad**.
  $$Q = C \cdot U$$
  $$[C] = 1 \frac{\mathrm{C}}{\mathrm{V}} = 1\,\mathrm{F}$$
- Die **Kapazität eines luftgefüllten Plattenkondensators** ist ausschließlich durch seine Geometrie bestimmt (A: Fläche einer Platte; d: Abstand der Platten).
  $$C = \varepsilon_0 \cdot \frac{A}{d}$$
- Die im elektrischen Feld eines Plattenkondensators **gespeicherte Energie** hängt von seiner Kapazität C und der angelegten Spannung U ab.
  $$W_{el} = \frac{1}{2} C \cdot U^2$$
- Kein materielles Teilchen kann sich schneller bewegen als das Licht im Vakuum. Häufig genügt es, für die **Lichtgeschwindigkeit c** den Rundungswert $3 \cdot 10^8 \frac{\mathrm{m}}{\mathrm{s}}$ zu verwenden (Abweichung ca. 1 ‰).
  $$c = 2{,}99792458 \cdot 10^8 \frac{\mathrm{m}}{\mathrm{s}}$$

• Teilchen, die sich bewegen, haben eine größere träge Masse als Teilchen, die ruhen (Ruhemasse m_0). Die bewegte Masse $\boldsymbol{m_r}$ heißt **relativistische Masse** und wird größer, wenn die Geschwindigkeit v größer wird.	$m_r = \frac{m_0}{\sqrt{1 - \frac{v^2}{c^2}}}$
• **Energie** und **Masse** sind wesensgleich und lassen sich **ineinander umwandeln**. Dabei ist die Energie ΔE, die in Masse umgewandelt wird, proportional zum Massenzuwachs Δm; der Proportionalitätsfaktor ist das Quadrat der Lichtgeschwindigkeit.	$\Delta E = \Delta m \cdot c^2$
• Ab Geschwindigkeiten von über 10 % der Vakuumlichtgeschwindigkeit macht sich die **Massenzunahme** von Teilchen deutlich bemerkbar (Massenzunahme: 0,5 % der Ruhemasse).	
• **Energiebilanzen** müssen relativistisch gerechnet werden: Die relativistische Gesamtenergie $W_r = m_r \cdot c^2$ des Teilchens setzt sich zusammen aus der zugeführten Energie ΔW und der Ruheenergie $W_0 = m_0 \cdot c^2$ des Teilchens. Bei Elektronen muss ab einer Energiezufuhr von ca. 2,5 keV relativistisch gerechnet werden, bei Protonen und Neutronen ab etwa 5 MeV.	$W_r = \Delta W + W_0$ bzw. $m_r \cdot c^2 = \Delta W + m_0 \cdot c^2$
• Die elektrische Ladung ist gequantelt: Jede Ladungsmenge ist ein ganzzahliges Vielfaches der **Elementarladung** $\boldsymbol{e}$.	$e = 1{,}6022 \cdot 10^{-19}\,\text{C}$
• Das **Elektron** ist einfach negativ, das **Proton** einfach positiv geladen. Die Ruhemasse des Protons ist etwa um den Faktor 1836 größer als die des Elektrons.	$q_e = -e$ $q_p = +e$ $m_{0e} = 9{,}1094 \cdot 10^{-31}\,\text{kg}$ $m_{0p} = 1{,}6727 \cdot 10^{-27}\,\text{kg}$

Concept Map: Elektrisches Feld

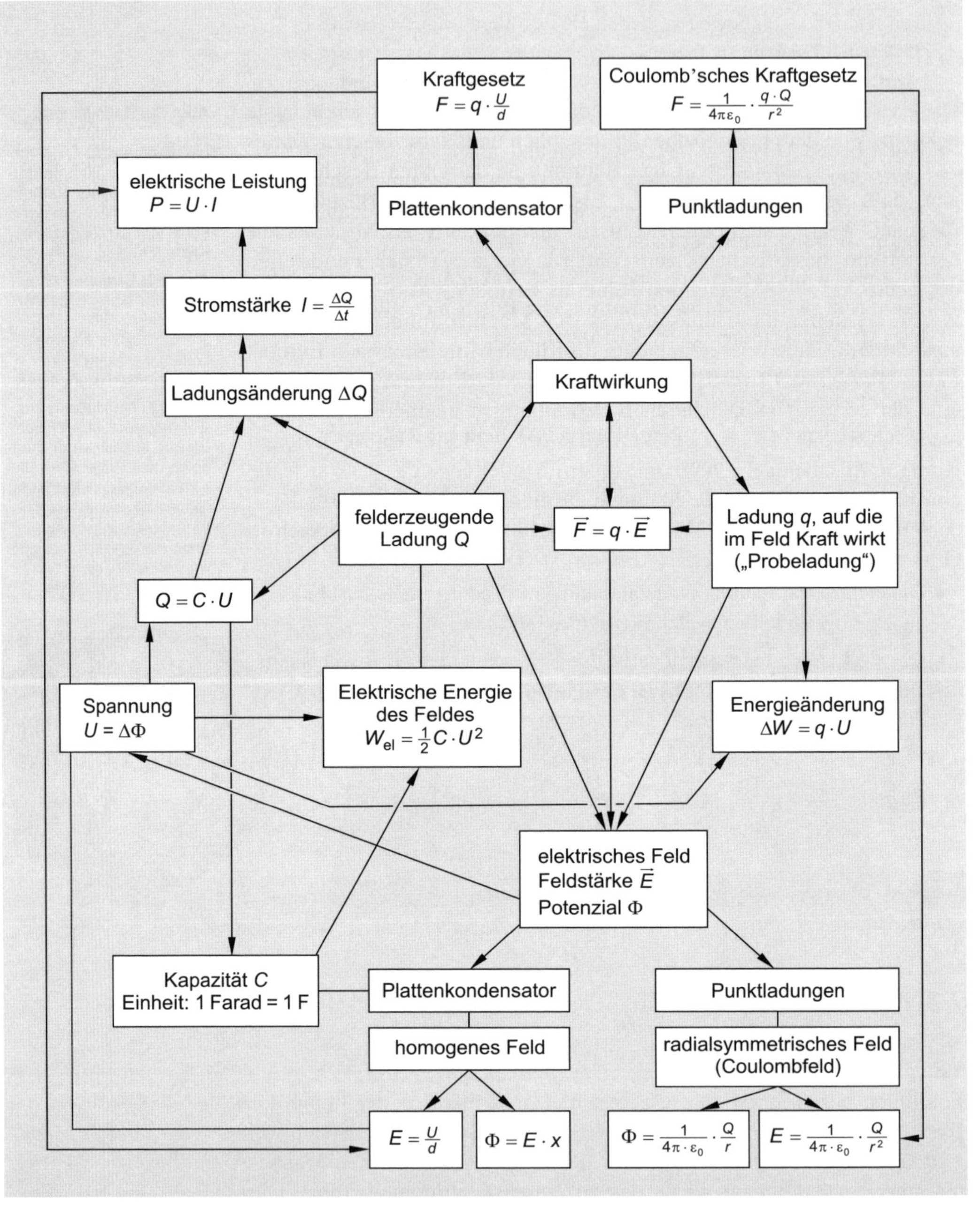

4 Magnetfelder

4.1 Historisches

Die Existenz magnetischer Materialien ist der Menschheit schon lange bekannt. Von dem griechischen Philosophen und Naturforscher *Thales von Milet* (ca. 624–546 v. Chr.) stammt eine der ersten Beschreibungen, dass bestimmte Mineralien Eisen anziehen. Die Bezeichnung „Magnet" bezieht sich dabei wohl auf die Herkunft des Minerals aus der antiken thessalischen Landschaft Magnesia, wo sich Fundstellen des heute **Magnetit** benannten Minerals befinden (Abb. 56). Um 200 v. Chr. erkannten die Chinesen, dass sich Magnete immer nach Süden ausrichten. Dieses Wissen gelangte im frühen Mittelalter nach Europa. *Petrus Peregrinus* (um 1270) liefert in seiner „Epistola de magnete" eine der ersten ausführlicheren Beschreibungen magnetischer Phänomene (Abb. 57). Doch erst *William Gilbert* (1540–1603), Leibarzt Königin Elisabeths I., zeigt mit einem Modellversuch, dass sich die Nord-Süd-Ausrichtung der Magnete auf der Erde damit erklären lässt, dass die Erde selbst ein Magnet ist. Überliefert ist dieser Versuch in Gilberts Buch „De magnete" (Abb. 58).

Abb. 56: Beim Mineral **Magnetit** handelt es sich um das stabilste Oxid von Eisen mit der Summenformel Fe_3O_4. In der Natur findet man es häufig in der Form von oktaedrischen Kristallen.

Abb. 57: Eine einfache Form des Kompasses ist der chinesische **Löffelkompass**. Der eiserne Löffel ist entlang seiner Längsachse magnetisiert.

Abb. 58: Darstellung aus „De magnete" von William Gilbert. Mithilfe einer magnetisierten Kugel („terrella" – kleine Erde) demonstriert Gilbert, dass die Ausrichtung der Kompassnadeln unter der Annahme erklärt werden kann, dass die **Erde ein Magnet** ist.

Abb. 56

Abb. 57

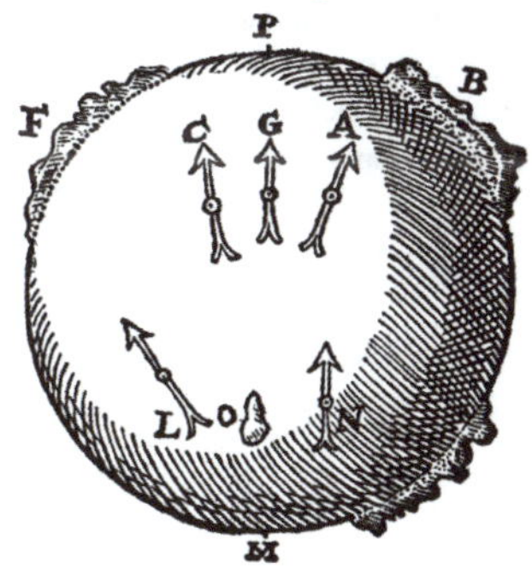

Abb. 58

4.2 Magnetfelder beschreiben

Wie alle bisher vorgestellten Felder werden auch **Magnetfelder** durch Feldlinien beschrieben. Diese geben hier aber nicht die Richtung der Kraft auf einen Magneten an, sondern die Richtung, in der sich ein Magnet ausrichtet. Sinnvoll ist dies deswegen, weil auf einen Magneten stets ein Kräftepaar wirkt, das zu einem Drehmoment führt. Die Gleichgewichtsposition der Magnetnadel unter Einfluss des Magnetfeldes ist dadurch gekennzeichnet, dass kein Drehmoment mehr auftritt. Die Richtung, in die der **Nordpol** einer Magnetnadel weist, wird als Richtung der magnetischen Feldlinien festgelegt (Abb. 59).

Abb. 59: Die magnetischen Feldkräfte auf Nord- und Südpol einer Magnetnadel bewirken die **Ausrichtung** der Nadel bzgl. der Feldlinien.

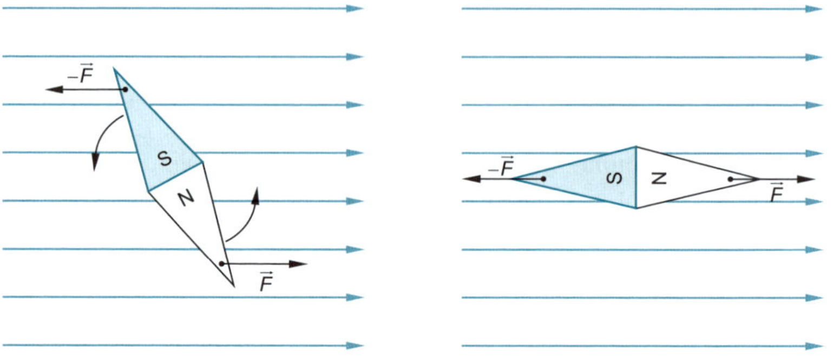

Abb. 59

Magnetfeldlinien lassen sich leicht mithilfe von Eisenfeilspänen darstellen; die bekanntesten Feldformen sind die Felder von **Stab-** und **Hufeisenmagneten** (Abb. 60). Im Gegensatz zu den elektrischen Feldlinien, die bei elektrischen Ladungen beginnen und enden (Ausnahme: Wirbelfelder), haben magnetische Feldlinien weder Anfang noch Ende.

Abb. 60: Magnetische Feldlinien

a: Stabmagnet

b: Hufeisenmagnet

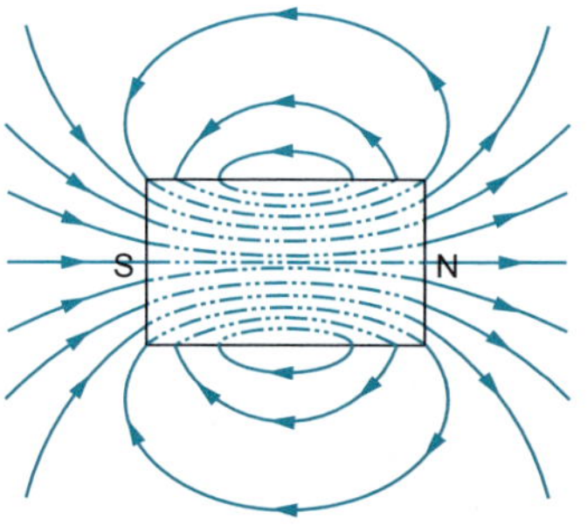

Abb. 60 a

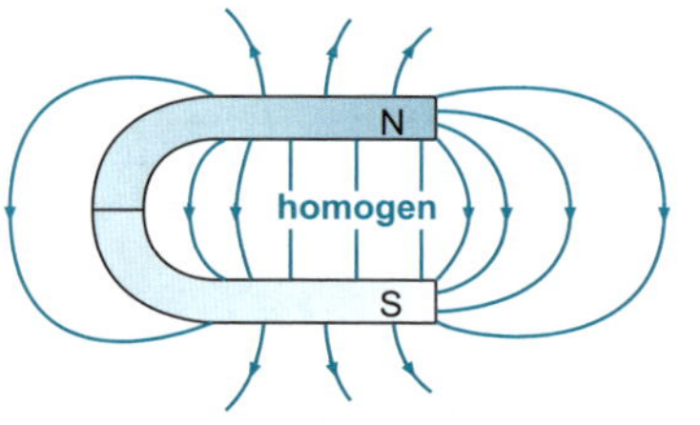

Abb. 60 b

Auch im Inneren des Stabmagneten müssen noch Feldlinien gezeichnet werden. Man spricht wie beim elektrischen Feld von einem **homogenen** Feld, wenn die Feldlinien zueinander parallel verlaufen (Hufeisenmagnet). Blickt man in Längsrichtung auf einen Pol eines zylindrischen Stabmagneten, so erkennt man ein **radialsymmetrisches** Feld.

Ein **Helmholtz-Spulenpaar** stellt eine einfache Möglichkeit dar, ein homogenes Feld mit variabler Flussdichte zu erzeugen (Abb. 61). Der deutsche Physiker *Hermann von Helmholtz* (siehe Exkurs, S. 56) entwickelte diese Anordnung: Zwei schmale Spulen stehen parallel zueinander, sodass ihr Abstand dem Spulenradius entspricht. Die magne-

Abb. 61 a

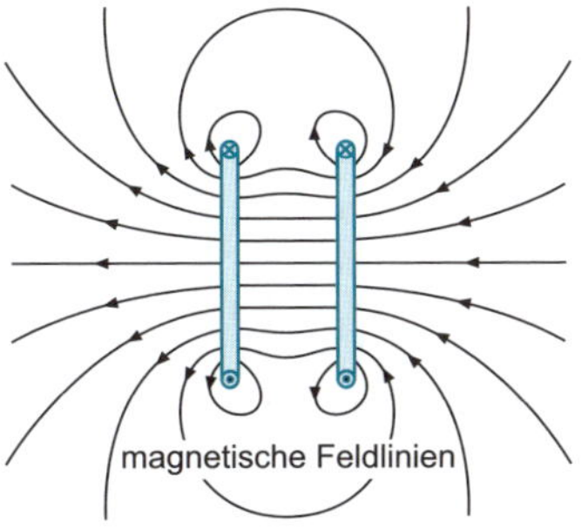

Abb. 61 b

Abb. 61: Helmholtz-Spulenpaar

a: Im Bereich zwischen den beiden Spulen entsteht ein großräumiges **homogenes Feld**.

b: Feldlinienbild

tische Feldstärke lässt sich dann über die Stromstärke I und die geometrischen Daten der Spule berechnen (siehe Fakten und Formeln, S. 57). Die Stärke magnetischer Felder beschreibt man durch die **magnetische Feldstärke** $\vec{B}$ (häufig noch **magnetische Flussdichte** genannt). $\vec{B}$ ist eine **vektorielle Größe**, die das magnetische Feld nach Betrag und Richtung beschreibt. Die grundsätzliche Festlegung der Einheit der magnetischen Feldstärke erfolgt über die **Lorentzkraft**.

Lorentzkraft auf einen stromdurchflossenen Leiter

Auf einen stromdurchflossenen Leiter wirkt eine Kraft mit dem Betrag $F_L = B \cdot I \cdot \ell \cdot \sin\alpha$.

Sie hängt ab

- vom Winkel α, den der Leiter mit dem Magnetfeld $\vec{B}$ einschließt;
- von der Stromstärke I;
- von der Länge ℓ des Leiterstücks, das sich im Magnetfeld befindet.

Durch die Lorentzkraft ist die **Einheit der magnetischen Feldstärke** festgelegt:

$[B] = 1\,\text{Tesla} = 1\,\text{T} = 1\,\frac{\text{Vs}}{\text{m}^2}$

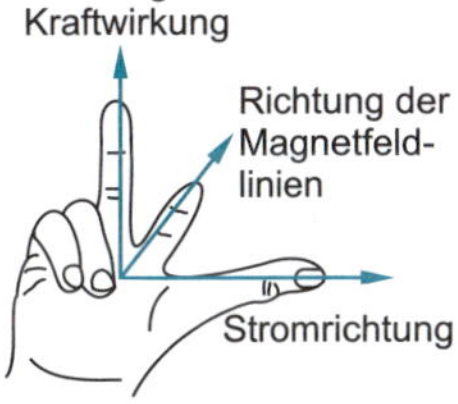

Abb. 62: Drei-Finger-Regel der rechten Hand

Die Kraft steht dabei stets senkrecht auf der Ebene, die von dem Magnetfeld und dem Leiterstück aufgespannt wird. Die Kraftrichtung bestimmt man über die **Drei-Finger-Regel** der rechten Hand (Abb. 62).

4.3 Naturphänomene: Van-Allen-Gürtel und Polarlichter

Im Wesentlichen gelten die im letzten Abschnitt formulierten Regeln auch für Ladungen, die sich außerhalb der Materie „frei“ bewegen. Die Stärke der Lorentzkraft hängt hier von der magnetischen Feldstärke, der Ladung und der Geschwindigkeit der Teilchen relativ zum Magnetfeld ab.

Lorentzkraft bei freien Teilchen

Auf freie geladene Teilchen (Ladung q, Geschwindigkeit v) wirkt in einem Magnetfeld der Stärke $\vec{B}$ eine Kraft mit dem Betrag

$F_L = q \cdot v \cdot B \cdot \sin\alpha$.

α ist der Winkel zwischen der Bewegungsrichtung der Teilchen und der magnetischen Feldrichtung. Über die **Drei-Finger-Regel** der rechten Hand bestimmt man die Kraftrichtung: Bei positiv geladenen Teilchen zeigt der Daumen *in* die Bewegungsrichtung der Teilchen, bei negativen Ladungen *gegen* die Bewegungsrichtung.

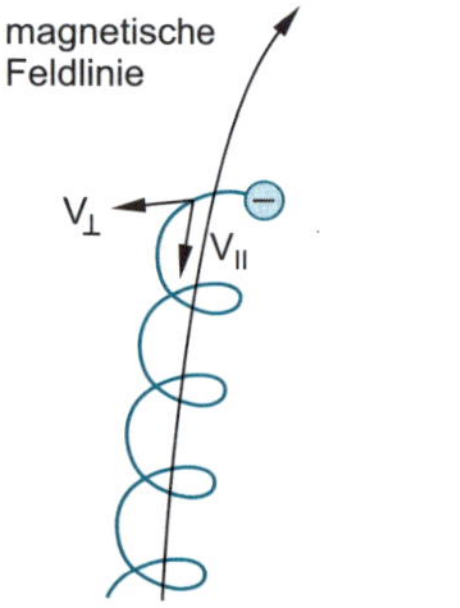

Abb. 63: Geladene Teilchen bewegen sich entlang einer **Schraubenlinie** um eine magnetische Feldlinie. Nur die Geschwindigkeitskomponente $v_\perp$ trägt dazu bei, dass die Lorentzkraft auf das Teilchen wirkt.

Das Magnetfeld der Erde sorgt etwa auf diese Weise dafür, dass die geladenen Teilchen, die mit hoher Geschwindigkeit von der Sonne ausgestoßen werden, zu einem Teil in den **Van-Allen-Gürteln** zwischen den Polen der Erde hin- und herpendeln. Gleichzeitig wird das Magnetfeld der Erde aber durch den ständigen Strom geladener Teilchen von der Sonne deformiert – es sieht aus, wie wenn die magnetischen Feldlinien von einem Wind verblasen worden wären (Abb. 63), daher auch der Name „Sonnenwind“. Dabei folgen die Teilchen in Äquatornähe in Schraubenbahnen nahezu den magnetischen Feldlinien, weil nur die Geschwindigkeitskomponente zur Lorentzkraft beiträgt, die senkrecht zu den Feldlinien verläuft (Abb. 64).
Dort wo die Teilchen dann in Polnähe in die Erdatmosphäre eintauchen, können sie die Atome der Atmosphäre anregen. Dadurch ergibt sich manches Mal eine spektakuläre farbige Leuchterscheinung – das **Polarlicht**, auch **Aurora borealis** genannt. Bei hoher Sonnenaktivität sind Polarlichter bis in unsere Breitengrade zu sehen (Abb. 65).

Abb. 64: Im inneren **Van-Allen-Gürtel** bewegen sich hauptsächlich Protonen mit hoher Energie, im äußeren Van-Allen-Gürtel vornehmlich Elektronen.

Abb. 65: Ein **Polarlicht**, aufgenommen aus der Raumfähre Discovery aus 600 km Höhe.

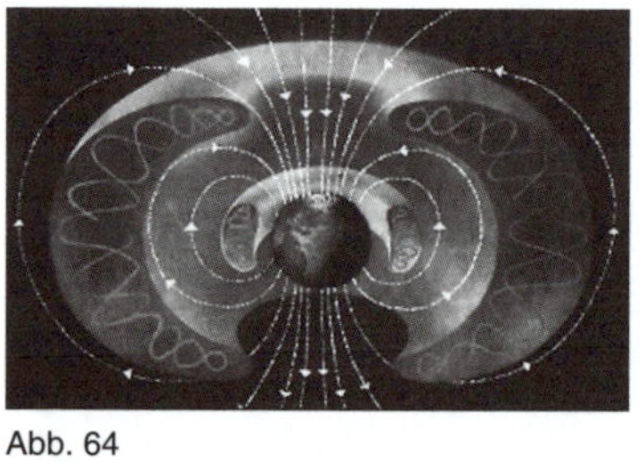

Abb. 64

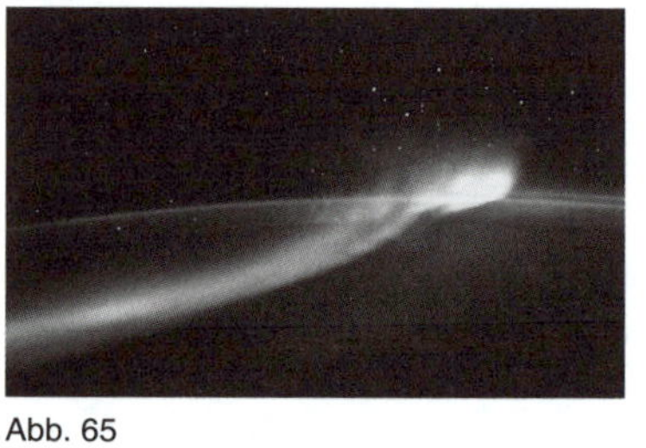

Abb. 65

4.4 Teilchenkarusselle: Zyklotron und Massenspektrometer

Die Bezeichnung **Zyklotron** ist ein Kunstwort, das sich aus den Begriffen Zyklus (von griech. κύκλος (cyclos): Kreis) und Elektron zusammensetzt. Das erste Zyklotron hätte noch in der Hosentasche Platz gefunden – es hatte einen Durchmesser von neun Zentimetern. Der amerikanische Atomphysiker *Ernest Orlando Lawrence* hatte diese Vorrichtung erfunden, um geladene Teilchen auf hohe Geschwindigkeiten zu bringen (Abb. 66). Als Erster beschleunigte er damit Protonen auf eine kinetische Energie von 80 000 eV.

Der **Aufbau** des Zyklotrons ist denkbar einfach (Abb. 67). Im Prinzip nimmt man eine flache zylindrische Blechdose, schneidet sie der Länge nach in zwei Hälften und stellt diese mit einem kleinen Spalt dazwischen einander gegenüber auf („double D“). Nun legt man eine Spannung an die beiden Dosenhälften: Im Spalt zwischen den Dosenhälften entsteht ein nahezu homogenes elektrisches Feld, der Bereich innerhalb der Dosenhälften ist frei von einem elektrischen Feld. Ein geladenes Teilchen, z. B. ein Proton, wird im Spalt zwischen den beiden Dosenhälften beschleunigen – und würde dann gegen die nächstliegende Dosenwand prallen. Hier kommt nun ein magnetisches Feld zum Tragen, das die Dosenhälften senkrecht durchsetzt. Die Lorentzkraft, die aufgrund der Bewegung der Protonen im Magnetfeld wirkt, zwingt diese innerhalb der Dosenhälften jeweils auf eine Kreisbahn. So können die Protonen abermals in den Bereich des Spaltes zwischen den Dosen gelangen. Durch geschicktes Umpolen der Spannung erreichte Lawrence, dass die Teilchen im Spalt jedes Mal eine Geschwindigkeitserhöhung erfuhren. Die Stärke des Magnetfelds ließ er gleich, sodass die Teilchen eine immer größer werdende Spiralbahn durchliefen und schließlich das „double D“ tangential verlassen konnten.

Das Zyklotron in der ursprünglichen Variante musste bald modifiziert werden, da sich bei Geschwindigkeiten über 10 % der Lichtgeschwindigkeit die relativistische Massenzunahme der Teilchen schon deutlich bemerkbar macht. Ohne diese Massenzunahme benötigen die Teilchen für einen Umlauf stets die gleiche Zeit – die höhere Geschwindigkeit und der größere Bahnradius gleichen sich gerade aus. Die **Umpolung**

Abb. 66 a: Ernest Orlando **Lawrence** erhielt 1939 für die Erfindung des Zyklotrons den Nobelpreis für Physik. Nach ihm ist auch das Element 103 im Periodensystem benannt: Lawrencium (Lr).

Abb. 66 b: Im Jahr 1930 wurde das erste **Zyklotron** basierend auf der Idee von Lawrence gebaut.

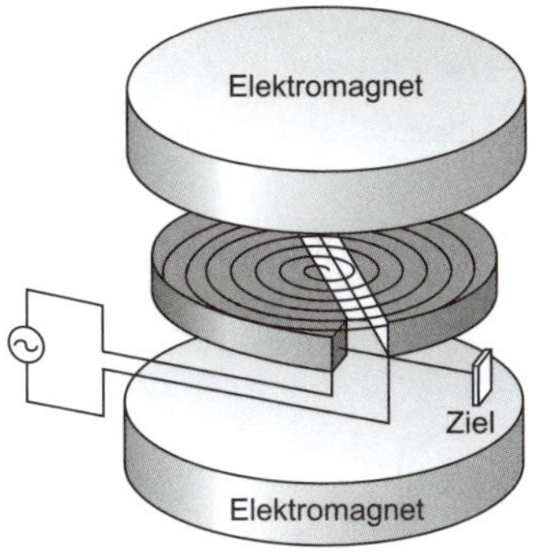

Abb. 67

Abb. 68

Abb. 67: Prinzipieller **Aufbau** eines Zyklotrons

Abb. 68: Innenansicht eines **modernen Kompaktzyklotrons** zur Beschleunigung von Protonen

kann also stets im gleichen Rhythmus, sprich: mit **gleichbleibender** Frequenz erfolgen, der sogenannten **Zyklotronfrequenz**:

$$f = \frac{q \cdot B}{2\pi \cdot m}$$

Die Massenzunahme bewirkt nun, dass die Beschleunigung der Teilchen im Spalt bei jedem Durchgang in geringerem Maße erfolgt; es tritt eine Verzögerung ein und die Wechselspannung und die Teilchen geraten außer Takt. Dies gleicht man bei einem **Synchro-Zyklotron** durch eine Anpassung der Magnetfeldstärke (oder der Frequenz der Wechselspannung) aus.

Zyklotrone setzt man neben der Grundlagenforschung auch im medizinischen Bereich ein – allerdings sind die Dimensionen heutiger industrieller Zyklotrone deutlich größer als die des Urtyps von 1930 (Abb. 68). Die Protonen, die hiermit beschleunigt werden, haben nun deutlich mehr kinetische Energie (über 200 MeV) und werden verwendet, um künstliche Isotope mit sehr kurzen Halbwertszeiten zu erzeugen, z. B. ^{18}F, ^{123}I. Diese finden in der medizinischen Diagnostik Anwendung.

Während diese Zyklotrone sich noch näherungsweise an der ursprünglichen Bauform orientieren, bleibt davon bei einem **Synchrotron** nur noch die Grundidee übrig: Teilchen werden auf zwei Strecken durch elektrische Felder längs beschleunigt und durch Magneten auf eine Kreisbahn gezwungen. Das derzeit größte Synchrotron ist der 2008 in Betrieb genommene „**L**arge **H**adron **C**ollider" (LHC) am Europäischen Kernforschungszentrum (CERN) in Genf (Abb. 69). Sein Umfang beträgt 27 km und es lassen sich mit ihm Protonen auf die Energie von 7 TeV beschleunigen – sie fliegen dann mit 99,9999991 % der Lichtgeschwindigkeit!

Abb. 69: **LHC** am CERN

a: **Lage** des LHC in Genf (im Hintergrund der Genfer See)

b: Prinzipieller Aufbau eines **Synchrotrons**

Abb. 69 a

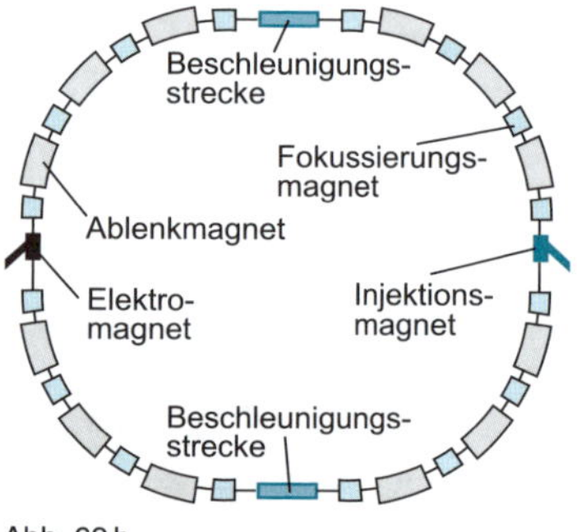

Abb. 69 b

Im LHC will man zwei Protonenstrahlen mit dieser Energie aufeinandertreffen lassen. Man erhofft sich dadurch neue Erkenntnisse über den **Aufbau der Materie**. Im bisherigen „Zoo" der Elementarteilchen fehlt ein kleines entscheidendes Objekt: das Higgs-Teilchen. An der Existenz dieses Teilchens hängt es, ob die bisher benutzte Modellvorstellung (das „Standardmodell") beibehalten werden kann oder ob es angepasst werden muss. Weitaus häufiger werden Synchrotrone heute aber nicht zu Streuexperimenten verwendet, sondern zur **Erzeugung elektromagnetischer Strahlung**. Ladungen, die beschleunigt werden, haben nämlich die Eigenschaft, einen Teil ihrer Energie in Form von Strahlung abzugeben. Synchrotrone bieten nun die Möglichkeit, sowohl die Wellenlänge der Strahlung als auch die Intensität in einem weiten Bereich zu verändern. Zudem lässt sich die Strahlung leicht bündeln und somit gezielt einsetzen.

Eine Waage für Massen im atomaren Bereich stellt das **Massenspektrometer** dar. In ihm werden Kombinationen von elektrischen Feldern und Magnetfeldern in verschiedener Anordnung verwendet. Massenspektrometer sind mittlerweile ein unentbehrliches Hilfsmittel in vielen Bereichen geworden, in denen es darum geht, kleinste Mengen an Materie zu identifizieren: angefangen bei chemischer, biologischer und medizinischer Diagnostik über die Aufklärung der Herkunft archäologischer Funde bis hin zu Untersuchungen in der Kriminaltechnik, z. B. zur Identifizierung von Drogenspuren bei Fingerabdrücken. Eine Anwendung und den Grundaufbau des Massenspektrometers zeigt schematisch Abb. 70.

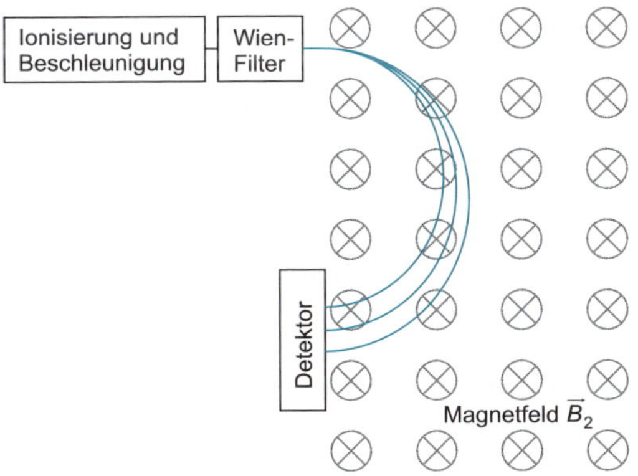

Abb. 70

Abb. 70: Aufbau eines **Massenspektrometers**. Die Materie wird ionisiert und gelangt in das Wien-Filter, das nur Ionen mit einheitlicher Geschwindigkeit verlassen können. Im nachfolgenden Magnetfeld (Stärke B_2) durchlaufen sie Kreisbahnen, deren Radien vom Verhältnis Masse / Ladung abhängen:

$$r = \frac{m}{q} \cdot \frac{v}{B_2}$$

Wilhelm Wien, ein Schüler von Hermann von Helmholtz und ebenfalls ein begnadeter Experimentator, entwickelte eine denkbar einfache Anordnung, mit der man Ionen mit einer bestimmten Geschwindigkeit herausfiltern kann **(Wien-Filter)**. Sie besteht im Wesentlichen aus einem homogenen elektrischen Feld (erzeugt durch einen Plattenkondensator) und einem homogenen Magnetfeld, das senkrecht zum elektrischen Feld gerichtet ist (Abb. 71).

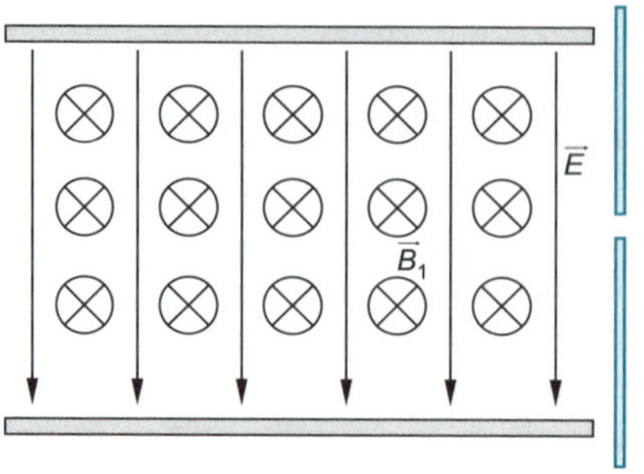

Abb. 71

Abb. 72

Abb. 71: Prinzip des **Wien-Filters**.
Nur bei einer bestimmten Geschwindigkeit gleichen sich die elektrische Kraft $\vec{F}_{el}$ und die magnetische Kraft $\vec{F}_{mag}$ (Lorentzkraft) genau aus; die betreffenden Ionen fliegen durch die Blende. Diese Geschwindigkeit ist unabhängig von der Ladung und der Masse der Ionen und lässt sich aus den beiden Feldstärken berechnen:

$$v = \frac{E}{B_1}$$

Abb. 72: Im **Fadenstrahlrohr** wird ein Elektronenstrahl erzeugt. Ein Helmholtz-Spulenpaar liefert ein homogenes Magnetfeld, sodass die Elektronen im Kreis umlaufen. Das Verhältnis von Ladung zu Masse lässt sich aus der Beschleunigungsspannung U, dem Bahnradius r und der Magnetfeldstärke B bestimmen:

$$\frac{e}{m} = \frac{2U}{B^2 \cdot r^2}$$

Anschließend gelangen diese Ionen in das eigentliche Kernstück des Massenspektrometers, dem **Ablenk- und Detektionsteil**. Dort werden sie durch ein Magnetfeld auf Kreisbahnen gezwungen, deren Radius unter anderem von der Masse der Ionen abhängt. Auf diese Weise gelangen Ionen unterschiedlicher Masse örtlich voneinander getrennt in den Detektionsteil (z. B. Fotomultiplier oder Faraday-Becher, historisch: Fotoplatten). Dadurch lassen sich noch Ionen voneinander trennen, deren Masse sich ein Millionstel einer Protonenmasse voneinander unterscheiden. Moderne industrielle Massenspektrometer reichen vom handlichen Tischgerät bis hin zu übermannsgroßen Apparaturen.
Ganz ähnlich funktioniert die Ablenkung von Elektronen in einem **Fadenstrahlrohr**. Die Elektronen werden auf hohe Geschwindigkeit beschleunigt und durch ein homogenes Magnetfeld auf eine Kreisbahn gezwungen (Abb. 72).
Mit dem Wert für die **spezifische Ladung** der Elektronen, also dem Verhältnis von Elektronenladung zu -masse, und dem Wert, den Millikan bei seinen Experimenten für die Ladung des Elektrons erhalten hatte, war man endlich in der Lage, den Zahlenwert der **Elektronenmasse** zu beziffern: $m_e = 9{,}11 \cdot 10^{-31}$ kg.

4.5 Magnetfeldmessungen mit dem Hall-Effekt

Ein weitverbreitetes Messgerät zur Bestimmung von magnetischen Feldstärken ist die **Hall-Sonde**. Sie besteht im Wesentlichen aus einem dünnen Plättchen (heute meist aus Halbleitermaterialien), das in Längsrichtung von einem Strom durchflossen wird. Bringt man dieses Plättchen in ein Magnetfeld, so entsteht in Querrichtung eine Spannung, deren Wert proportional zur magnetischen Feldstärke ist. Auf diese Weise kann man eine Magnetfeldmessung auf eine Spannungsmessung zurückführen (Abb. 73).

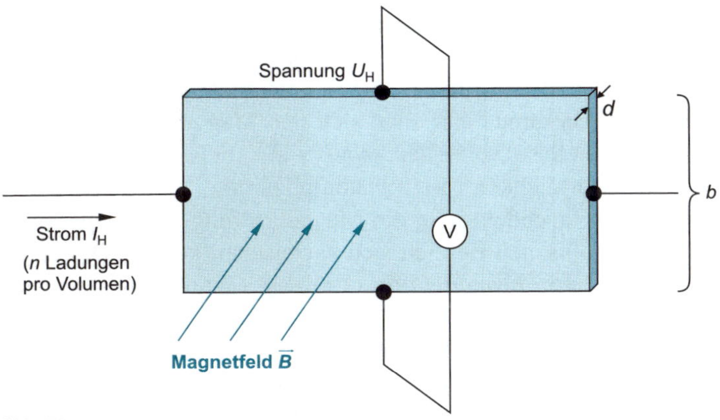

Abb. 73

Abb. 73: Das Hall-Plättchen wird in Längsrichtung von einem Strom durchflossen. Unter dem Einfluss des Magnetfelds entsteht zwischen den Längskanten die **Hall-Spannung**

$$U_H = \frac{I_H \cdot B}{n \cdot d}$$

(vgl. Herleitung im Kasten „Fakten und Formeln", S. 57).

Die Ladungen, die sich aufgrund des Stromflusses von links nach rechts bewegen, werden wegen der Lorentzkraft im Magnetfeld nach oben abgelenkt. Daher entsteht an der oberen Kante des Hall-Plättchens ein Ladungsüberschuss, an der unteren Kante ein Ladungsmangel. Zwischen den beiden Kanten besteht somit ein elektrisches Feld und daher eine Spannung. Diese **Hall-Spannung** erreicht einen Gleichgewichtswert, wenn die elektrische Feldstärke gerade so groß ist, dass die elektrische Kraft gleich der Lorentzkraft wird und sich die beiden Kräfte ausgleichen.

4.6 Dem Magnetismus auf der Spur

Die Ursache dafür, dass manche Materialien magnetisch sind, andere sich magnetisieren lassen und wieder andere sich nicht einmal nennenswert magnetisieren lassen, liegt in den Atomen – genauer gesagt, zum größten Teil in der Atomhülle. Die Elektronen der Atomhülle tragen jedes für sich ein **magnetisches Moment** – will heißen: Sie sind winzige Magnete. Bei den Atomen vieler Elemente ergibt es sich, dass die Orientierungen dieser „Elementarmagnete" in der Atomhülle so sind, dass das Atom insgesamt unmagnetisch erscheint.

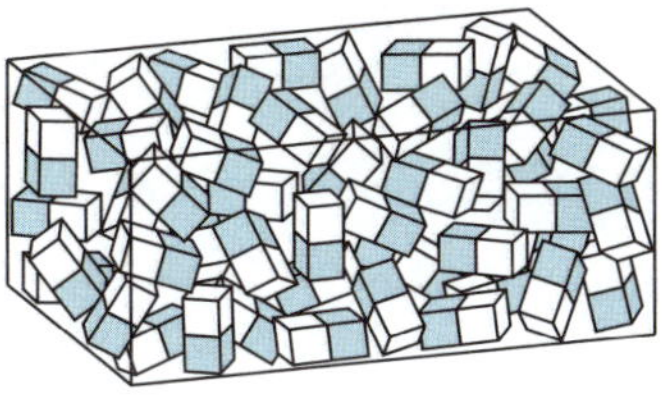

Abb. 74 a

Abb. 74 b

Abb. 74: **Magnetisierung**, stark vereinfacht. Die Elementarmagneten sind

a: ungeordnet, das Material insgesamt unmagnetisch.

b: parallel ausgerichtet (durch ein äußeres Magnetfeld), das Material insgesamt magnetisch.

Bei einigen Elementen, insbesondere bei den Lanthanoiden (z. B. Neodym, Samarium), tragen die Atome aufgrund der Elektronenkonfiguration starke magnetische Momente, die sich durch ein äußeres Feld ausrichten lassen. Allerdings darf man sich den Magnetisierungsprozess nur sehr prinzipiell so vorstellen, wie es die meisten Bilder zeigen (Abb. 74); die Wirklichkeit ist etwas komplizierter.

Dies wurde klar, nachdem man die Magnetisierung von Materialproben im mikroskopischen Bereich sichtbar machen konnte. Die älteste Methode stammt von *Francis Bitter* (1902–1967), der Materialproben mit einer Lösung beschichtete, die feinste ferromagnetische Teilchen (z. B. Magnetit-Pulver) enthielt. Diese Teilchen sammelten sich bevorzugt dort, wo sich das Magnetfeld von Ort zu Ort am stärksten ändert – das ist an der Grenze zwischen zwei Bereichen der Fall, die unterschiedlich magnetisiert sind. Genauer, weil sich auch die Stärke der Magnetisierung und die Orientierung sichtbar machen lassen, ist es, den **magnetischen Kerr-Effekt** (*John Kerr*, 1824–1907) oder den **Faraday-Effekt** (*Michael Faraday*, 1791–1867) zu verwenden. In beiden Fällen benutzt man den Umstand, dass die Polarisationsebene von Licht unter Einfluss eines magnetischen Feldes gedreht wird.

Abb. 75: Magneto-optischer **Kerr-Effekt**

a: Erzeugung linear polarisierten Lichts mithilfe eines **Polarisators**

b: Bestrahlung einer magnetischen Probe mit linear polarisiertem Licht. Bei der Reflexion an der Probe wird die **Schwingungsebene des Lichts gedreht**, wobei die Drehung von der Magnetisierungsrichtung abhängt. Das reflektierte Licht geht durch ein zweites Polarisationsfilter (Analysator). Durch die verschiedenen Drehungen der Schwingungsebene ergeben sich verschiedene Helligkeitsstufen.

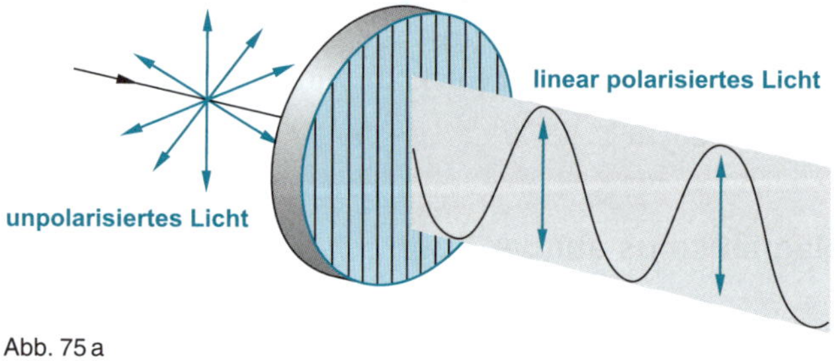

Abb. 75 a

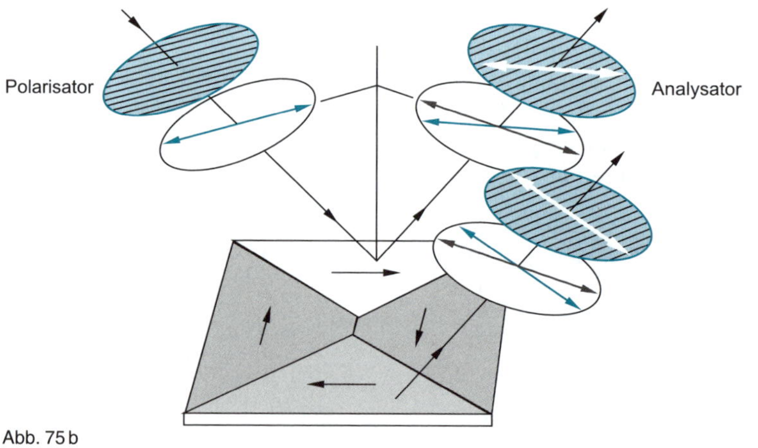

Abb. 75 b

Abb. 76 a

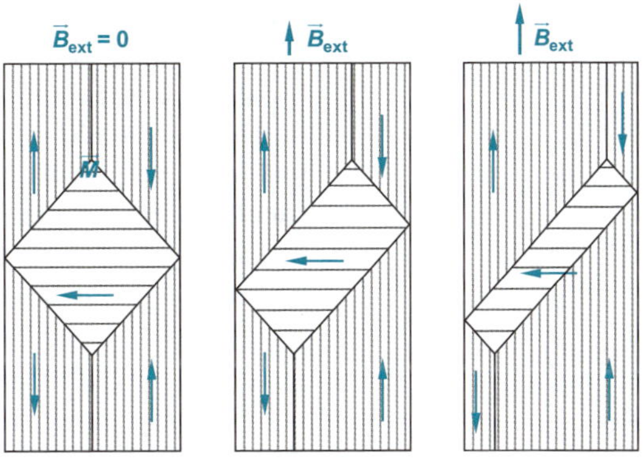

Abb. 76 b

Abb. 76: Magnetische Domänen

a: Bei der experimentellen Untersuchung des magneto-optischen Kerr-Effekts erhält man ein Bild mit verschiedenen Grautönen. Diese kennzeichnen jeweils Bereiche, die unterschiedlich magnetisiert sind, die magnetischen Domänen.

b: Je stärker das äußere Magnetfeld wird, umso stärker wachsen die magnetischen Domänen, deren Magnetisierung parallel bzw. antiparallel zum äußeren Feld ist. Bei einem starken äußeren Feld können auch komplette Domänen umklappen.

Beim Kerr-Effekt wird dasjenige Licht beobachtet, das eine Materialprobe reflektiert (Abb. 75), beim Faraday-Effekt das hindurchgehende Licht. Die neueste Methode, Materialien auf ihre Magnetisierungsrichtung zu untersuchen, ist die **Magnetkraftmikroskopie**. Sie funktioniert wie die Rasterkraftmikroskopie, nur dass die Sondenspitze aus magnetischem Material besteht.

Nach den Ergebnissen dieser Untersuchungen teilt sich eine Probe aus magnetischem Material in Bereiche mit unterschiedlicher Orientierung der Magnetisierung auf, die man als **magnetische Domänen** bezeichnet. Ein äußeres Magnetfeld bewirkt, dass die Domänen mit paralleler oder antiparalleler Orientierung wachsen, und zwar umso mehr, je stärker das äußere Feld ist. Bei starken äußeren Feldern können einzelne Domänen auch in die bevorzugte Richtung umklappen.

4.7 Exkurs: Magnetfeld der Erde

Das Magnetfeld der Erde wandelt sich ständig. Das weiß man, seit man die mithilfe von Sextanten und Sternen ermittelten Himmelsrichtungen mit denen verglichen hat, die man über die Ausrichtung einer Magnetnadel bestimmt hatte. Abb. 77 zeigt, wie sich die Lage des magnetischen Südpols der Erde – der sich in der Nähe des geografischen Nordpols befindet – in den letzten 400 Jahren verändert hat.

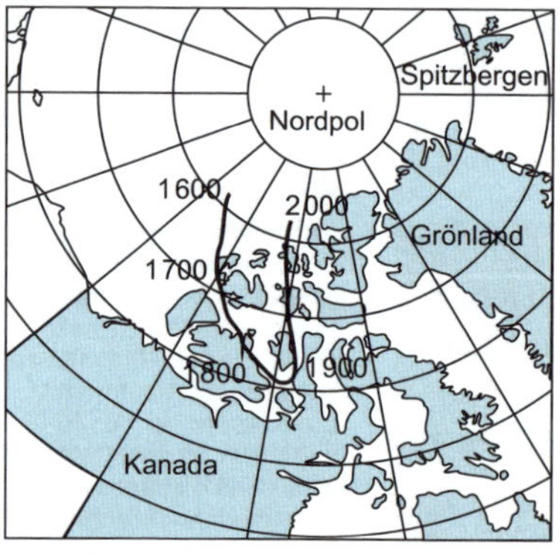

Abb. 77

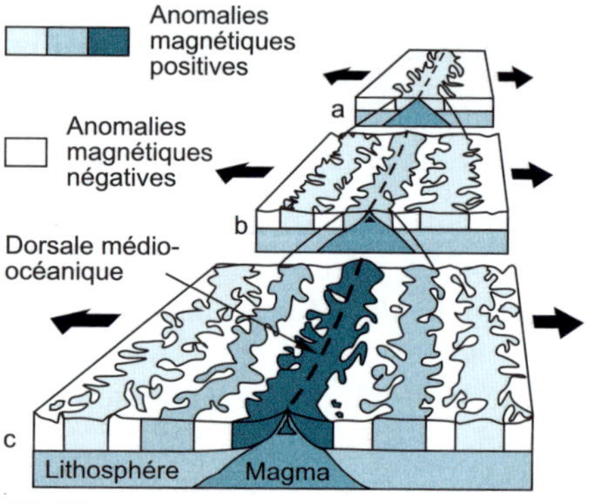

Abb. 78

Material	Curie-Temp. in °C
Eisen	768
Nickel	360
Kobalt	1 075
Magnetit	578

Abb. 77: Im Laufe der Jahrhunderte hat sich die Lage des **magnetischen Südpols** der Erde ständig verändert. Momentan bewegt er sich mit etwa 40 km pro Jahr.

Abb. 78: An Spalten im Meeresboden steigt heiße Magma langsam auf und kühlt ab. Unterhalb der Curie-Temperatur wird das Gestein so magnetisiert, wie es das vorhandene Erdmagnetfeld vorgibt. Man stellte nun fest, dass das Gestein um die Spalten herum immer wieder mit umgekehrter Polung magnetisiert wurde. Das **Magnetfeld der Erde** hat sich im Laufe der Jahrmillionen schon **mehrfach umgepolt**.

Ein Zufallsfund hat uns zu neuen Erkenntnissen über das Magnetfeld der Erde verholfen: Anfang der 1960er-Jahre untersuchte ein australischer Geologiestudent eine 30 000 Jahre alte Lagerstätte von Aborigines. Dabei nahm er einige Steine von der Lagerstelle mit, um sie auf verschiedene Eigenschaften zu untersuchen, u. a. auch auf ihre Magnetisierung. Dabei kam er zu einem verblüffenden Ergebnis: Die Steine wiesen eine Magnetisierung auf, die genau umgekehrt war, als sie ihrer Fundposition nach hätte sein müssen. Dies konnte er deswegen sicher feststellen, weil magnetische Materialien oberhalb einer für sie typischen Temperatur, der **Curie-Temperatur**, jegliche Magnetisierung verlieren. Erst wenn sie wieder unter diese Temperatur abgekühlt sind, behalten sie die aktuelle Magnetisierung bei.
Bei geologischen Untersuchungen des Meeresbodens fand man dann den Schlüssel zu dieser Entdeckung. An manchen Stellen des Meeresbodens befinden sich Spalten in der Erdkruste, durch die langsam Magma nach oben drückt und den Boden links und rechts des Spalts beiseiteschiebt. Beim Abkühlen wird das Magma so magnetisiert, wie es dem Erdmagnetfeld zu diesem Zeitpunkt entspricht. So entdeckte man, dass entlang dieser Spalten die Gesteinsschichten abwechselnd jeweils eine umgekehrte Polung aufwiesen (Abb. 78 und 79).

Die Erkenntnis, dass das Magnetfeld der Erde in deren Innerem erzeugt werden müsse, stammt von *Carl Friedrich Gauß* (1777 –1855). Noch heute ist der Mechanismus nicht vollständig geklärt. Erste Hinweise auf einen Mechanismus, wie das Magnetfeld entstanden sein könnte, lieferte die Beobachtung der Sonne, als man entdeckte, dass die Sonnenflecken magnetisch sind. *Joseph Larmor* (1857–1942) erklärte dieses Phänomen in Anlehnung an die magnetische Selbsterregung von Dynamos (siehe Kapitel 5, S. 59). Es entstand die Vermutung, dass Strömungen von flüssigem Eisen im äußeren Erdkern dafür verantwortlich sein könnten. Berechnungen und Computersimulationen amerikanischer Physiker, die sich seit den 1990er-Jahren mit diesem Thema auseinandersetzten, ergaben, dass ein solches Modell des Erdmagnetismus zu den beobachteten Umpolungen führen würde (Abb. 80).

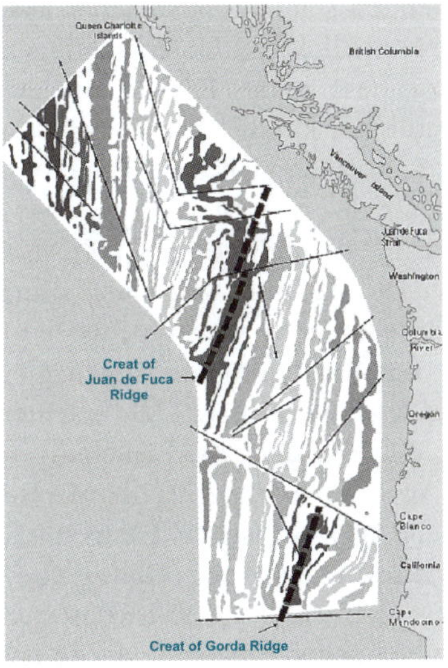

Abb. 79

Abb. 80

Abb. 79: Vor der Küste Kanadas und der USA liegen der **Juan-de-Fuca-Rücken** und der **Gorda-Rücken**. Hier ist die magnetische Geschichte der Erde der letzten 10 Millionen Jahre archiviert. In den letzten 4 Millionen Jahren fanden allein 19 Umpolungsvorgänge statt. Im Mittel ist somit alle 200 000 Jahre mit einer Invertierung des Magnetfelds der Erde zu rechnen.

Abb. 80: Das Bild zeigt das **Magnetfeld der Erde** (Feldlinien) als Ergebnis von Computersimulationen, die auf der Grundlage durchgeführt wurden, dass das Erdmagnetfeld auf der Strömung von flüssigem Metall basiert. Die Simulationen ergaben, dass sich das Magnetfeld der Erde nach einiger Zeit in einem verwickelten, etwa 1000 Jahre dauernden Prozess umkehrt. Aktuelle Messungen lassen den Schluss zu, dass sich die Erde momentan in einem Umpolungsprozess befindet.

Einige Jahre später 1999 gelang es Forscherteams der Universitäten Dresden, Riga und Karlsruhe die Vorhersage theoretischer Physiker experimentell zu bestätigen, wonach allein die Strömung eines flüssigen Metalls ausreichen würde, um ein Magnetfeld zu erzeugen. Bei ihrem Experiment benutzten sie flüssiges Natrium, das sie mithilfe von Rotoren dazu brachten, schraubenförmig durch einen Zylinder zu strömen. Damit konnten sie ein Magnetfeld erzeugen, das langsam rotierte und eine Feldstärke bis zu 200 mT aufwies. Somit scheint die Annahme, dass das **Erdmagnetfeld auf der Strömung von flüssigem Metall beruht**, der Wirklichkeit in hohem Maße zu entsprechen.

4.8 Exkurs: Hermann von Helmholtz (1821–1894)

Abb. 81: Hermann von Helmholtz

Hermann von Helmholtz bildete zusammen mit *Robert Wilhelm Bunsen* – bekannt durch seine Erfindung des Bunsenbrenners – und *Gustav Robert Kirchhoff* – er formulierte die Kirchhoff'schen Gesetze für elektrische Schaltungen – ein bemerkenswertes Dreigestirn naturwissenschaftlicher Forschung. Helmholtz war das, was man ein Universalgenie nennt: Nach dem Besuch des Gymnasiums studierte er zunächst Medizin, unterrichtete nach seiner Tätigkeit als Militärarzt Anatomie an der Berliner Kunstakademie und wurde dann Professor für Physiologie – zuletzt in Heidelberg, wo er auf Kirchhoff und Bunsen traf. Erst mit 50 Jahren wurde er dann Physikprofessor an der Universität Berlin.

Seine frühesten Forschungen wiesen jedoch schon den Forscher aus, der die Naturwissenschaften als Ganzes im Blick hat. Untersuchungen über Gärungsprozesse führten ihn dazu, dass er das Prinzip von der Erhaltung der Energie deutlicher formulieren konnte, als es vor ihm 1842 schon *Robert Mayer* getan hatte. Sein Buch „Über die Erhaltung der Kraft" („lebendige Kraft" war damals der Ausdruck für das, was wir heute als „Energie" bezeichnen) trug wesentlich dazu bei, dass dieses Prinzip als richtig anerkannt wurde. Berühmt sind auch seine Untersuchungen zur Physiologie des Hörens und des Sehens, wozu er eine ganze Reihe von Geräten ersann – unter anderem den Augenspiegel, mit dem sich der Augenhintergrund untersuchen lässt. Viele seiner Ergebnisse sind auch heute noch aktuell. Waren diese Forschungen noch nahe an seiner ursprünglichen Ausbildung zum Mediziner, so wandte er sich ab etwa 1860 zunehmend physikalischen Themen zu. Der Weg dorthin führte über die mathematische Beschreibung strömender Flüssigkeiten. Bei dieser Gelegenheit stellte er fest, dass sich dabei genau die gleichen Differenzialgleichungen ergaben, wie sie bei elektrischen Strömen vorkamen. Als er 1871 dann den Lehrstuhl für Physik in Berlin erhielt, verfasste er eine Artikelserie, in der er die verschiedenen Theorien zur Elektrizität, die damals diskutiert wurden, zusammenfasste.

Im Jahr 1887 wurde in Berlin-Charlottenburg die *Physikalisch-Technische Reichsanstalt* gegründet. Helmholtz war an den 15-jährigen Vorbereitungen zur Gründung dieses Instituts maßgeblich beteiligt und wurde schließlich deren erster Präsident.

Fakten und Formeln: Magnetfeld

- Magnetfelder werden durch **Feldlinien** beschrieben. Außerhalb eines Magneten zeigen die Feldlinien von dessen Nordpol zum Südpol. Magnetnadeln richten sich im Magnetfeld tangential zu einer Feldlinie aus. Die Richtung, in die der Nordpol der Magnetnadel zeigt, gibt die Richtung des Feldes an.
Die **Einheit der magnetischen Feldstärke** ist das **Tesla**. — $[B]=1\,\mathrm{T}=1\,\frac{\mathrm{Vs}}{\mathrm{m}^2}$

- Auf stromdurchflossene Leiter (Stromstärke I, Länge ℓ) und bewegte Ladungen (Ladung q, Geschwindigkeit v) wirkt in einem Magnetfeld der Stärke $\vec{B}$ die **Lorentzkraft** $\vec{F}_L$. Die **Richtung** der Kraft bestimmt man mithilfe der **Drei-Finger-Regel** der rechten Hand. Ihr **Betrag** hängt vom Winkel zwischen Magnetfeldrichtung und Strom- bzw. Bewegungsrichtung der Ladung ab.
Stromdurchflossene Leiter: $F_L = B \cdot I \cdot \ell \cdot \sin\alpha$
Bewegte Ladung: $F_L = q \cdot v \cdot B \cdot \sin\alpha$

- Mithilfe eines **Helmholtz-Spulenpaars** (N: Windungszahl; R: Spulenradius, I: Spulenstromstärke) lassen sich homogene Magnetfelder variabler Stärke erzeugen. — $B = \mu_0 \cdot \frac{8I \cdot N}{\sqrt{125} \cdot R}$

- Mit einem **Wien-Filter** lassen sich geladene Teilchen mit einer bestimmten Geschwindigkeit herausfiltern. Die Geschwindigkeit v wird bestimmt durch die elektrische und die magnetische Feldstärken E und B. — $v = \frac{E}{B}$

  Herleitung: Damit die Teilchen unabgelenkt das Wien-Filter passieren können, müssen elektrische und magnetische Kraft dem Betrag nach gleich und entgegengesetzt gerichtet sein, d. h. $q \cdot v \cdot B = q \cdot E$.

- Die **spezifische Ladung** eines Elektrons lässt sich durch ein Fadenstrahlrohr bestimmen. — $\frac{e}{m} = \frac{2U}{B^2 \cdot r^2}$
Herleitung: Die Lorentzkraft stellt hier die Zentripetalkraft dar, die notwendig ist, um die Elektronen auf eine Kreisbahn zu zwingen: $e \cdot v \cdot B = m \cdot v^2 \cdot r^{-1}$. Auf der rechten Seite setzt man die klassisch gültige Beziehung $e \cdot U = \frac{1}{2} m \cdot v^2$ für die kinetische Energie ein.

- **Hall-Effekt:** In einem Plättchen (Länge ℓ, Breite b, Dicke d), das senkrecht zur Stromrichtung (Stärke I_H) von einem Magnetfeld der Stärke $\vec{B}$ durchsetzt wird, bildet sich zwischen den Längskanten die **Hall-Spannung** U_H aus (n: Anzahl der Ladungen je Volumen). — $U_H = \frac{I_H \cdot B}{n \cdot d}$
Herleitung: Die Lorentzkraft ist im Gleichgewicht mit der elektrischen Kraft $e \cdot v \cdot B = e \cdot U_H \cdot b^{-1}$, die Geschwindigkeit hängt mit der Stromstärke zusammen, $I_H = \frac{\Delta Q}{\Delta t} = \frac{n \cdot \ell \cdot b \cdot d}{\Delta t} = n \cdot v \cdot b \cdot d$.
Die Kombination beider Gleichungen führt auf die Formel für U_H.

Concept Map: Magnetfeld

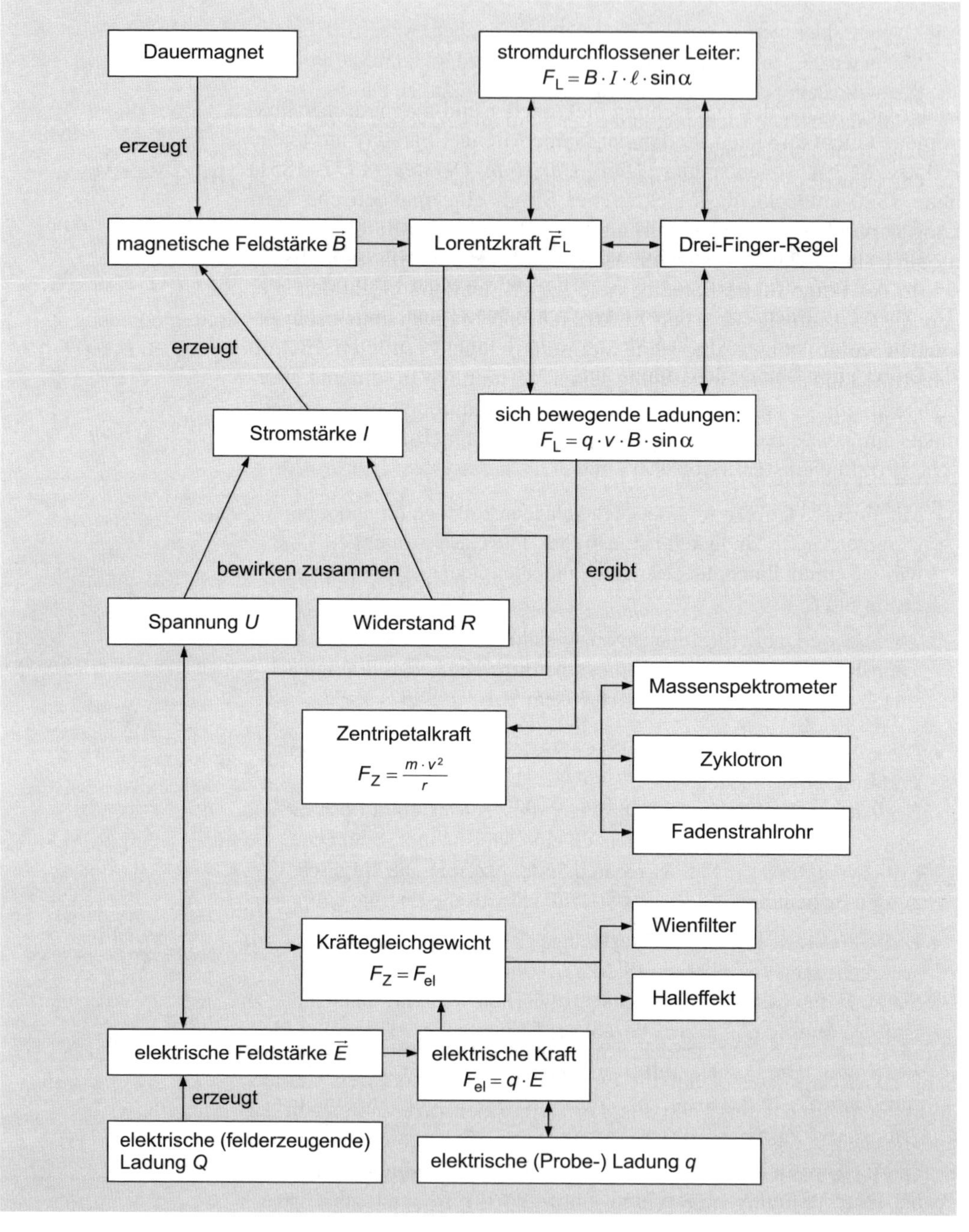

5 Elektromagnetische Induktion

5.1 Faradays Entdeckung

In der Geschichte der Erforschung elektrischer und magnetischer Phänomene taucht an vielen Stellen der Name Michael Faraday auf (siehe Exkurs, S. 39), so auch hier. *Hans Christian Oersted* (1777–1851) hatte 1820 entdeckt, dass elektrischer Strom eine magnetische Wirkung hervorbringt. Faraday vermutete nun, dass auch die Umkehrung möglich sein sollte, dass also mit Magnetismus Elektrizität zu erzeugen sei. In der Folge führte Faraday viele Experimente durch, in denen er den Zusammenhang zwischen Elektrizität und Magnetismus näher erkunden wollte, konnte aber seine Vermutung nicht bestätigen. Erst im Jahr 1831 fand er eine Bestätigung seiner Vermutung. In seinem Labortagebuch trug er am 29. August 1831 die Beschreibung eines Experiments ein, bei dem durch die Änderung eines Magnetfelds eine elektrische Wirkung entsteht (Abb. 82) – die **elektromagnetische Induktion** war entdeckt.

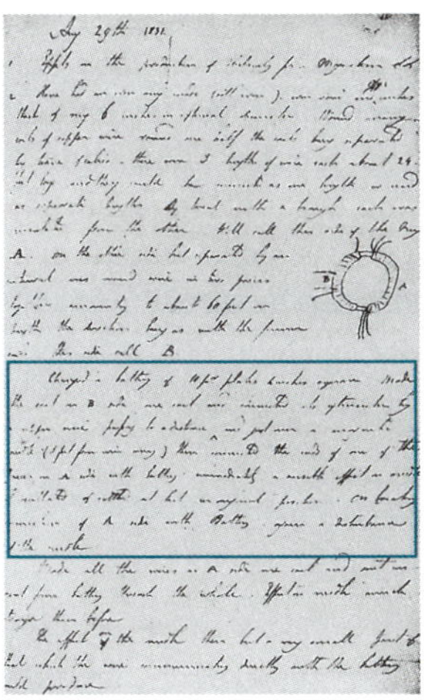

Abb. 82 a

„...*Charged a battery of 10 pr. plates 4 inches square. Made the coil on B side one coil and connected its extremities by a copper wire passing to a distance and just over a magnetic needle (3 feets from iron ring). Then connected the ends of one of the pieces on A site with battery, immediately a sensible effect on needle. It oscillated and settled at last in original position. On breaking connection of A side with Battery again a disturbance of the needle.*“

zitiert nach: „The life and letters of Faraday“, Bence Jones, Vol. II, Longmans Green and Co., London, 1870, S. 3

Abb. 82 b

Abb. 82: Faradays Experiment, mit dem er die **elektromagnetische Induktion** entdeckte

a: Seite aus Faradays **Labortagebuch**, auf der er das Experiment beschreibt (der zitierte Text ist dem markierten Bereich entnommen)

b: Mithilfe dieser ringförmigen **Induktionsspule** führte Faraday das Experiment durch.

Faraday hatte dabei folgendes Experiment durchgeführt: Auf einen Ring aus Eisen hatte er auf die eine Hälfte einen isolierten Kupferdraht gewickelt (diesen Teil nannte er „A“). Ebenso verfuhr er mit der anderen Hälfte des Rings („B“). Die Enden des Drahtes von B verband er mit einem weiteren Stück Kupferdraht, das er an einer Magnetnadel vorbeiführte. Faraday beobachtete nun, wie die Magnetnadel ausge-

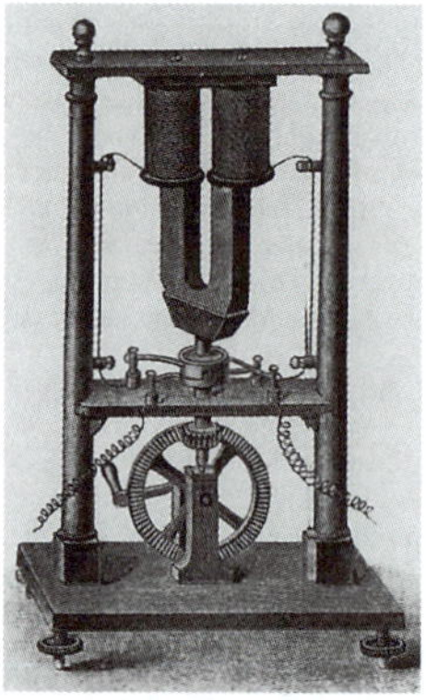

Abb. 83: Antoine Hippolyte **Pixii** (1808–1835) baute den ersten überlieferten Wechselspannungsgenerator, der das Prinzip der elektromagnetischen Induktion nutzte. Unter zwei Spulen konnte man mithilfe einer Kurbel einen Hufeisenmagneten in Drehung versetzen. Die Maschine wurde später durch einen Kommutator (etwa in der Bildmitte erkennbar) ergänzt, sodass eine pulsierende Gleichspannung erzeugt werden konnte.

lenkt wurde, sobald er die Enden von A mit einer Batterie verband. Die Nadel kehrte allerdings danach wieder in die Ausgangslage zurück. Erst beim Trennen des Stromkreises von A ergab sich wieder eine Auslenkung. Damit hatte er das Grundprinzip entdeckt, um aus Magnetismus wieder Elektrizität zu erzeugen. Bei weiteren Untersuchungen kam er zu dem Schluss, dass die **Änderung** des Magnetfelds entscheidend war.

Elektromagnetische Induktion
Ändert sich das Magnetfeld, das einen Leiter umgibt bzw. eine Leiterschleife durchsetzt, so entsteht zwischen den Enden des Leiters eine Spannung. Diese Spannung heißt Induktionsspannung.

5.2 Generatoren und Transformatoren

Schon im Jahr nach Faradays Entdeckung wurde der erste Generator gebaut, der auf dem Prinzip der elektromagnetischen Induktion beruhte (Abb. 83). Fünfzehn Jahre später kamen die ersten Generatoren in der Industrie zum Einsatz. *Werner von Siemens* (1816–1892) entdeckte 1866 das **dynamoelektrische Prinzip** wieder. Schon 1851 hatte der Däne *Sören Hjorth* (1801–1870) entdeckt, dass der Restmagnetismus, der nach dem Abschalten von Elektromagneten noch vorhanden war, ausreichte, um den Induktionsvorgang auszulösen (Abb. 84). Siemens erkannte die Bedeutung dieses Effekts für den Generatorenbau, denn bislang waren für die Generatoren Permanentmagnete notwendig gewesen.

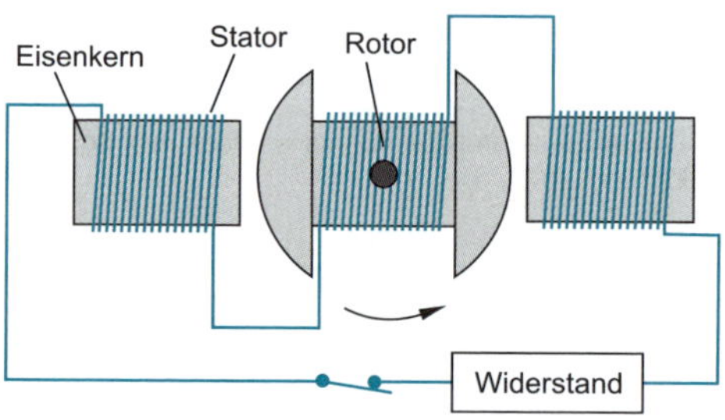

Abb. 84

Abb. 84: Bei einem **selbsterregenden Generator** besitzen die Eisenkerne der beiden Statoren noch etwas Restmagnetismus. Beginnt der Rotor sich zu drehen, wird in ihm eine Spannung induziert. Da der Stromkreis über die Statorwicklungen geschlossen ist, fließt ein Strom, der die Magnetisierung der Eisenkerne verstärkt. Dadurch ergibt sich eine höhere Induktionsspannung usw. Auf diese Weise „schaukelt" sich die Spannung des Generators hoch. Ihr Wert wird durch die maximale Magnetisierung der Eisenkerne begrenzt.

Mit den **Generatoren** standen nun die Maschinen zur Verfügung, die der Elektrizität zu ihrem Siegeszug verhelfen sollten. Im Gegensatz zu den schweren Stapeln von Metallplatten bei den damaligen Batterien waren Generatoren im Vergleich zu ihrer Leistungsfähigkeit richtige

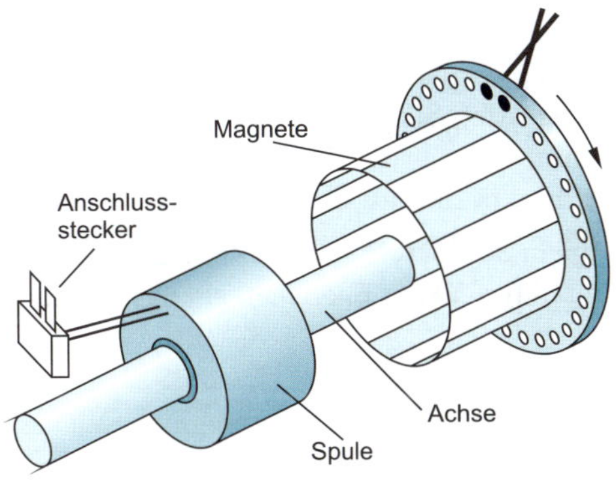

Abb. 85

Abb. 85: Bei einem **Nabendynamo** sitzt auf der Achse fest eine Spule, um die sich ein Eisenkäfig mit Magneten dreht. Dadurch ändert sich in der Spule ständig das Magnetfeld, sodass an den Enden der Spule eine Spannung entsteht. Nabendynamos haben den Vorteil, witterungsunabhängig zu funktionieren.

Leichtgewichte. Der bekannteste Generator ist wohl der **Fahrraddynamo** (Abb. 85) – auch wenn heute am Fahrrad immer mehr batteriebetriebene Beleuchtungen verwendet werden, weil sie der Rad fahrenden Person keine zusätzliche Leistung abverlangen. Der Dynamo hat aber den unbestreitbaren Vorteil, (nahezu) verschleißfrei zu arbeiten und ständig einsatzbereit zu sein. Das Prinzip der elektromagnetischen Induktion ist nicht nur die Umkehrung des Vorgangs „Aus Elektrizität wird Magnetismus", sondern ermöglicht es auch, **mechanische Energie** direkt in **elektrische Energie** umzuwandeln.

Heute gibt es Generatoren in allen Größenordnungen und in verschiedenen Bauformen. Von hausgroßen Generatoren in Kraftwerken bis hin zum Minigenerator, der durch den Wasserfluss in einem Brausekopf betrieben wird, ist stets die elektromagnetische Induktion die Grundlage für die Umwandlung von mechanischer in elektrische Energie (Abb. 86).

Ebenfalls aus unserem heutigen Leben nicht mehr wegzudenken sind **Transformatoren** (häufig kurz: **Trafos**). Waren sie im Hausgebrauch vor 50 Jahren hauptsächlich bei Modelleisenbahnen im Einsatz, so finden wir sie heute bei Beleuchtungssystemen mit Halogenlampen, bei Ladegeräten für Akkus oder als Vorschaltgerät, um die Netzspannung von 230 V auf den Wert zu transformieren, den das jeweilige Elektrogerät benötigt. Der prinzipielle Aufbau eines Transformators ist dabei einfach: Zwei Spulen mit unterschiedlichen Windungszahlen sitzen auf einem gemeinsamen Eisenkern (Abb. 87). Legt man an die eine Spule **(Primärseite)** eine Wechselspannung an, so wird durch den nun fließenden Wechselstrom ein ständig sich änderndes Magnetfeld erzeugt, das in der anderen Spule **(Sekundärseite)** zu einer Induktionsspannung führt. Bequemerweise spielen im Idealfall dabei nur die Windungszahlen der beiden Spulen eine Rolle.

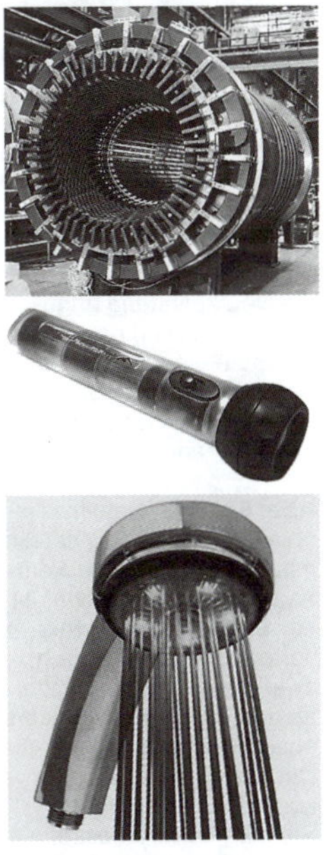

Abb. 86: Ob hausgroßer Generator für ein Kraftwerk, Schütteltaschenlampe oder beleuchteter Duschkopf mit integriertem Minigenerator – alle diese Geräte sind **technische Anwendungen**, die auf elektromagnetischer Induktion basieren.

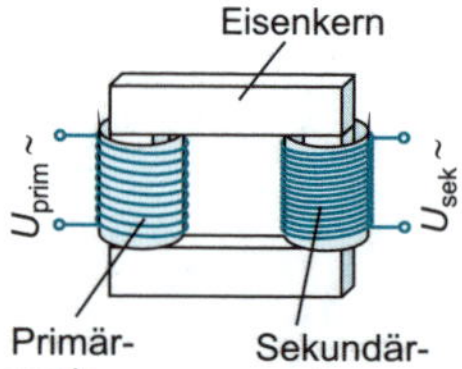

Abb. 87 a: Im **Prinzip** ist ein Trafo aus einem Eisenkern und zwei Spulen aufgebaut. Auf der Primärseite wird die Wechselspannung angelegt, die transformiert werden soll, auf der Sekundärseite liegt dann die transformierte Spannung an.

Abb. 87 b: Kleintrafo aus einem Ladegerät. Rechts an der Primärspule wird die Netzspannung angeschlossen. Da die Sekundärspule eine geringere Anzahl an Wicklungen besitzt, ist die dort entstehende Spannung kleiner.

Abb. 88: In Gebrauchsanleitungen von Trafos, die mittels eines Netzsteckers angeschlossen werden, ist der **Sicherheitshinweis** vermerkt, dass man nicht zwei dieser Trafos parallel an den gleichen Stromkreis anschließen darf.
Der Grund ist: Zieht man nur bei einem Trafo den Stecker, so wird dessen Sekundärseite zur Primärseite, die mit 12 V~ gespeist wird. Dieser Trafo ist also nicht etwa außer Betrieb, sondern an seinen blanken Steckerstiften liegt die volle Netzspannung von 230 V~ an!

Transformatorregel

Die Spannungen auf Primär- und Sekundärseite eines Transformators verhalten sich wie die Windungszahlen:

$$\frac{U_{prim}}{U_{sek}} = \frac{N_{prim}}{N_{sek}}$$

Da die Leistung in einem Stromkreis $P = U \cdot I$ ist, ergibt sich für einen idealen Transformator aufgrund des Energieerhaltungssatzes:

$$\frac{I_{sek}}{I_{prim}} = \frac{N_{prim}}{N_{sek}}$$

Die Rollen „Primärseite“ und „Sekundärseite“ können bei Transformatoren im Prinzip auch vertauscht werden. Das wechselnde Magnetfeld entsteht auch dann, wenn man die Spannung an der Sekundärseite statt an der Primärseite anschließt. Die Veränderung der Spannung erfolgt allerdings dann in umgekehrter Richtung: Statt dass sie z. B. von 230 V auf 12 V etwa um den Faktor 20 verringert wird, wird sie bei Vertauschen der Anschlüsse um diesen Faktor von 230 V auf 4500 V vergrößert! Daher muss man sich bei Anschluss eines Trafos stets vergewissern, ob man die richtige Seite als Primärseite identifiziert hat. Falsches Zusammenschalten von Trafos kann **lebensgefährlich** werden, insbesondere darf man Trafos mit Netzsteckern nicht parallel schalten: Wird bei einem Trafo der Stecker gezogen und beim anderen nicht, so erscheint der eine Trafo scheinbar außer Betrieb zu sein. Tatsächlich wird dieser Trafo von der Sekundärseite des anderen Trafos gespeist und an den blanken Stiften des Netzsteckers liegt die volle Netzspannung an (Abb. 88)!

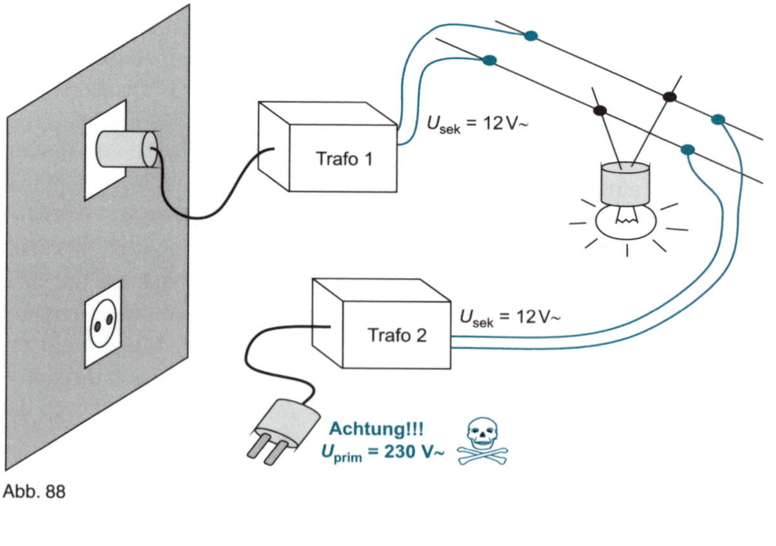

Abb. 88

Beim **Energietransport** vom Kraftwerk zu den Endabnehmern in den Haushalten und Industrieanlagen tragen Transformatoren dazu bei, die Energieverluste zu verringern. Für längere Transporte über Land wird die Spannung auf Werte bis zu 400 kV transformiert (Abb. 89). Dadurch treten bei der Übertragung der gleichen elektrischen Leistung wesentlich geringere Stromstärken auf. Es kommt zu einer geringeren Erwärmung der Drähte aufgrund des ohmschen Widerstandes.

Beispiel: Soll eine Leistung von 4 kW bei einer Spannung von 400 V übertragen werden, so muss ein Strom von 10 A fließen. An einer Leitung mit 10 Ω Widerstand gehen dadurch 100 V von den ursprünglichen 400 V „verloren" – auf der Endabnehmerseite beträgt die Spannung nur noch 300 V, die nutzbare Leistung ist damit nur noch 3 kW. Bei einer Spannung von 400 kV hingegen wird nur noch eine Stromstärke von 10 mA benötigt. Der Spannungsverlust beträgt gerade einmal 0,1 V.

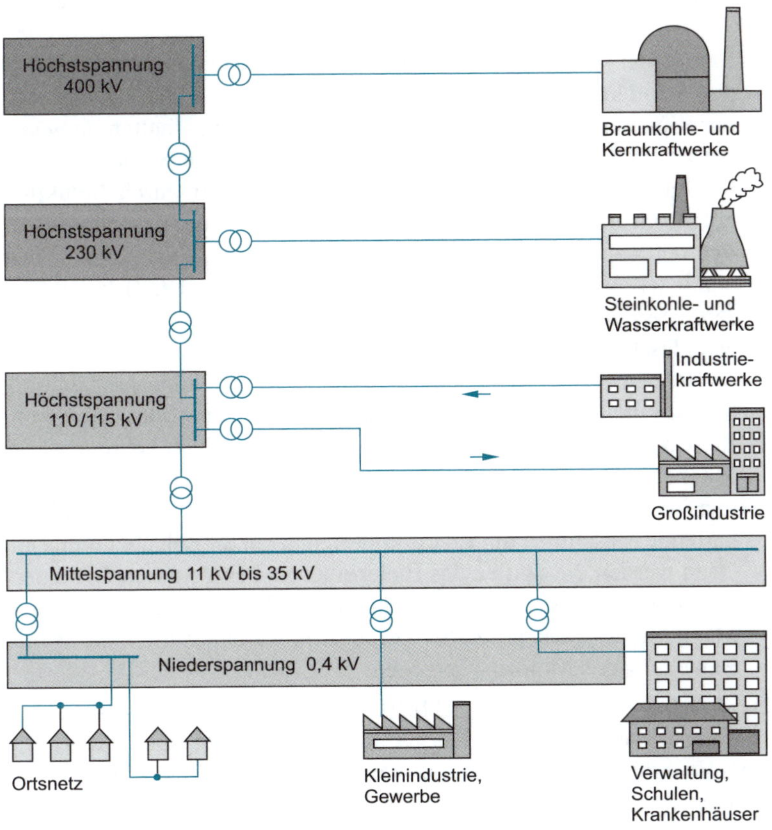

Abb. 89

Abb. 89: Auf dem Weg vom Kraftwerk zum Endverbraucher wird elektrische Energie bei verschiedenen Spannungen transportiert. Im europäischen elektrischen Verbundnetz gibt es dazu verschiedene **Spannungsebenen**. An Umspannstationen wechselt die Energie mithilfe von Transformatoren von einer Spannungsebene in die andere.

5.3 Wirbelströme und die Regel von Lenz

Abb. 90: Heinrich Emil **Lenz** stellte fest: *„Wenn sich ein metallischer Leiter in der Nähe eines galvanischen Stroms oder eines Magneten bewegt, so wird in ihm ein galvanischer Strom erregt, der eine solche Richtung hat, daß er in dem ruhenden Drahte eine Bewegung hervorgebracht hätte, die der hier dem Drahte gegebenen gerade entgegengesetzt wäre, vorausgesetzt, daß der ruhende Draht nur in Richtung der Bewegung und entgegengesetzt beweglich wäre.“* aus: Annalen der Physik und Chemie, 107, 1834, S. 485
In verallgemeinerter Form ist diese Feststellung als **Regel von Lenz** bekannt.

Die elektromagnetische Induktion wird nicht nur genutzt, um mechanische Energie in elektrische Energie umzuwandeln, sondern auch, um **elektrische Energie** in **thermische Energie** zu überführen. Dabei gilt eine Regel, die *Heinrich Emil Lenz* (1804–1865) drei Jahre nach Faradays Entdeckung 1834 aufstellte (Abb. 90):

Regel von Lenz
Wird durch die Änderung des magnetischen Flusses in einem Leiter eine Spannung induziert, so erzeugt ein durch diese Spannung hervorgerufener Strom ein Magnetfeld so, dass dieses der Ursache seines Entstehens entgegenwirkt.

Die Gültigkeit der Lenz'schen Regel lässt sich beispielsweise mit den folgenden Experimenten demonstrieren:

- Man hängt vor eine Spule einen metallenen Ring. Schaltet man nun den Stromkreis ein, in dem die Spule sich befindet, so bewegt sich der Ring kurzzeitig von der Spule weg. Beim Ausschalten hingegen bewegt er sich zur Spule hin. Der Ring stellt eine Spule mit einer einzigen kurzgeschlossenen Windung dar, in der durch Induktion ein Strom erzeugt wird. Dessen Magnetfeld wirkt der Ursache – nämlich der Zunahme des Magnetfelds in der Spule – entgegen. Einen ähnlichen Versuch führte *Elihu Thomson* (1853–1937) bereits im Jahr 1889 durch.
- Man lässt einen Magneten in eine Spule hineinschwingen. Dadurch entsteht zwischen den Enden der Spule eine Induktionsspannung. Werden die Enden der Spule nun kurzgeschlossen, sodass ein Strom fließen kann, wird der schwingende Magnet deutlich gebremst. Das Magnetfeld der Spule ist so gerichtet, dass es die (Relativ-)Bewegung des Magneten hemmt. Dies nutzt man z. B. aus, um schnell laufende Maschinen mit Elektromotoren in kurzer Zeit abzubremsen. Dazu werden die Spulen des Elektromotors beim Ausschalten kurzgeschlossen. In ihnen entstehen nun durch Induktion Ströme. Deren Magnetfelder wirken nun der Ursache ihrer Entstehung – das ist die Bewegung des Motors – entgegen.

Bei **Wirbelstrombremsen** (Abb. 91) dient die Induktion nur dazu, berührungslos mechanische Energie auf dem Umweg über elektrische Energie in thermische Energie zu verwandeln. Es steht also die Verringerung kinetischer Energie im Vordergrund – die dabei entstehende thermische Energie ist nur ein Abfallprodukt.

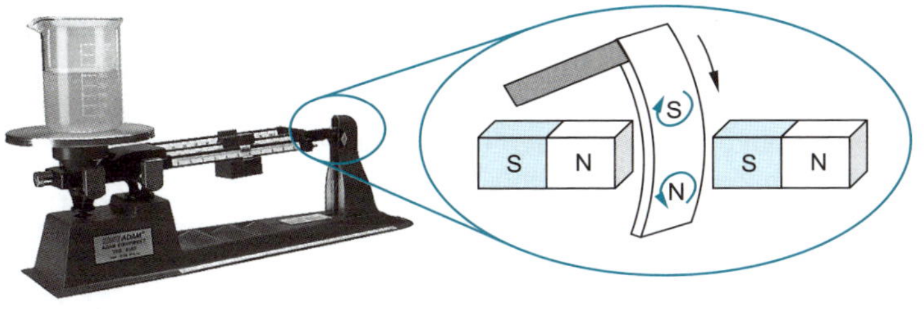

Abb. 91 a

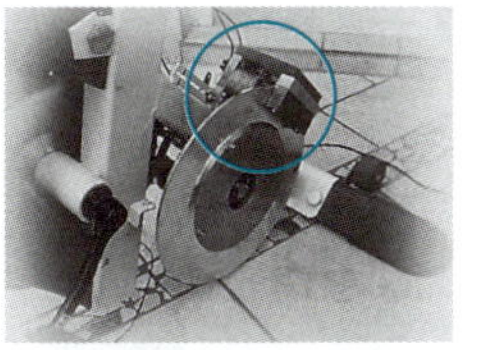

Abb. 91 b

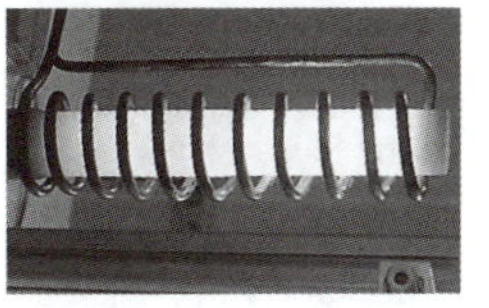

Abb. 91 c

Abb. 91: Anwendungen der **Wirbelstrombremse**

a: Um das unerwünschte Pendeln des Waagbalkens einer **Laborwaage** induktiv zu dämpfen, wird ein Aluminiumstreifen im Raum zwischen zwei Magneten positioniert (Markierung). Das Pendeln verursacht wegen der Änderung des Magnetfelds im Aluminiumstreifen Wirbelströme. Deren Magnetfeld wirkt der Ursache ihrer Entstehung – dem Pendeln – entgegen. Bewegt sich der Aluminiumstreifen z. B. gerade nach unten, so bewirken die Wirbelströme oberhalb des Magneten ein abstoßendes Magnetfeld, unterhalb ein anziehendes Magnetfeld (Skizze).

b: Bei einem **Heimtrainer** verwendet man das gleiche Prinzip, um zu regulieren, wie stark man in die Pedale treten muss. Über die Position des Magneten rechts oben (Markierung) lässt sich einstellen, wie groß die Magnetfeldänderung bei der Aluminiumscheibe ist, d. h. wie stark die Wirbelströme sind, die in der Bremsscheibe fließen.

c: Mithilfe einer Spule, durch die Wechselstrom fließt, werden in dem metallischen Werkstück Wirbelströme hervorgerufen. Das Werkstück **erhitzt** sich **lokal** im Bereich der Spule.

Die Umwandlung von elektrischer Energie in thermische Energie mithilfe von Wirbelströmen wird jedoch auch gezielt genutzt. In der Industrie werden **Induktionsöfen** benutzt, um Metalle zu erwärmen oder zu schmelzen. Dabei können durch geschickte Anordnung von Spulen gezielt nur Teile eines Metallstücks erhitzt werden. **Induktionsherde** werden in der Gastronomie und im Haushalt zum Erhitzen von Speisen benutzt. Dazu werden Töpfe mit einem speziellen Metallboden benötigt. Der Vorteil liegt darin, dass nur der Topf und nicht auch noch die Herdplatte erhitzt werden muss.

5.4 Mathematische Beschreibung der Induktion

Faraday hatte die Feldlinien noch als qualitatives Hilfsmittel zur Veranschaulichung von Feldern benutzt, da seine mathematischen Kenntnisse nicht ausreichten, um einen passenden quantitativen Formalismus zu finden. Dies gelang *James Clerk Maxwell* (1831–1879) mit zunächst zwanzig Differenzialgleichungen. Später wurden sie in der von *Oliver Heaviside* (1850–1925) und *Josiah Willard Gibbs* (1839–1903) entwickelten **Vektorschreibweise** so formuliert, wie wir sie heute kennen (siehe Exkurs, S. 69). Unter diesen Gleichungen findet sich auch die mathematische Formulierung des Induktionsgesetzes, das hier in vereinfachter Form vorgestellt wird. Bei den Experimenten zur Induktion stellte man bald fest, dass nicht nur eine zeitliche Änderung des Magnetfelds den Induktionsvorgang auslöst, sondern auch eine zeitliche Änderung der Fläche, die von einem Magnetfeld durchsetzt wird. Daher führte man eine neue Größe ein.

Magnetischer Fluss

Der magnetische Fluss Φ ist das Produkt aus magnetischer Feldstärke B und der vom Magnetfeld *senkrecht* durchsetzten Fläche A:

$$\Phi = B \cdot A$$

Seine **Einheit** ist das **Weber**: $[\Phi] = 1\,\frac{\text{Vs}}{\text{m}^2} \cdot 1\,\text{m}^2 = 1\,\text{Vs} = 1\,\text{Wb}$

Wesentlich für die Berechnung des magnetischen Flusses Φ ist, dass die Fläche einer Leiterschleife *senkrecht* von den Magnetfeldlinien durchsetzt wird (Abb. 92).

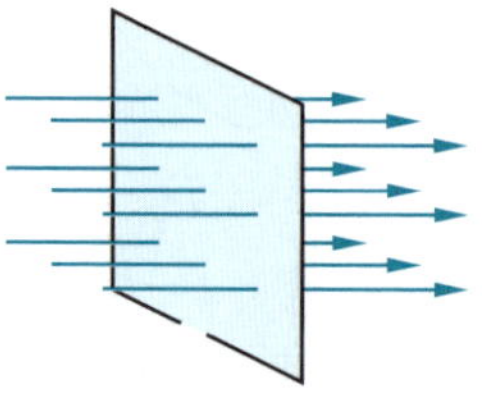
Abb. 92 a

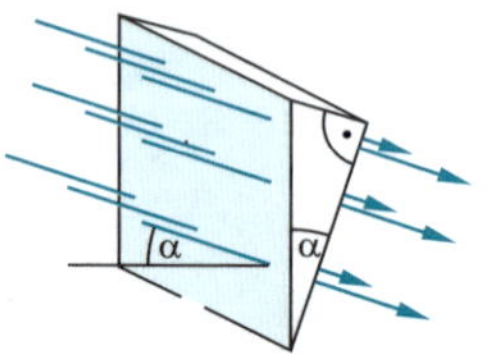

Abb. 92 b

Abb. 92: Berechnung des **magnetischen Flusses**

a: Die gesamte Fläche der Leiterschleife wird vom Magnetfeld **senkrecht** durchsetzt; der magnetische Fluss ist $\Phi = B \cdot A$.

b: Das Magnetfeld durchsetzt die Leiterschleife **unter dem Winkel α**; die wirksame Fläche beträgt $A_{\perp} = A \cdot \cos\alpha$. Somit ist der magnetische Fluss hier $\Phi = B \cdot A \cdot \cos\alpha$.

Mithilfe des magnetischen Flusses lässt sich das Induktionsgesetz kompakt formulieren:

Induktionsgesetz

Ändert sich der magnetische Fluss durch eine Leiterschleife zeitlich, entsteht zwischen den Enden der Leiterschleife die Induktionsspannung

$$U_{\text{ind}} = -\frac{d\Phi}{dt} = -\dot{\Phi}.$$

Bei einer Spule mit N Windungen ist die Spannung zwischen den Enden der Spule entsprechend

$$U_{\text{ind}} = -N \cdot \frac{d\Phi}{dt} = -N \cdot \dot{\Phi}$$

Anmerkungen:

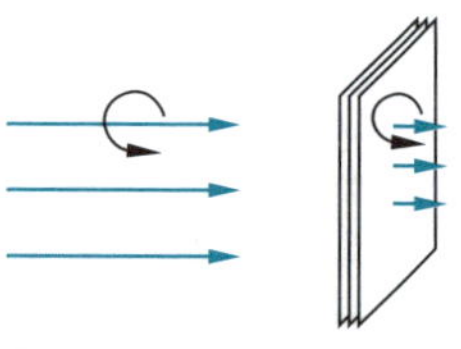
Abb. 93: Illustration der Vorzeichenkonvention im **Induktionsgesetz**

1. Nicht leicht zu erkennen ist, woher das Minuszeichen bei der Berechnung der Induktionsspannung stammt. Dazu überlegt man sich Folgendes (Abb. 93): Ein Magnetfeld kann man sich durch Kreisströme entstanden denken (links). Bei Abnahme des Magnetfelds ($\frac{d\Phi}{dt} < 0$) entsteht in einer Leiterschleife eine Spannung, die einen Strom in der gleichen Richtung bewirken würde (rechts). Die Orientierung dieser beiden Ströme ist gleich; das kennzeichnet man durch das gleiche (positive) Vorzeichen. Daher benötigt man in der Formel für die Induktionsspannung das Minuszeichen (weil $-\frac{d\Phi}{dt} > 0$).
2. Die Änderung des magnetischen Flusses kann aus einer Änderung der magnetischen Feldstärke resultieren oder auf der Änderung der durchsetzten Fläche beruhen – oder beides ist der Fall. Mathematisch erkennt man das anhand der Produktregel beim Ableiten:

   $$\frac{d\Phi}{dt} = \frac{d(B \cdot A)}{dt} = \frac{dB}{dt} \cdot A + \frac{dA}{dt} \cdot B = \dot{B} \cdot A + \dot{A} \cdot B$$

Aus dem Induktionsgesetz lässt sich ableiten, dass bei der Rotation einer Leiterschleife in einem homogenen Magnetfeld an deren Enden eine **sinusförmige Wechselspannung** entsteht (Abb. 94). Generatoren erzeugen daher im einfachsten Fall stets eine Wechselspannung, d. h. eine Spannung, deren Polung sich ständig ändert.

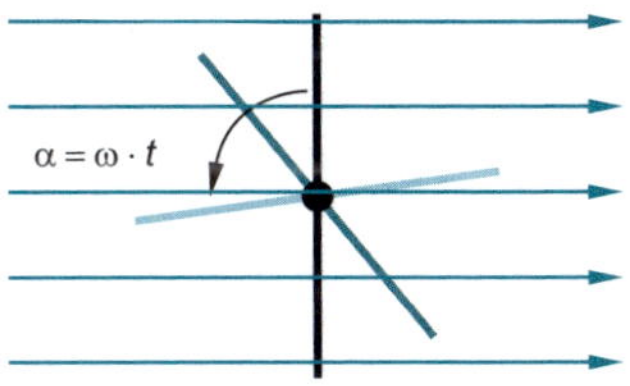

Abb. 94 a

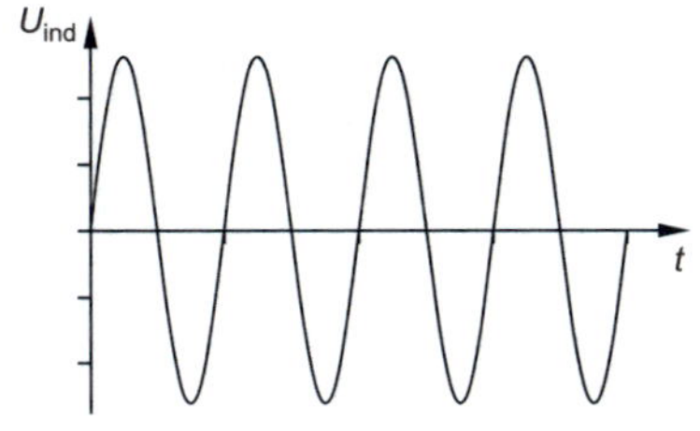

Abb. 94 b

Abb. 94: Erzeugung einer **Wechselspannung**

a: Der **magnetische Fluss** durch die Leiterschleife ist $\Phi(t) = B \cdot A \cdot \cos(\omega \cdot t)$.

b: Die **Induktionsspannung** (N Windungen) ist $U_{ind}(t) = -\dot{\Phi}$ $= N \cdot B \cdot A \cdot \omega \cdot \sin(\omega \cdot t)$.
Es handelt sich um eine **sinusförmige** Wechselspannung.

5.5 Selbstinduktion und Induktivität

Bisher entstand eine Induktionsspannung, wenn sich der magnetische Fluss aufgrund äußerer Einwirkungen änderte. Aber auch wenn der Stromfluss durch eine Spule sich ändert, bewirkt dies, dass sich der magnetische Fluss, der die Spule durchsetzt, verringert oder vergrößert. Demzufolge sollte auch hier eine Induktionswirkung zu beobachten sein. Ein Experiment zeigt deutlich, dass dies auch der Fall ist (Abb. 95): Beim Schließen des Schalters ändert sich das Magnetfeld der Spule und bewirkt, dass an den Enden der Spule selbst eine Spannung auftritt. Da die Induktion hier in dem System auftritt, das für die Änderung des Magnetfelds verantwortlich ist, und auf dieses selbst wirkt, spricht man hier von **Selbstinduktion**.

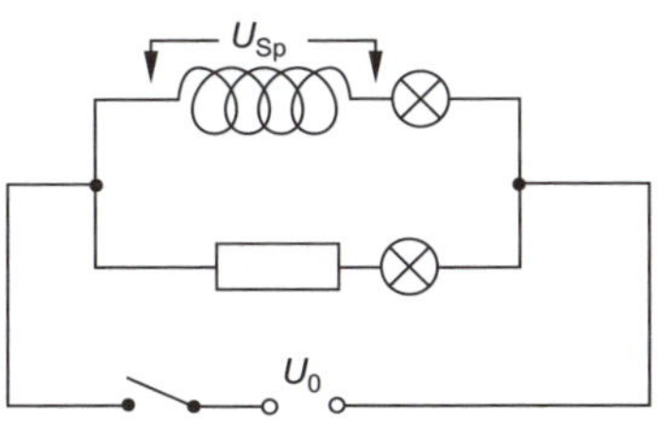

Abb. 95 a

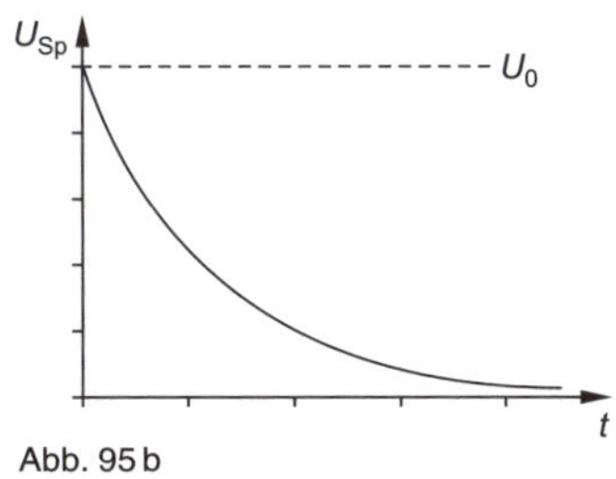

Abb. 95 b

Abb. 95: Selbstinduktion

a: Beim Schließen des Schalters leuchtet das Lämpchen im oberen Zweig **später** auf als das im unteren Zweig. Die ohmschen Widerstände sind in beiden Zweigen gleich.

b: Eine Messung ergibt, dass die **Spannung** an der Spule mit der Zeit **abnimmt** und die Polung entgegen der außen anliegenden Spannung orientiert ist.

Die Selbstinduktion wird technisch z. B. genutzt, um mit der niedrigen Spannung der Autobatterie von 12 Volt die hohen Spannungen zu erzeugen, die für den Zündfunken notwendig sind. Dazu verwendet man **Zündspulen**. Auch die **Startvorrichtung bei Leuchtstoffröhren** basiert auf diesem Effekt (Abb. 96).

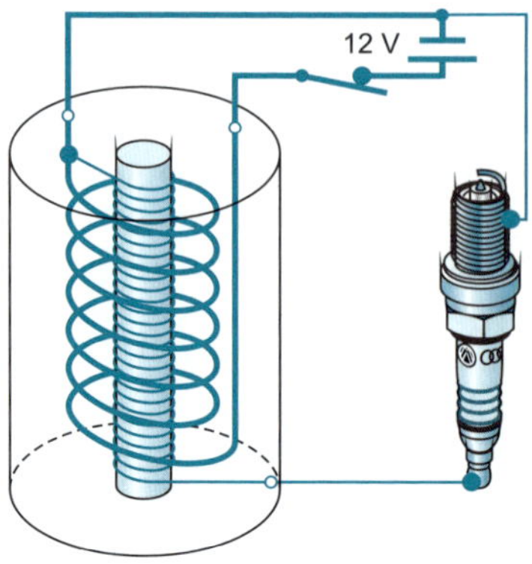

Abb. 96 a

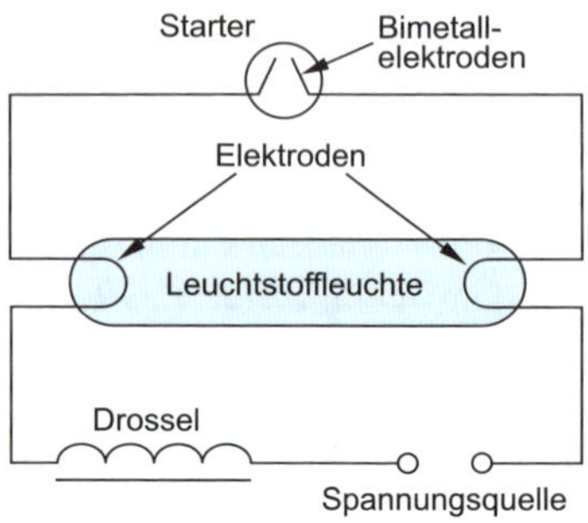

Abb. 96 b

Abb. 96: Technische Anwendung der Selbstinduktion

a: Eine **Zündspule** hat im Wesentlichen den gleichen Aufbau wie ein Transformator. Im Inneren befindet sich ein Eisenstab. Um ihn sind eine Spule mit vielen Windungen innen und eine Spule mit wenigen Windungen außen gewickelt. Schließt man den Schalter, baut sich ein starkes Magnetfeld auf, das beide Spulen durchsetzt. Beim Öffnen des Schalters entsteht an der inneren Spule eine aufgrund der hohen Windungszahl sehr hohe Spannung von 15–30 kV. Die Anschlüsse der inneren Spule sind mit den beiden Kontakten der Zündkerze verbunden, sodass wegen der hohen Spannung ein Funkenüberschlag erfolgt.

b: Das Zünden der Gasentladung in einer **Leuchtstoffröhre** wird ebenfalls über Selbstinduktion ausgelöst. Der Starter besteht aus zwei Bimetallelektroden, an denen zunächst eine Glimmentladung erfolgt. Dadurch erwärmen sich die Elektroden, sodass sie sich schließlich berühren. Durch den nun verstärkten Stromfluss werden die Elektroden in der Gasröhre zum Glühen gebracht und in der Drossel baut sich ein größeres Magnetfeld auf. Die Bimetallelektroden kühlen wieder ab und unterbrechen den Stromkreis. Aufgrund der Selbstinduktion entsteht eine Spannung, die ausreicht, um die Gasentladung in Gang zu setzen.

Aus dem Induktionsgesetz und der Formel für das Magnetfeld von langen Spulen lässt sich eine für die Spule charakteristische Größe ableiten, die das Verhalten der Spule bei Selbstinduktion beschreibt. Diese Größe nennt man **Induktivität** der Spule.

Induktivität und Selbstinduktion

Eine lange Spule besitzt im Inneren die magnetische Feldstärke

$$B = \mu_0 \cdot \frac{N \cdot I}{\ell}.$$

Mit $U_{ind} = -N \cdot \dot{\Phi} = -N \cdot A \cdot \dot{B}$ folgt:

$$U_{ind} = -\mu_0 \cdot \frac{N^2 \cdot A}{\ell} \cdot \dot{I}$$

Der Faktor vor $\dot{I}$ hängt nur von der Naturkonstanten μ_0 und geometrischen Größen der Spule ab. Man fasst ihn daher zusammen zur Kenngröße **Induktivität L**:

$$L = \mu_0 \cdot \frac{N^2}{\ell} \cdot A$$

Ihre **Einheit** ist das **Henry**: $[L] = 1\,\frac{\text{Vs}}{\text{A}} = 1\,\text{H}$

Die Spannung, die durch **Selbstinduktion** an den Enden der Spule entsteht, lässt sich dann so berechnen:

$$U_{ind} = -L \cdot \frac{dI}{dt} = -L \cdot \dot{I}$$

Die Einheit der Induktivität wurde nach dem amerikanischen Physiker *Joseph Henry* (1797–1878) benannt, der zeitgleich mit *Michael Faraday* und *Christian Oersted* die Phänomene des Elektromagnetismus untersuchte. Die Induktivität L ist eine wichtige Größe, wenn es darum geht, das Verhalten von Spulen in Wechselstromkreisen und bei elektromagnetischen Schwingungen zu beschreiben (siehe Kapitel 8, S. 96, und Kapitel 9, S. 104).

5.6 Exkurs: Die Maxwell'schen Gleichungen

Als *Michael Faraday* die **Feldlinien** einführte, tat er dies nur, um die Kraftwirkungen auf geladene Teilchen zu beschreiben. Was er nicht schaffte – und was auch die meisten Physiker der damaligen Zeit nicht glaubten – war, dass sich die Feldlinien mathematisch beschreiben ließen. Dies gelang *William Thomson* (später: *Lord Kelvin*, 1824–1907). Dieser gab *James Clerk Maxwell* den Rat, sich mit Faradays Arbeiten auseinanderzusetzen. Maxwell sah die elektrischen Feldlinien **in Analogie zu Strömungen von Flüssigkeiten**. Der elektrischen Kraft entsprach z. B. in dieser Vorstellung die Strömungsgeschwindigkeit der Flüssigkeit. Daraus entwickelte er im Laufe der Zeit die Analogie zu einem ausgeklügelten Mechanismus mit Wirbeln und Rollen. Damit gelang es ihm einen Satz von Differenzialgleichungen aufzustellen, die das elektromagnetische Geschehen mathematisch beschrieben.

Und Gott sprach:

$$\nabla \cdot \vec{B} = 0$$

$$\nabla \cdot \vec{D} = \rho$$

$$\nabla \times \vec{E} = -\frac{\partial B}{\partial t}$$

$$\nabla \times \vec{H} = \vec{j} + \frac{\partial D}{\partial t}$$

Und es ward Licht.

Abb. 97: Der biblische Schöpfungsbericht aus (nicht ganz ernst gemeinter) physikalischer Sicht. Tatsächlich kann man aus den **Maxwell'schen Gleichungen** ableiten, dass es elektromagnetische Wellen geben sollte, die sich mit Lichtgeschwindigkeit ausbreiten. Das deckt sich mit der heutigen Sicht von der Natur des Lichts.

Eine Folgerung aus seinen Gleichungen hatte schon Faraday vermutet: Die von ihm beschriebenen elektrischen Kraftlinien sollten Schwingungen ausführen können, die sich im Raum ausbreiten. Er mutmaßte, ob dies nicht Lichtwellen sein könnten. Maxwell konnte aus seinen Gleichungen zum elektrischen und magnetischen Feld tatsächlich ableiten, dass **elektromagnetische Wellen** sich mit Lichtgeschwindigkeit ausbreiten müssten.

Die Originalgleichungen von Maxwell wurden von *Oliver Heaviside* und *Heinrich Hertz* in die heutige Form gebracht. Es gibt davon zwei Ausführungen: Die differenzielle Schreibweise (Abb. 97) und die Integralschreibweise. Dabei tauchen Flächenintegrale und Linienintegrale auf.

Der magnetische Fluss ist ein Beispiel, bei dem ein **Flächenintegral** zum Einsatz kommt. Im einfachen Fall, wenn das Magnetfeld homogen ist (gleicher Betrag und gleiche Richtung an allen Punkten der betrachteten Fläche), gilt $\Phi = B \cdot A$. Ist z. B. der Betrag nicht konstant, so zerlegt man die Fläche in kleine Stücke dA und nimmt an, dass sich auf einem Flächenstück B jeweils nicht ändert. Der magnetische Fluss durch die Fläche ergibt sich dann, indem man die Fläche dA mit B multipliziert und alle diese Produkte summiert. Als Beispiel dient die Frontfläche des Würfels in Abb. 98: Die Zahlen geben die Werte von B in mT für jeweils ein Quadrat an. Der magnetische Fluss durch diese Fläche ergibt sich dann so:

$$1\ \text{mT} \cdot 1\ \text{cm}^2 + 3\ \text{mT} \cdot 1\ \text{cm}^2 + 4\ \text{mT} \cdot 1\ \text{cm}^2 + \ldots$$

In Integralschreibweise drückt man dies durch den Term $\iint_A B \cdot dA$ aus.

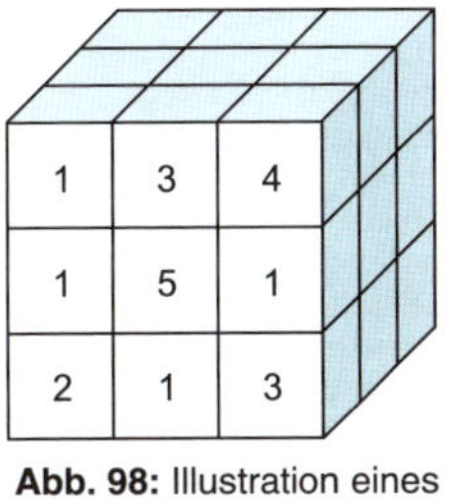

Abb. 98: Illustration eines **Flächenintegrals**

Nimmt man alle sechs Flächen des Würfels und addiert die Werte der einzelnen Integrale, so erhält man das **geschlossene Flächenintegral**

$$\oiint_{\partial V} B \cdot dA.$$

Dabei steht das Symbol ∂ für den „Rand" einer Größe; ∂V bezeichnet also den „Volumenrand", sprich: die Oberfläche des Volumens V, über die man integriert. Maxwell stellte nun fest, dass gilt:

- $\oiint_{\partial V} B \cdot dA = 0$ Der magnetische Fluss, der in ein Volumen hineingeht, geht auch wieder heraus.
- $\oiint_{\partial V} E \cdot dA = \frac{Q(V)}{\varepsilon_0}$ Die Differenz zwischen dem in ein Volumen ein- und austretenden „elektrischen Fluss" $E \cdot A$ ist die von der Fläche eingeschlossene Ladung, dividiert durch die Feldkonstante.

In der differenziellen Schreibweise entsprechen diesen beiden Aussagen die ersten beiden Gleichungen in Abb. 97.

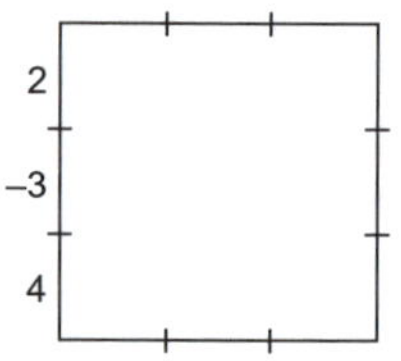

Abb. 99: Illustration des **Linienintegrals**

Die Berechnung der Spannung zwischen zwei Punkten ist ein Beispiel für ein **Linienintegral**. Im homogenen Feld (gleicher Betrag und gleiche Richtung an allen Streckenpunkten) ist die Spannung $\Phi_{el} = E \cdot s$. Ist z. B. der Betrag nicht konstant, so zerlegt man die Strecke in kleine Abschnitte ds, auf denen jeweils die Feldstärke gleich ist. Im Beispiel des Quadrats aus Abb. 99 erhält man die Spannung zwischen der Ecke links oben und der Ecke links unten, indem man ds jeweils mit dem Wert der Feldstärke E multipliziert und die Produkte dann summiert. Hier bedeuten die Zahlen E in $\frac{\text{V}}{\text{m}}$, ein Streckenabschnitt ist 1 cm lang. Die Spannung längs der Strecke S ist dann

$$4\,\frac{\text{V}}{\text{m}} \cdot 1\,\text{cm} + \left(-3\,\frac{\text{V}}{\text{m}}\right) \cdot 1\,\text{cm} + 2\,\frac{\text{V}}{\text{m}} \cdot 1\,\text{cm} = \int_S E \cdot ds.$$

Rechnet man alle vier Seiten auf diese Art zusammen und bezeichnet mit ∂A den Rand der eingeschlossenen Fläche A, so erhält man das **geschlossene Linienintegral**:

$$\oint_{\partial A} E \cdot ds$$

Maxwell schrieb auf diese Weise das Induktionsgesetz so:

$$\underbrace{\oint_{\partial A} E \cdot ds}_{U_{\text{ind}}} = -\frac{d}{dt} \underbrace{\iint_{A} B \cdot dA}_{\Phi}$$

Rechts steht die zeitliche Änderung des magnetischen Flusses, links die dadurch erzeugte Induktionsspannung (vgl. 3. Gleichung in Abb. 97).

Fakten und Formeln: Elektromagnetische Induktion

- Als **elektromagnetische Induktion** bezeichnet man den Vorgang, bei dem durch die Änderung des magnetischen Flusses eine Spannung zwischen den Enden einer Leiterschleife hervorgerufen wird.
- Der **magnetische Fluss Φ** ist definiert als Produkt aus Magnetfeldstärke B und senkrecht von den Feldlinien durchsetzter Fläche $A_\perp$.
  Die Richtung des Magnetfelds und die Senkrechte auf der Fläche A schließen dabei den Winkel α ein.
  $$\Phi = B \cdot A_\perp = B \cdot A \cdot \cos\alpha$$
  $$[\Phi] = 1\ \text{Vs} = 1\ \text{Weber} = 1\ \text{Wb}$$
- Das **Induktionsgesetz** lautet für eine einzelne Leiterschleife: $U_{ind} = -\frac{d\Phi}{dt}$
  für Spule mit N Windungen: $U_{ind} = -N \cdot \frac{d\Phi}{dt}$
- **Regel von Lenz:** Ein durch Induktion hervorgerufener Strom ist stets so gerichtet, dass er der Ursache seiner Entstehung entgegenwirkt.
- **Selbstinduktion:** Ändert sich die Stromstärke, die durch eine Spule fließt, so wird dadurch eine Induktionsspannung hervorgerufen, die dieser Änderung entgegenwirkt. Die Stärke der Selbstinduktion ist durch die Induktivität L der Spule bestimmt.
  $$U_{ind} = -L \cdot \frac{dI}{dt} = -L \cdot \dot{I}$$
  $$L = \mu_0 \cdot \frac{N^2}{\ell} \cdot A$$
  $$[L] = 1\ \frac{\text{Vs}}{\text{A}} = 1\ \text{Henry} = 1\ \text{H}$$

Concept Map: Elektromagnetische Induktion

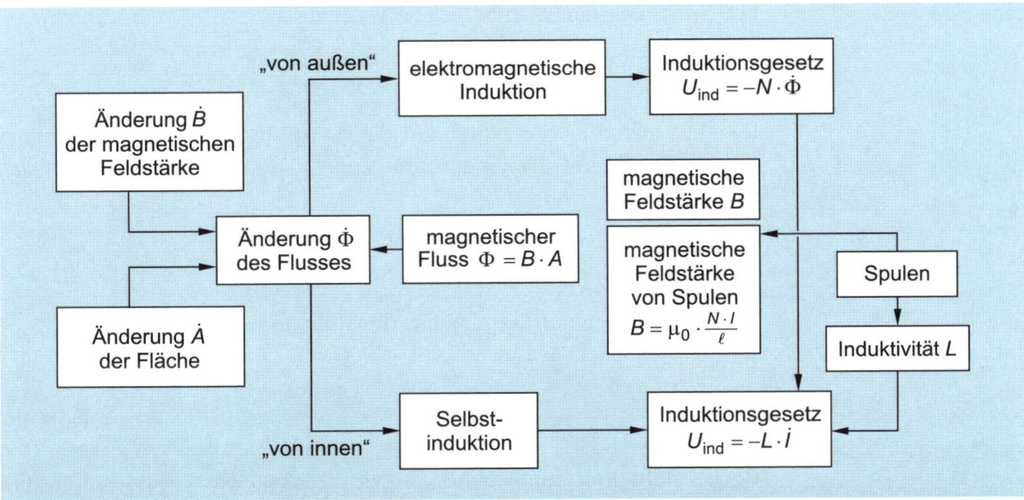

Schwingungen

6 Der Begriff „Schwingung“

6.1 Historisches

Periodische Vorgänge spielten für die Menschheit schon immer eine besondere Rolle, vor allem für die Messung der Zeit und die Bestimmung von Zeitpunkten. Die regelmäßige Wiederkehr des Nilhochwassers und dessen Vorhersage mithilfe des Wiedererscheinens des Sterns Sirius über dem Horizont, die Einteilung der Zeit nach dem regelmäßigen Zu- und Abnehmen des Mondes (was sich in der Bezeichnung „Monat“ widerspiegelt), die Festlegung des Jahres nach dem scheinbaren Lauf der Sonne sind nur einige Beispiele dafür.
Galileo Galilei (1564–1642) erkundete die Gesetzmäßigkeiten von Pendeln und fand dabei den **Isochronismus**, i. e. die Eigenschaft, dass die Zeitdauer für eine vollständige Hin- und Herbewegung des Pendels unabhängig von der Schwingungsweite des Pendels ist. Dies nutzte er und zählte zunächst die Anzahl der Schwingungen eines Pendels, um damit die Zeit zu messen. Weitere Ideen, wie man Pendel dazu verwenden könnte, die Ganggenauigkeit der schon vorhandenen Räderuhren zu verbessern, konnte er nicht mehr in die Praxis umsetzen. Gleiche Gedanken hatte unabhängig von Galilei der Holländer *Christiaan Huygens* (1629–1695) entwickelt, der 1656 die erste dokumentierte **Pendeluhr** bauen ließ. Pendeluhren wurden bis weit ins 20. Jahrhundert weiterentwickelt und als Präzisionsuhren benutzt.
Die mechanischen Uhren wurden ab der zweiten Hälfte des 20. Jahrhunderts durch die elektrischen **Quarzuhren** abgelöst. In ihnen ist ein Quarzplättchen mit definierten Dimensionen enthalten. Quarz zeigt das Phänomen der **Piezoelektrizität** (griech. πιέζειν (piézein): drücken), welche 1880 von den Brüdern *Pierre (*1859–1906) und *Jacques Curie* (1855–1941) entdeckt wurde. Das Kernstück solcher Uhren bildet eine winzige Quarzstimmgabel, die – elektrisch angeregt – 32768-mal pro Sekunde schwingt. Die damit erzeugten elektrischen Signale werden elektronisch weiterverarbeitet und steuern das Uhrwerk (Abb. 100).

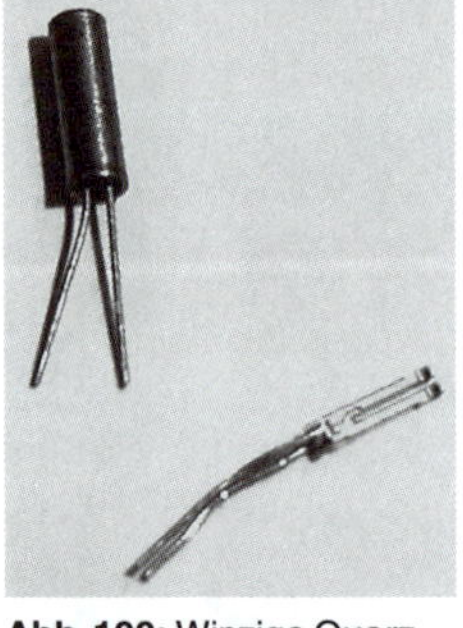

Abb. 100: Winzige Quarzstimmgabeln geben, elektrisch auf der Grundlage des **piezoelektrischen Effekts** angeregt, den Takt in Quarzuhren an.

6.2 Grundbegriffe

Wohl eine der frühesten physikalischen Beobachtungen – auch wenn man sie zunächst meist unbewusst macht – ist das Pendeln eines Steines an einer Schnur oder das Ausfedern eines Astes, der zuvor zur Seite gedrückt worden war. Das Typische an diesen Bewegungen ist deren **zeitlich periodischer Ablauf**, also die ständige Wiederholung des gleichen Vorgangs in einer stets gleichen Zeitspanne. In der Physik gibt es auch viele nicht-mechanische Vorgänge, die sich nach einer gewissen Zeitspanne periodisch wiederholen. So ändert sich z. B. die Spannung an den Anschlüssen einer Haushaltssteckdose periodisch zwischen den Werten +325 V und –325 V.

Grundbegriffe zur Schwingungslehre

- Man spricht bei allen Vorgängen, bei denen sich eine physikalische Größe periodisch mit der Zeit ändert, von einer **Schwingung**.
- Die Zeitspanne, nach der der Vorgang wieder von vorne beginnt, heißt **Periodendauer** oder **Schwingungsdauer *T***.
- Häufig verwendet man anstelle oder parallel mit der Periodendauer den Begriff **Frequenz *f*** (lat. frequens: häufig). Sie ist festgelegt als der Quotient aus einer Anzahl von Schwingungsvorgängen und der dafür benötigten Zeitspanne:

  $$\text{Frequenz} = \frac{\text{Anzahl an Schwingungen}}{\text{benötigte Zeitspanne}} \quad \text{bzw.} \quad f = \frac{N}{\Delta t} = \frac{1}{T}$$

- Die Einheit der Frequenz ist das **Hertz**:
  $[f] = 1\ \text{Hz} = 1\ \text{s}^{-1}$

Die Einheit der Frequenz wurde nach dem deutschen Physiker *Heinrich Hertz* benannt (siehe Exkurs, S. 77). Mathematisch werden Schwingungen durch periodische Funktionen beschrieben. Schwingungen, bei denen die betrachtete physikalische Größe (z. B. der Wert einer Spannung) sinusförmig verläuft, werden als **harmonisch** bezeichnet. Sie spielen eine besondere Rolle, denn die mathematischen Untersuchungen von *Jean Baptiste Joseph Fourier* (1768–1830) ergaben, dass sich viele periodische Funktionen als Summen von geeigneten Sinus- und Kosinusfunktionen schreiben lassen (siehe Exkurs, S. 79).

Hinweis: Sinusfunktion und Kosinusfunktion unterscheiden sich nur durch die Phasenlage; es gilt: $\cos(y - \frac{\pi}{2}) = \sin y$. Daher wird im Folgenden jeweils nur von Sinusfunktionen gesprochen.

Für die mathematische Beschreibung einer harmonischen Schwingung benötigt man außer der Periodendauer bzw. Frequenz noch zwei weitere Bestimmungsgrößen:

- Die **Amplitude** ist der maximale Wert der Auslenkung. Sie wird im Folgenden dadurch kenntlich gemacht, dass über den Formelbuchstaben der entsprechenden Größe ein Caret („Dach") gesetzt wird, z. B. $\hat{y}$, $\hat{U}$, usw. Bleibt die Amplitude während des Schwingungsvorgangs unverändert, heißt die Schwingung **ungedämpft**, nimmt sie ab, spricht man von einer **gedämpften Schwingung**.

- Die **Phasenverschiebung** φ, manchmal auch Phasenwinkel oder Phasenunterschied genannt, gibt die Anfangsphase der Schwingung an, also das Argument der Sinusfunktion zum Zeitpunkt $t=0$.

Weil die Sinusfunktion im Bogenmaß die Periodenlänge 2π hat, wird der zeitliche Verlauf der Größe $y(t)$ für die Anfangsbedingung $y(0)=0$ durch folgende Funktion beschrieben:

$$y(t) = \hat{y} \cdot \sin\left(\frac{2\pi}{T} \cdot t\right) = \hat{y} \cdot \sin(2\pi \cdot f \cdot t)$$

Die Phasenverschiebung ist in diesem Fall null: $\varphi=0$. Der Wert der Phase $\frac{2\pi}{T} \cdot t$ ist zu den Zeitpunkten $t=T$, $t=2T$, $t=3T$ jeweils ein Vielfaches von 2π, d. h. die Sinuskurve beginnt dort jeweils mit einer neuen Periode (Abb. 101).

Abb. 101: Nach jeweils einer Periodenlänge T wird wieder die gleiche Schwingungsphase erreicht. Die maximale Abweichung von der Nulllinie ist die Amplitude $\hat{y}$. Mithilfe dieser beiden Angaben kann die **harmonische Schwingung** einer Größe, die sich zum Zeitpunkt $t=0$ in der Ruhelage $y=0$ befindet, vollständig beschrieben werden.

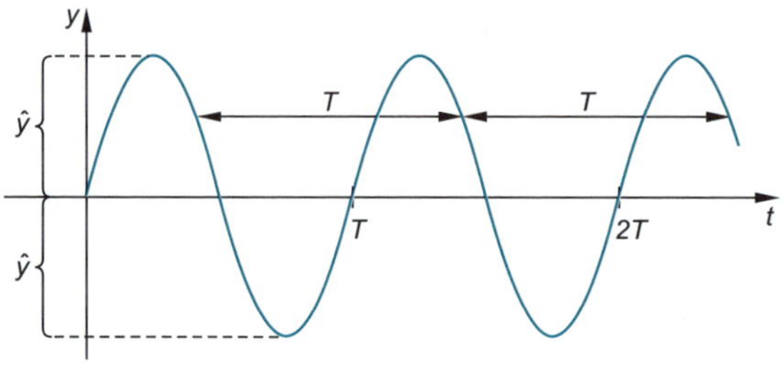

Abb. 101

Im allgemeinen Fall beliebiger Anfangsbedingung gilt:

> **Mathematische Beschreibung von harmonischen Schwingungen**
> Eine harmonisch schwingende Größe $y(t)$ ist durch Angabe der Amplitude $\hat{y}$, der Schwingungsdauer T bzw. der Frequenz f sowie der Phasenverschiebung φ vollständig bestimmt. Sie wird mathematisch durch eine Sinusfunktion beschrieben, deren Gleichung lautet:
> $$y(t) = \hat{y} \cdot \sin\left(\frac{2\pi}{T} \cdot t + \varphi\right) \quad \text{bzw.} \quad y(t) = \hat{y} \cdot \sin(2\pi \cdot f \cdot t + \varphi)$$
> Dabei gilt die Anfangsbedingung: $y(0) = \hat{y} \cdot \sin\varphi$

Wie kommt eine harmonische Schwingung zustande? Allgemein kann man zeigen, dass die Schwingungsfunktion $y(t)$ folgende Gleichung erfüllen muss:

$$y(t) = k \cdot \ddot{y}(t) \text{ mit } k<0$$

$\ddot{y}(t)$ ist dabei die zweite Ableitung der Funktion $y(t)$ nach der Zeit. Die physikalische Realisierung dieser mathematischen Bedingung in der Mechanik wird in Kapitel 7 ausgeführt; in Kapitel 8 finden sich Beispiele aus der Elektrik.

6.3 Exkurs: Heinrich Hertz (1857–1894)

Abb. 102 a: Portrait von Heinrich **Hertz**, der Entdecker der elektromagnetischen Wellen

Abb. 102 b: Ihm zu Ehren heißt der knapp 280 m hohe Fernmeldeturm in Hamburg Mitte **Heinrich-Hertz-Turm**.

Geboren wurde *Heinrich Rudolf Hertz* am 22. Februar 1857 als erstes Kind einer wohlhabenden Hamburger Familie. Heinrich Hertz war vielseitig begabt – Sprachen, Mathematik, Handwerk, alles schien ihm gleich gut zu liegen. Einzige Ausnahmen waren Gesang und Musik. In einem Lebenslauf formulierte er schon früh seine Ziele:

„Ich gedenke, wenn es mir gelingt, die Maturitätsprüfung zu bestehen, nach Frankfurt am Main zu gehen und dort ein Jahr bei einem preußischen Baumeister zu arbeiten, wie es für die spätere Ablegung vom Staatsexamen im Ingenieurfach erforderlich ist; nur in dem Falle, dass ich mich für diesen Beruf nicht geeignet zeigen sollte oder dass meine Neigung zu den Naturwissenschaften noch wachsen sollte, werde ich mich der reinen Wissenschaft widmen."

nach: Karl von Meÿenn (Hrsg.), Die großen Physiker, Bd. II, C. H. Beck, München, 1977, S. 122

Nach dem Abitur arbeitete Heinrich Hertz vom Frühjahr 1875 an tatsächlich ein Jahr bei der Hochbauinspektion in Frankfurt, um anschließend ein Ingenieurstudium am Polytechnikum in Dresden anzufangen. Nach dem Militärdienst begann er 1877 zunächst ein Ingenieurstudium an der „Königlich Bayerischen Technischen Hochschule", wechselte aber bald mit Erlaubnis seines Vaters zum Studium der Naturwissenschaften. Schon im folgenden Jahr zog er nach Berlin und studierte bei *Hermann von Helmholtz* (siehe Kap. 4, S. 56).

Helmholtz hatte zu dieser Zeit Preisaufgaben gestellt, mit denen die von Maxwell formulierte Theorie der elektrischen und magnetischen Felder experimentell überprüft werden sollte. Als er Hertz kennenlernte, erkannte er dessen große Begabung und regte ihn an, eine der Preisaufgaben zu lösen. Hertz konnte in einem gut ausgestatteten Labor experimentieren und erhielt am 3. August 1879 den Preis mit großem Lob zuerkannt. Mit einer Sondererlaubnis des Ministeriums wurde er zu Beginn des Jahres 1880, noch nicht einmal 23 Jahre alt, dort promoviert, drei Jahre später habilitierte er sich an der Christian-Albrechts-Universität Kiel und wurde schließlich als Nachfolger von *Ferdinand Braun* (siehe Braun'sche Röhre, Kap. 3, S. 24) als Professor nach Karlsruhe berufen. 1886 heiratete er Elisabeth Doll, mit der er zwei Töchter, Johanna und Mathilde, hatte. Johanna gab später seine Tagebücher und Erinnerungen heraus, Mathilde fertigte den Entwurf für eine Büste an, die 1925 im Ehrenhof der Universität Karlsruhe aufgestellt wurde.

Abb. 103: James Clerk **Maxwell**, Wilhelm **Weber** und Franz **Neumann** (von oben nach unten) hatten je eine Theorie zur Elektrodynamik formuliert. Hertz setzte sich mit ihren Theorien auseinander und kam so zur Entdeckung der elektromagnetischen Wellen.

Abb. 104: Die Anordnung im Hintergrund ist der Sender, mit dem Hertz **elektromagnetische Wellen** erzeugte. Die ringförmige Anordnung im Vordergrund ist der Empfänger. Beide Anordnungen enthalten jeweils eine Funkenstrecke.

In Karlsruhe machte Heinrich Hertz die Entdeckungen, die ihn berühmt werden ließen. Die Grundlagen zu seinen Untersuchungen bildete eine Kontroverse darüber, wie sich Veränderungen elektrischer und magnetischer Felder im Raum ausbreiten: *James Clerk Maxwell* (1831–1879), *Wilhelm Weber* (1804–1891) und *Franz Neumann* (1798–1895) hatten jeweils eine Theorie aufgestellt (Abb. 103). Hertz stellte in einer Abhandlung 1884 diese drei Theorien einander gegenüber, wobei er der Theorie Maxwells schon damals den Vorzug gab – sie ist bis heute die anerkannte mathematische Beschreibung elektromagnetischer Vorgänge. Seine genaue Analyse ließen ihn folgern, dass es elektromagnetische Wellen geben musste. Dies versuchte er experimentell nachzuweisen.

Im Oktober 1886 gelang ihm schließlich das entscheidende Experiment. Der Sender bestand aus zwei Metallstäben, an deren Enden jeweils Metallkugeln angebracht waren (Abb. 104). Die kleineren Metallkugeln bilden eine Funkenstrecke. Hertz erzeugte mithilfe eines Funkeninduktors eine hohe Spannung, die er beiderseits der Funkenstrecke anlegte. Die beiden großen Metallkugeln laden sich dadurch entgegengesetzt auf. Sobald ein Funke zwischen den Kugeln überspringt, besteht eine leitende Verbindung. Dabei gleichen die Ladungen sich aus und es kommt aufgrund der Selbstinduktion der Anordnung zu einer (stark gedämpften) elektromagnetischen Schwingung. In einiger Entfernung vom Sender stellte Hertz einen Drahtring auf, der an einer Stelle ebenfalls eine Funkenstrecke aufwies.

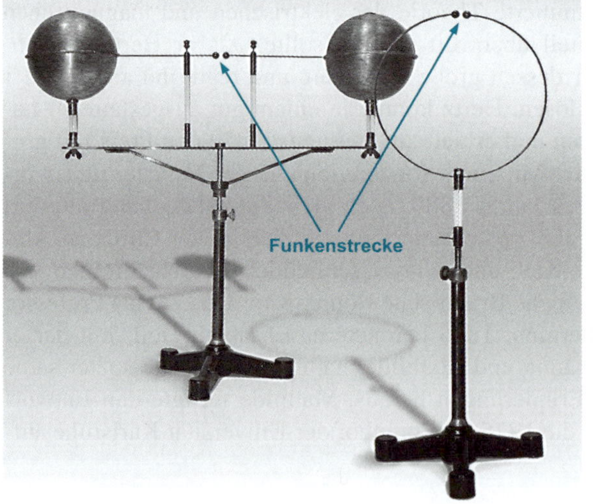

Abb. 104

Er konnte nun beobachten, dass praktisch gleichzeitig mit dem Funken am Sender auch beim Empfänger ein Funken entstand. Hertz konnte damit nachweisen, dass elektromagnetische Schwingungen sich im Raum ausbreiten – die Grundlage der modernen Kommunikationstechnik war gefunden.
Die **Entdeckung der elektromagnetischen Wellen** machten Heinrich Hertz schnell berühmt und mehrere Universitäten boten ihm Stellen an. 1889 wechselt er nach Bonn, wo er das Haus kaufte, in dem zuvor *Rudolph Clausius* (1822–1888) wohnte, der wegen seiner Forschungen in der Wärmelehre berühmt geworden war. Im Sommer 1892 erkrankte Hertz schwer; er starb am 1. Januar 1894, noch keine 37 Jahre alt. 1935 wurde die Einheit der Frequenz nach ihm benannt.

6.4 Exkurs: Fouriersynthese und Fourieranalyse

Jean Baptiste Joseph Fourier (1768–1830) stammte aus ärmlichen Verhältnissen. Sein bewegtes Leben führte ihn mit Napoleon nach Ägypten, wo er nach Napoleons Niederlage von den Engländern gefangen genommen wurde. Er konnte jedoch mit den Expeditionsberichten von Ägypten nach Frankreich zurückkehren. 1802 wurde er Präfekt des Departements Isère. In dieser Funktion konnte er die Trockenlegung der Sümpfe bei Lyon vollenden, an der man sich lange vergeblich abgemüht hatte. Dies trug dazu bei, dass die Malaria in dieser Gegend ausgerottet werden konnte. Die mathematischen Methoden, die heute seinen Namen tragen, waren eigentlich nur ein Abfallprodukt seiner Forschungen zur Theorie der Wärmeleitung. Er erkannte, dass sich sehr viele periodische Funktionen als Summe von geeigneten Sinus- bzw. Kosinusfunktionen darstellen lassen. Solche Summen nennt man heute **Fourierreihen** („Reihe“ ist in der Mathematik ein Ausdruck für eine endliche oder unendliche Summe, deren Summanden i. Allg. durch eine Regel angegeben werden können, z. B. $1^2+2^2+3^2+\ldots$) So ergibt sich etwa eine periodische Rechteckfunktion durch die Fourierreihe

Abb. 105: Jean Baptiste Joseph **Fourier** entwickelte im Rahmen seiner Untersuchungen zur Wärmeleitung die heute nach ihm benannten mathematischen Reihen.

$$y(t)=\sin(\omega\cdot t)+\tfrac{1}{3}\sin(3\omega\cdot t)+\tfrac{1}{5}\sin(5\omega\cdot t)+\tfrac{1}{7}\sin(7\omega\cdot t)+\ldots$$

Die Anzahl der Summanden ist hier unendlich. In Abb. 106 a ist deutlich zu erkennen, wie sich schon nach wenigen Summanden eine gute Annäherung an die Rechteckform ergibt. Das Verfahren, periodische Funktionen aus Sinus- und Kosinusfunktionen zusammenzusetzen, heißt **Fouriersynthese**.

Abb. 106: Frequenzanalyse einer periodischen **Rechteckfunktion**

a: Darstellung durch eine (unendliche) **Fourierreihe**

$$y(t) = \sin(\omega \cdot t) + \frac{1}{3}\sin(3\omega \cdot t) + \frac{1}{5}\sin(5\omega \cdot t) + \frac{1}{7}\sin(7\omega \cdot t) + \ldots$$

Das Diagramm zeigt die Kurven, wie sie sich ergeben, wenn man nur zwei, fünf oder zehn Summanden der Fourierreihe berücksichtigt. Zu erkennen ist, wie mit größerer Anzahl der Summanden die Abweichung von der Rechteckform abnimmt.

b: **Frequenzspektrum** der Rechteckschwingung. Es tauchen nur ungeradzahlige Vielfache der Grundfrequenz auf. Die Amplitude der Sinusschwingung der dreifachen Frequenz beträgt dabei ein Drittel der Amplitude bei der Grundfrequenz usw. (vgl. Reihenvorschrift bei a).

Abb. 107: **Audiosignal** eines realen Musikstücks

a: **Zeitlicher Verlauf** der elektrischen Signale, die dann das Musikstück aus dem Lautsprecher ertönen lassen.

b: Ergebnis der **schnellen Fourier-Transformation** der Messwerte aus dem markierten Bereich des Diagramms a mit 2048 Stützstellen. Deutlich zu erkennen sind Frequenzen mit besonders großer Amplitude, die jeweils den gleichen Frequenzabstand zueinander haben – hier etwa 500 Hz. Die Grundfrequenz beträgt also etwa 500 Hz.

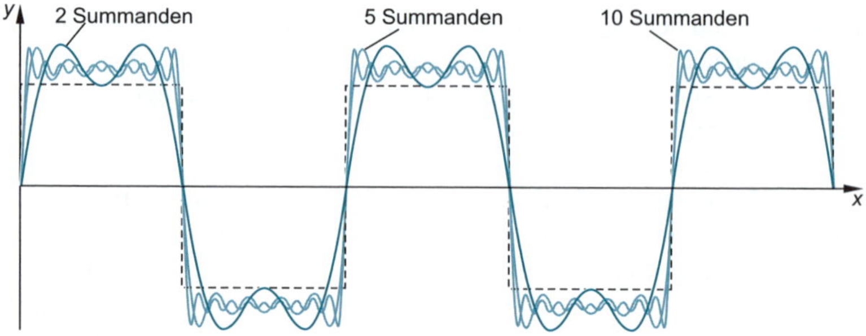

Abb. 106 a

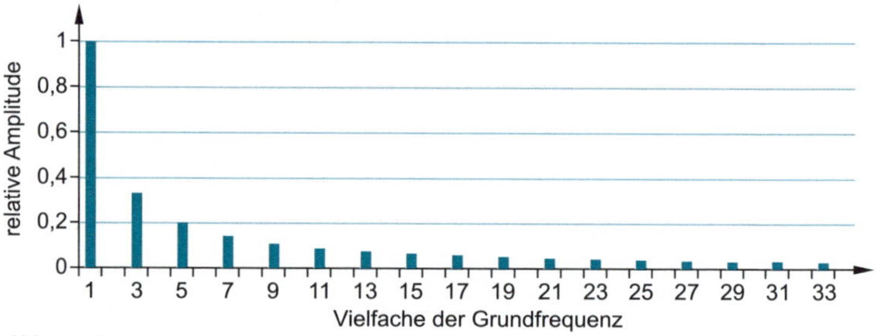

Abb. 106 b

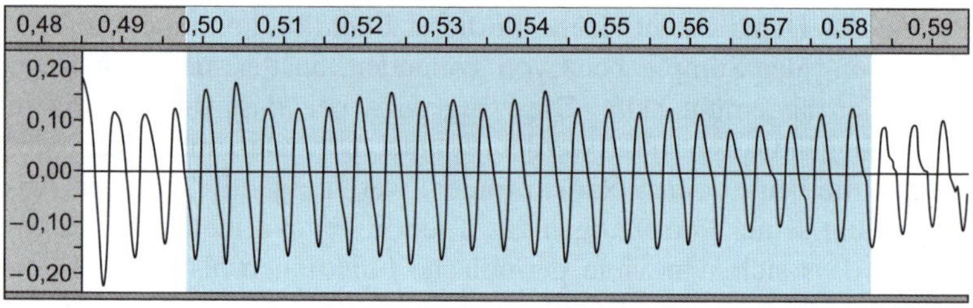

Abb. 107 a

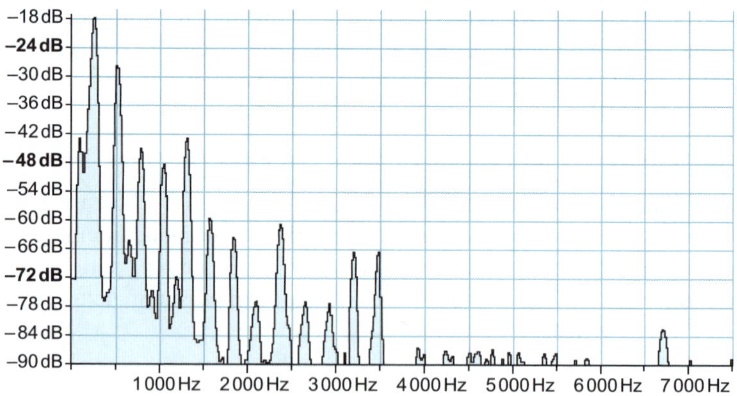

Abb. 107 b

Heute bieten viele Computerprogramme, mit denen man Audio-Dateien verarbeiten kann, die Möglichkeit, sich das **Frequenzspektrum** anzeigen zu lassen. Dies hängt direkt mit der Entdeckung Fouriers zusammen: Das Frequenzspektrum gibt an, welche Frequenzen bei den einzelnen Summanden einer Fourierreihe auftreten und mit welcher Amplitude sie das tun. Bei einigen Funktionen kennt man dieses Frequenzspektrum (z. B. bei einer Rechteckschwingung, Abb. 106 b).

Bei den meisten periodischen Vorgängen muss man die Frequenzen und die Amplituden erst bestimmen, also eine **Fourieranalyse** vornehmen. Das mathematische Verfahren dazu heißt **Fourier-Transformation**; sehr häufig wird dabei die **Schnelle Fourier Transformation** (FFT – **F**ast **F**ourier **T**ransformation) eingesetzt. Man unterteilt dazu die Zeitspanne, für die Daten vorliegen, in gleich große Intervalle, wobei die Anzahl der Intervalle $2^n - 1$ sein muss. Dadurch ergeben sich insgesamt 2^n Zeitpunkte, durch die diese Intervalle begrenzt werden – man nennt sie „Stützstellen“. Aus den Messwerten zu diesen Zeitpunkten lassen sich die Frequenzen berechnen, aus denen die untersuchte periodische Funktion zusammengesetzt werden kann. Durch die spezielle Wahl der Stützstellenanzahl vermeidet man bei dem Rechenvorgang, dass Zwischenergebnisse doppelt berechnet werden müssen. In Abb. 107 ist das Ergebnis einer solchen Frequenzanalyse dargestellt.

7 Mechanische Schwingungen

7.1 Federpendel – Kraftgesetz und Resonanz

Ein beliebtes Spielzeug sind Holzfiguren, die an einer Schraubenfeder auf- und abpendeln. Einmal aus ihrer Ruheposition gebracht, schwingt ein solches **Federpendel** zwischen seinen zwei Umkehrpunkten hin und her, wobei immer die gleiche Zeitspanne verstreicht, bis die Figur vom einen Umkehrpunkt bis zum anderen Umkehrpunkt und wieder zurück geschwungen ist. Die Bewegung des Federpendels kann durch die Angabe der Ortskoordinaten $y(t)$ beschrieben werden, die das Pendel beim Schwingen durchläuft. Erstellt man mit den gemessenen Werten ein t-y-Diagramm, so ergibt sich (im Idealfall, d. h. ohne Reibung) eine Sinuskurve (Abb. 108).

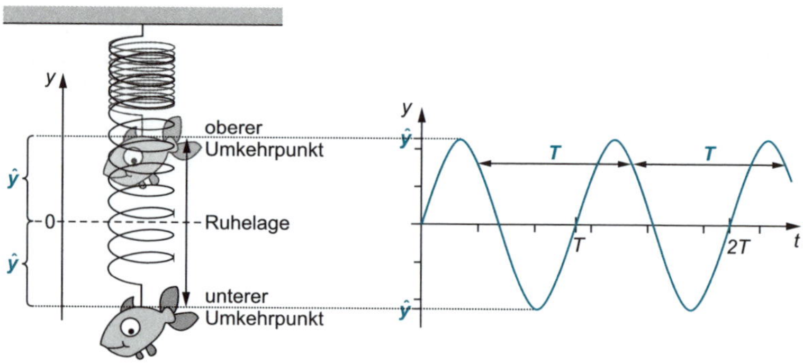

Abb. 108 a

Abb. 108 b

Abb. 108 Federpendel

a: Der hölzerne Fisch pendelt periodisch auf und ab, nachdem man ihn aus der Ruhelage ausgelenkt hat. An den beiden Umkehrpunkten wird die maximale Auslenkung $\hat{y}$ aus der Ruhelage erreicht, diese nennt man **Amplitude**. Die beiden Umkehrpunkte liegen symmetrisch zur Ruhelage. Die Zeitspanne für eine einzelne Hin- und Herbewegung, die **Periodendauer** T, ist unabhängig von der Amplitude; diese Eigenschaft nennt man **Isochronismus**.

b: Das ***t-y*-Diagramm** der Pendelschwingung ergibt eine **Sinuskurve**. Die Koordinatenachsen wurden dabei so gewählt, dass ihr Nullpunkt mit der Ruhelage des Pendels zusammenfällt. Die Beobachtung startete zu dem Zeitpunkt, als der hölzerne Fisch sich gerade am Nullpunkt befand und nach oben bewegte. Nach jeweils einer Periodendauer T befindet sich das Pendel wieder in der gleichen Schwingungsphase.

Von den Newton'schen Gesetzen her weiß man, dass das Kraftgesetz die Bewegungsform bestimmt. Für Schraubenfedern kennt man das Kraftgesetz schon, seit *Robert Hooke* (1635–1703) im Jahr 1678 das nach ihm benannte Gesetz formulierte (Abb. 109).

Hooke'sches Gesetz

Es gibt Gegenstände (z. B. Schraubenfedern), die sich elastisch verformen lassen und bei denen der Betrag der Kraft und die dadurch bewirkte Verformung direkt proportional zueinander sind:

$F = D \cdot \Delta s$

Darin bezeichnen

- F die dehnende **Kraft**;
- D die **Federhärte**, eine Kenngröße der Feder (Einheit $([D] = 1\,\frac{\text{N}}{\text{m}})$;
- Δs die **Dehnung**, d. h. die Verlängerung *oder* Verkürzung der Feder.

Anmerkungen:

- Das Gesetz gilt nicht nur für Dehnungen, sondern auch für Stauchungen.
- Auch wenn eine Feder schon „vorgespannt" ist (z. B. indem ein Gegenstand an ihr angehängt wurde), gilt für die *zusätzliche* Dehnung aus dieser vorgespannten Lage ebenfalls das Hooke'sche Gesetz (bei gleicher Federhärte). Dies ist leicht einzusehen:
  Δs_1 sei die schon vorhandene Dehnung durch die Kraft F_1. Dafür gilt: $F_1 = D \cdot \Delta s_1$. Die *zusätzlich* wirkende Kraft sei F_2, die *zusätzliche* Dehnung Δs_2. Die Feder wird also insgesamt durch die Kraft $F_1 + F_2$ um die Strecke $\Delta s_1 + \Delta s_2$ gedehnt. Hierfür gilt:
  $$F_2 + F_1 = D \cdot (\Delta s_2 + \Delta s_1) = D \cdot \Delta s_1 + D \cdot \Delta s_2$$
  Nach Voraussetzung ergibt sich somit:
  $$F_2 + D \cdot \Delta s_1 = D \cdot \Delta s_1 + D \cdot \Delta s_2 \quad \Rightarrow \quad F_2 = D \cdot \Delta s_2$$

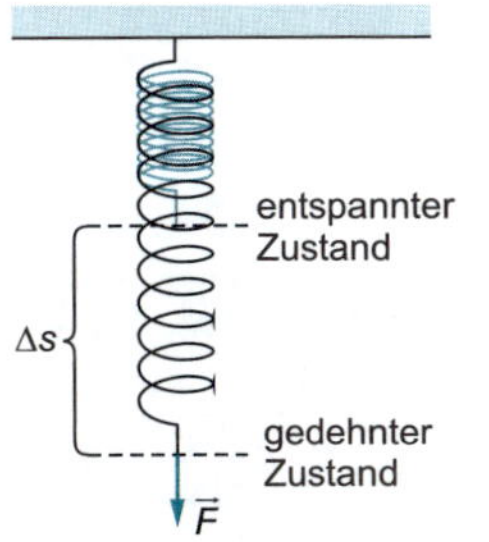

Abb. 109: Hooke'sches Gesetz

Das Hooke'sche Gesetz besagt also, dass Kraft und Dehnung zueinander direkt proportional sind. Damit erhält man eine bedeutsame Folgerung:

Harmonische Schwingung und Kraftgesetz
Wird ein Gegenstand aus einer Ruhelage ausgelenkt und wirkt dann eine rücktreibende Kraft, deren Betrag direkt proportional zur Auslenkung ist, so führt der Gegenstand nach dem Loslassen eine harmonische Schwingung aus.

Dieser Sachverhalt lässt sich auch streng mathematisch unter Verwendung der Differenzialrechnung und des zweiten Newton'schen Gesetzes nachweisen:

- Die **Geschwindigkeit** v eines Körpers ist die Änderung des Orts je Zeitspanne. Mathematisch lässt sich dies beschreiben als die Ableitung der Ortsfunktion $y(t)$ nach der Zeit:
  $$v(t) = \frac{d}{dt}\, y(t) = \dot{y}$$
- Die **Beschleunigung** a eines Gegenstandes ist die Änderung der Geschwindigkeit je Zeitspanne, also die Ableitung der Geschwindigkeitsfunktion $v(t)$ nach der Zeit:
  $$a(t) = \frac{d}{dt}\, v(t) = \dot{v}$$
  Die Beschleunigungsfunktion ist somit die zweite Ableitung der Ortsfunktion nach der Zeit:
  $$a(t) = \ddot{y}(t)$$

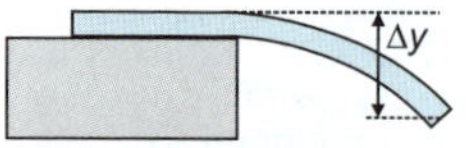

Abb. 110 a: Eine frei schwingende **Blattfeder** führt eine harmonische Schwingung aus. Am bekanntesten sind wohl die Zungen einer Spieluhr, die durch die Stifte auf der Walze kurz aus ihrer Ruhelage ausgelenkt werden und dann frei schwingen. Die Länge der Zungen bestimmt deren jeweilige Tonhöhe.

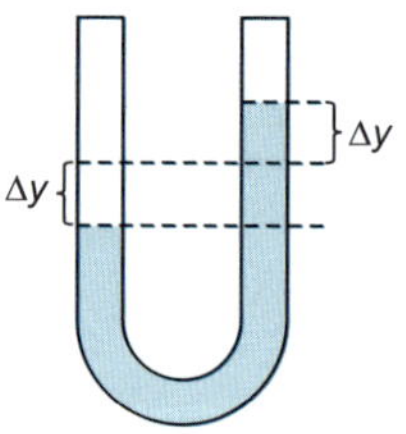

Abb. 110 b: Eine **Flüssigkeitssäule** in einem U-Rohr schwingt ebenfalls harmonisch. Die rücktreibende Kraft ist die Gewichtskraft, die auf die überstehende Flüssigkeitssäule wirkt:

$$F_G = \rho_{Fl} \cdot A \cdot (2\Delta y) \cdot g = 2\rho_{Fl} \cdot g \cdot A \cdot \Delta y$$

ρ_{Fl}: Dichte der Flüssigkeit
A: Querschnittsfläche
g: Ortsfaktor

Die Schwingung der Flüssigkeitssäule ist allerdings aufgrund der großen Reibung stark gedämpft.

- Aus dem zweiten Newton'schen Gesetz und dem Hooke'schen Gesetz ergibt sich nun (statt $\Delta y(t)$ steht hier $y(t)$, weil für die Berechnung die Bewegung zum Zeitpunkt $t=0$ bei $y=0$ beginnt):

  $$-D \cdot y(t) = m \cdot \ddot{y}(t) \qquad (*)$$

  Das Minuszeichen bei $F = -D \cdot \Delta y$ rührt daher, dass die Kraft F diejenige ist, die die Feder *auf den schwingenden Gegenstand* ausübt. Beim Hooke'schen Gesetz hingegen bedeutet F die Kraft, die *auf die Feder* wirkt. Wird z. B. der Gegenstand nach unten gezogen, ist (per definitionem) y negativ, die Kraft auf den Gegenstand zeigt aber nach oben, F ist also positiv zu rechnen.
- Die harmonische Schwingung $y(t) = \hat{y} \cdot \sin(2\pi \cdot f \cdot t)$ ist eine Lösung der Gleichung (∗), wie sich durch Einsetzen zeigt:

  $$-D \cdot \hat{y} \cdot \sin(2\pi \cdot f \cdot t) = m \cdot \hat{y} \cdot \big(-\sin(2\pi \cdot f \cdot t)\big) \cdot 4\pi^2 \cdot f^2$$

  Die Gleichung (∗) ist für alle Zeiten t erfüllt, wenn gilt:

  $$f^2 = \frac{D}{4\pi^2 \cdot m}$$

Die Frequenz des Pendels wird also allein durch die Federhärte und die Masse des angehängten Gegenstands bestimmt. Eine Vervierfachung der Masse bewirkt eine Halbierung der Schwingungsfrequenz, eine Vervierfachung der Federhärte bewirkt eine Verdoppelung der Frequenz.

Frequenz eines Federpendels

Die Frequenz f eines Federpendels lässt sich berechnen durch:

$$f = \frac{1}{2\pi} \cdot \sqrt{\frac{D}{m}}$$

Darin bezeichnen
- D die Federhärte;
- m die Masse des angehängten Gegenstands.

Auch bei Blattfedern und Flüssigkeitssäulen in einem U-Rohr gilt das Kraftgesetz $F = -D \cdot y$, sodass diese harmonische Schwingungen ausführen (Abb. 110).
Aus der Funktionsgleichung $y(t) = \hat{y} \cdot \sin(2\pi \cdot f \cdot t)$ lassen sich durch Ableiten nach der Zeit Geschwindigkeit und Beschleunigung bestimmen. Abb. 111 zeigt grafisch die zeitlichen Verläufe dieser drei Größen in einem Diagramm; sie führen alle drei eine Schwingung mit der gleichen Frequenz aus.

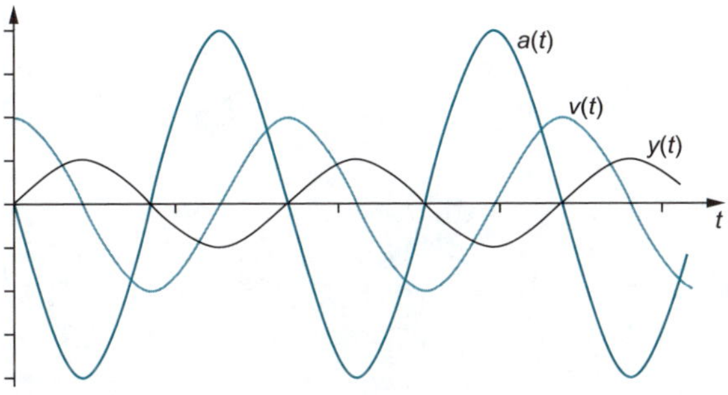

Abb. 111

Abb. 111: Zeitverläufe des **Orts $y(t)$**, der **Geschwindigkeit $v(t)$** und der **Beschleunigung $a(t)$** eines harmonisch schwingenden Körpers. Zu den Zeitpunkten, zu denen die Auslenkung dem Betrag nach am größten ist, ist die Geschwindigkeit null und die Beschleunigung dem Betrag nach am größten – das ist an den Umkehrpunkten der Fall. Beim Durchgang durch die Ruhelage ist die Beschleunigung null und die Geschwindigkeit dem Betrag nach am größten.

Die Funktion von Zungenfrequenzmessern (Abb. 112) beruht auf dem Phänomen der **Resonanz**. Dabei wird ein schwingungsfähiges System von außen periodisch angeregt. Ist die Anregungsfrequenz weit von der Frequenz entfernt, mit der das System frei schwingen würde – der sogenannten **Eigenfrequenz –**, bleibt die Amplitude klein. Anschaulich gesprochen: Bei geringen Frequenzen folgt das angeregte System aufgrund der Trägheit der Bewegung des anregenden Systems. Bei hohen Frequenzen wiederum kann es der Anregungsbewegung nicht folgen, die Amplitude bleibt klein. Bei Annäherung an die Eigenfrequenz wird die Amplitude immer größer und es kommt bei geringer Dämpfung (d. h. wenig Energieabgabe nach außen) zur **Resonanzkatastrophe**.

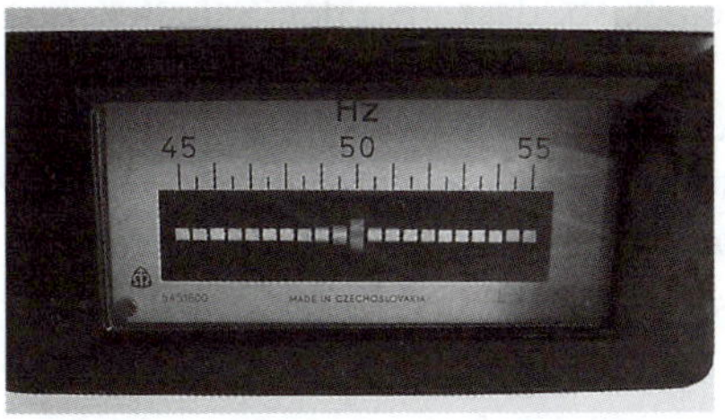

Abb. 112 a

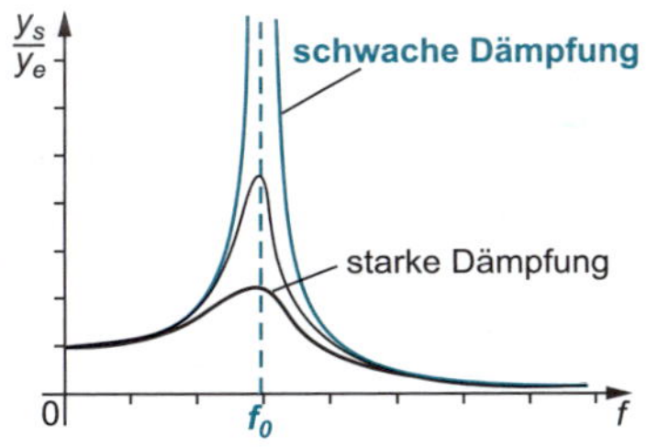

Abb. 112 b

Abb. 112: Resonanz

a: Beim **Zungenfrequenzmesser** werden Blattfedern („Zungen") verschiedener Eigenfrequenz von außen periodisch angeregt. Stimmen Anregungs- und Eigenfrequenz einer Blattfeder überein, kommt es zur Resonanz.

b: Die **Resonanzkurve** gibt das Verhältnis der Amplitude der erzwungenen Schwingung zur anregenden Schwingung in Abhängigkeit von der Anregungsfrequenz wieder. Bei der Eigenfrequenz des angeregten Systems steigt die Amplitude je nach Dämpfung stark an.

Bei Brücken liegen die Eigenfrequenzen im Bereich von wenigen Hertz; in diesem Bereich liegen auch Frequenzen, die z. B. eine marschierende Kompanie erreicht. Deshalb ist es nicht ratsam, Brücken im Gleichschritt zu überqueren. So musste man beispielsweise bei der **Millenium Bridge** in London schon bald nach der Eröffnung feststellen, dass die Passanten unbewusst ihre Bewegungen synchronisieren, was zu unangenehmen Schwingungen führte. Berühmt ist die Resonanzkatastrophe bei der **Tacoma Narrow Bridge**. Sie wurde durch periodische Windböen so stark in Schwingungen versetzt, dass sie schließlich einstürzte (Abb. 113).

Abb. 113 a

Abb. 113 b

Abb. 113: Resonanzkatastrophen

a: Die **Tacoma Narrow Bridge** wurde am 1. Juli 1940 eröffnet und war damals die drittlängste Brücke der Welt. Die Konstrukteure wollten zeigen, wie leicht man mit modernen Materialien Brücken bauen konnte. Allerdings berücksichtigten sie damals noch nicht, dass wegen der leichten Bauweise die Brücke auch schnell zu Schwingungen angeregt werden konnte. Dies zeigte sich bald nach der Eröffnung: Es wurden Amplituden bis zu einem Meter erreicht, sodass die Brücke den Spitznamen **Galloping Gertie** bekam. Am 7. November 1940 schaukelten sich die Schwingungen aufgrund von Windböen so hoch, dass die Brücke schließlich einstürzte.

b: Die Londoner **Millenium Bridge** hatte zunächst ebenfalls Schwingungsprobleme. Ihre Eigenfrequenz lag nahe an der Schrittfrequenz von Fußgängern, sodass es zu unangenehmen Schaukelbewegungen kam. Erst der Einbau von 91 Dämpfungselementen löste dieses Problem.

Der Einsturz der Brücke bewirkte, dass seither bei der Konstruktion von Brücken und anderen Bauwerken nicht nur das statische, sondern auch das dynamische Verhalten berechnet wird.

7.2 Harmonische Schwingung und Kreisbewegung

Ein interessanter Zusammenhang besteht zwischen einer gleichmäßigen Kreisbewegung und der Schwingung eines Federpendels, der sich experimentell darstellen lässt. Dazu befestigt man eine Kugel auf einer Kreisscheibe und lässt diese gleichmäßig rotieren. Daneben hängt man ein Federpendel und beleuchtet beides so, dass man den Schattenwurf auf der Wand beobachten kann (Abb. 114). Stellt man die Umdrehungszahl der Kreisscheibe geeignet ein, bewegen sich die Schattenrisse von Kugel und Federpendel synchron. Betrachtet man diese Anordnung von der Seite (Abb. 115), kann man sich diesen Sachverhalt leicht klarmachen. Zur einfacheren Beschreibung wird der Begriff „Winkelgeschwindigkeit“ eingeführt:

Winkelgeschwindigkeit

Die Winkelgeschwindigkeit ω gibt das Verhältnis von überstrichenem Winkel $\Delta\varphi$ eines kreisenden Körpers zu der hierfür nötigen Zeit Δt an:

$$\omega = \frac{\Delta\varphi}{\Delta t} = \frac{2\pi}{T}$$

Die Einheit der Winkelgeschwindigkeit ist $[\omega] = 1\ s^{-1}$.

Hinweis: Die Einheit der Winkelgeschwindigkeit $1\ s^{-1}$ wird *nicht* mit Hertz (Hz) bezeichnet! Diese Bezeichnung verwendet man ausschließlich für Zahlenangaben der physikalischen Größe Frequenz.

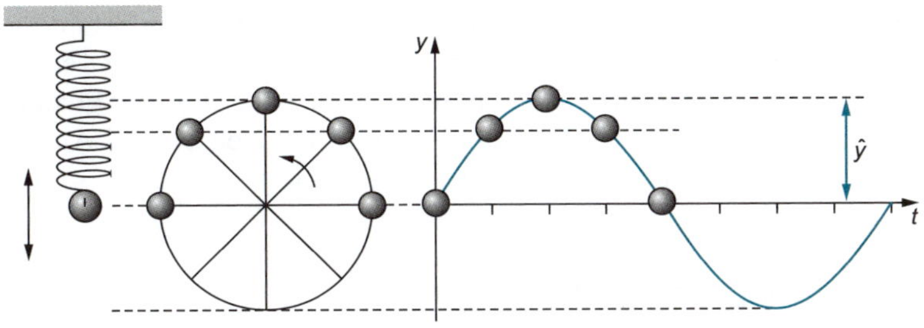

Abb. 114 b

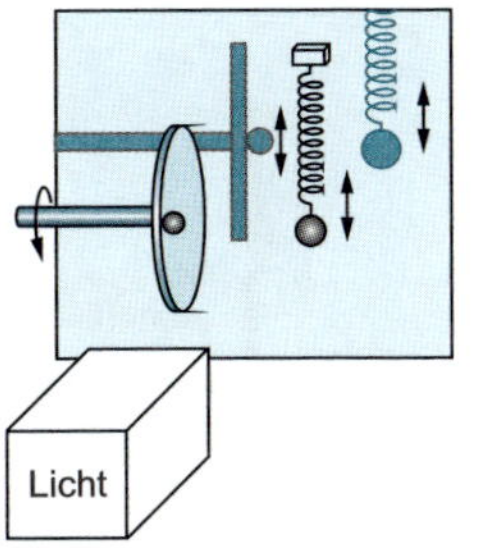

Abb. 114 a

Abb. 114

a: **Federpendel** und **kreisende Kugel** werden so beleuchtet, dass sich ein Schattenwurf auf der Wand ergibt.

b: Der Punkt auf der Kreisscheibe rotiert mit konstanter Winkelgeschwindigkeit ω, d. h., dass in jeweils der gleichen Zeitspanne sich die Scheibe um den gleichen Winkel dreht. Die Scheibe ist hier in gleich große Winkelabschnitte unterteilt; diese entsprechen gleich großen Zeitabschnitten im t-y-Diagramm. Die markierten Punkte erscheinen daher nach jeweils der gleichen Zeitspanne. Im Diagramm ergibt sich eine **Sinuskurve**.

Mathematisch bedeutet eine konstante Winkelgeschwindigkeit, dass der überstrichene Winkel direkt proportional zur verstrichenen Zeitspanne ist. Startet man zum Zeitpunkt $t=0$ beim Winkel $\varphi=0$, so gilt: $\varphi(t)=\omega \cdot t$. Die y-Koordinate der Kreisbewegung ist dann $y=r \cdot \sin\varphi$, d. h.:

$$y(t) = r \cdot \sin(\varphi(t)) = r \cdot \sin(\omega \cdot t)$$

Damit ist mathematisch nachgewiesen, dass die Projektion der Kreisbewegung in y-Richtung durch eine Sinusfunktion beschrieben wird; sie führt also eine harmonische Schwingung aus. Man erkennt leicht, dass dies aus Symmetriegründen auch für die x-Koordinate gilt, allerdings mit einer Phasenverschiebung von $\frac{\pi}{2}$. Bei gleichen Startbedingungen gilt also:

$$x(t) = r \cdot \cos(\omega \cdot t)$$

Vergleicht man die Formeln für die Schwingung des Federpendels (1) und die y-Koordinate der Kreisbewegung (2), ergibt sich:

$$\left.\begin{aligned} &(1)\quad y(t) = \hat{y} \cdot \sin\left(\tfrac{2\pi}{T} \cdot t\right) = \hat{y} \cdot \sin(2\pi \cdot f \cdot t) \\ &(2)\quad y(t) = r \cdot \sin(\varphi(t)) = r \cdot \sin(\omega \cdot t) \end{aligned}\right\} \Rightarrow r = \hat{y} \text{ und } \omega = 2\pi \cdot f$$

Der Radius der Kreisscheibe muss so groß sein wie die Amplitude der Pendelschwingung und die Winkelgeschwindigkeit ist gerade das 2π-Fache der Frequenz des Pendels. Dies ist auch logisch: Sieht man die Kreisbewegung als periodische Bewegung an, so kann man die Frequenz als Anzahl der Umdrehungen je Zeiteinheit definieren. Ist die Frequenz dann 1 Hz, so dreht sich die Scheibe in einer Sekunde einmal vollständig herum. Die Kugel auf der Scheibe hat in dieser Zeitspanne dann den Winkel 2π überstrichen, die Winkelgeschwindigkeit ist damit $2\pi\ s^{-1}$.

Mit diesem Zusammenhang lassen sich harmonische Schwingungen (Sinus- bzw. Kosinusfunktionen) immer als **Projektionen** entsprechender Kreisbewegungen darstellen. Dies verwendet man z. B. bei der Veranschaulichung von Wechselspannungen und Wechselströmen (siehe Abschnitt 8.2, Zeigerdiagramme, S. 97). Umgekehrt ergibt die Überlagerung zweier Schwingungen, die senkrecht zueinander verlaufen und gleiche Frequenz und Amplitude haben, bei geeigneter Phasenlage eine Kreisbewegung. Bei verschiedenen Frequenzen und Amplituden ergeben sich **Lissajous-Figuren** (siehe Exkurs, S. 92).

7.3 Schwingungen und Energie

Beim Federpendel tritt Energie in drei Formen auf: als **Höhenenergie**, **Spannenergie** und **Lageenergie**. Während der Schwingung findet eine ständige Umwandlung zwischen diesen Energieformen statt. Abb. 115 zeigt diesen Wechsel, wie er sich im Idealfall (d. h. ohne Reibung) aus der mathematischen Beschreibung einer harmonischen Schwingung ergibt. Dabei wurde als Nullniveau für die Höhenenergie die Ruhelage gewählt.

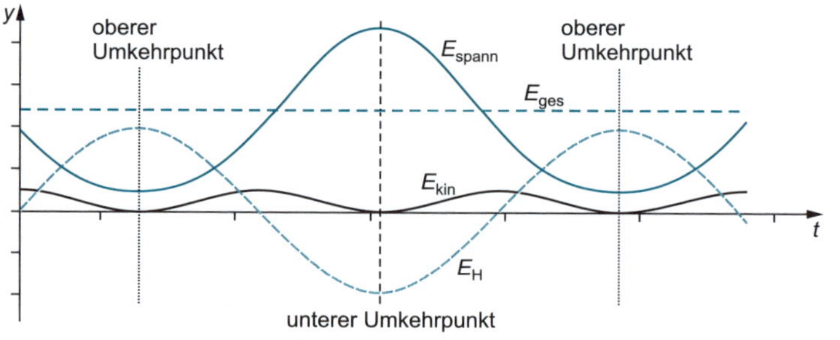

Abb. 115

Abb. 115: Zeitverlauf der beim Federpendel auftretenden Energieformen. Die Gesamtenergie bleibt während des gesamten Schwingungsvorgangs gleich. Spannenergie und Höhenenergie ändern sich gerade gegenläufig, während die kinetische Energie sich mit doppelter Frequenz ändert. Zu den Zeiten, zu denen die kinetische Energie minimal ist, haben Spann- und Höhenenergie gerade ihre Extremwerte. Wenn die Höhenenergie null ist, ist die kinetische Energie gerade maximal – dies hängt mit der Festlegung des Nullniveaus für die Höhenenergie zusammen.

Zu beachten ist, dass der größte Wert der Spannenergie am unteren Umkehrpunkt erreicht wird. Hier muss berücksichtigt werden, dass die Feder durch die Gravitationskraft, die auf den Pendelkörper wirkt, in der Ruhelage schon gedehnt ist, also Spannenergie enthält.

7.4 Fadenpendel – Schwingungen und Kraftgesetz

Schaukeln sind – wenn man sie idealisiert betrachtet – Vertreter des Typs Fadenpendel. Wie das Federpendel schwingen sie zwischen zwei Umkehrpunkten hin und her. Allerdings benötigt man zur Beschreibung des Bewegungsablaufs in einem kartesischen System zwei Koordinaten $(x(t) \mid y(t))$, alternativ beschreibt man das Fadenpendel nur durch den Auslenkwinkel φ (Abb. 116 a).

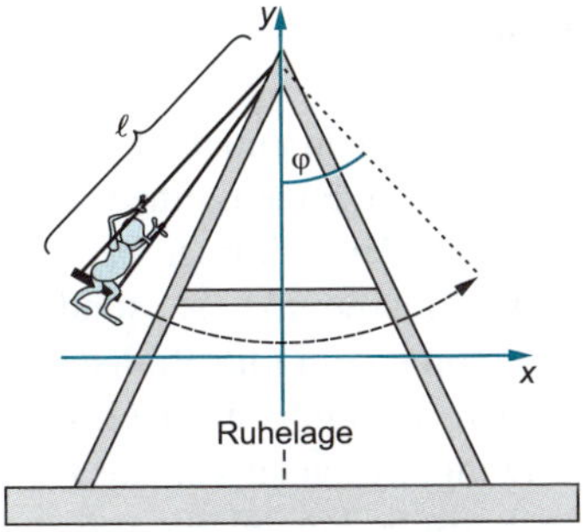

Abb. 116 a

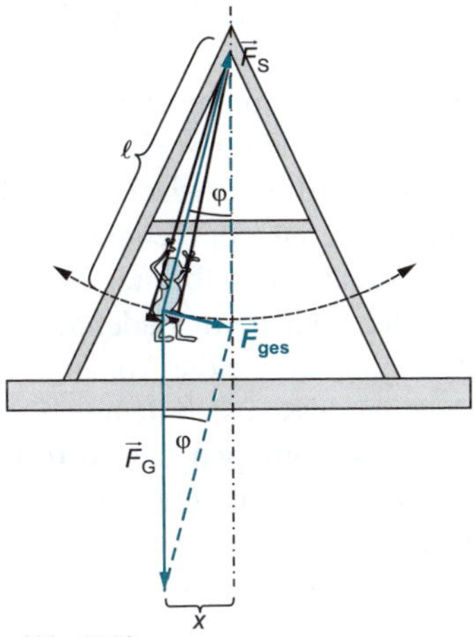

Abb. 116 b

Abb. 116: Kinderschaukel als Beispiel für ein Fadenpendel

a: Die Bewegung der Schaukel wird durch die Ortskoordinaten $(x(t) \mid y(t))$ beschrieben. Das **Koordinatensystem** wurde so gewählt, dass der Ursprung mit der Ruhelage der Schaukel zusammenfällt. Für die Koordinaten in waagrechter Richtung gilt:

$x(t) = \ell \cdot \sin \varphi$

b: Die Gravitationskraft $\vec{F}_G$ wirkt auf die schaukelnde Person nach unten, gleichzeitig üben die Schaukelseile die Kraft $\vec{F}_S$ auf sie aus. Die Gesamtkraft $\vec{F}_{ges}$ hat dann stets eine Richtung tangential zu der Kreisbahn, die die Schaukel beschreibt. Da die drei Kraftpfeile ein rechtwinkliges Dreieck bilden, gilt:

$F_{ges} = -F_G \cdot \sin \varphi$

Für kleine Winkel ($\varphi < 15°$) verläuft $\vec{F}_{ges}$ nahezu waagrecht, sodass man die Beschleunigung der Schaukel mit $\ddot{x}$ ansetzen darf:

$m \cdot \ddot{x} = -m \cdot g \cdot \sin \varphi$

Wegen $x = \ell \cdot \sin \varphi$ folgt als **Schwingungsgleichung**:

$\ddot{x} = -\frac{g}{\ell} \cdot x$

Die Beschleunigung ist in diesem Fall also proportional zu x, die Schwingung daher harmonisch.

Beim Aufstellen des Kraftgesetzes stellt man fest, dass die rücktreibende Kraft nur für kleine Auslenkwinkel ($\varphi < 15°$) proportional zur Auslenkung ist; nur in diesem Fall schwingt das Fadenpendel harmonisch (Abb. 116 b). Die Schwingungsdauer ergibt sich dann analog zum Federpendel.

Schwingungsdauer eines Fadenpendels

Die Schwingung eines Fadenpendels der Länge ℓ verläuft bei kleinen Auslenkwinkeln harmonisch. Die Schwingungsdauer ist (g: Ortsfaktor)

$$T = 2\pi \cdot \sqrt{\frac{\ell}{g}}.$$

Die Frequenz ist entsprechend

$$f = \frac{1}{2\pi}\sqrt{\frac{g}{\ell}}.$$

Ein **Sekundenpendel** benötigt definitionsgemäß für eine Halbschwingung 1 Sekunde, es hat demnach eine Länge von knapp einem Meter:

$$\ell = \frac{T^2}{4\pi^2} \cdot g = \frac{(2\,\text{s})^2}{4\pi^2} \cdot 9{,}81\,\frac{\text{m}}{\text{s}^2} \approx 99{,}4\,\text{cm}$$

Anmerkung: Das Minuszeichen in der Kraftgleichung $\ddot{x} = -\frac{g}{\ell} \cdot x$ ergibt sich formal daraus, dass der Winkel φ bei Auslenkung nach links gemäß mathematischer Vereinbarung einen negativen Wert hat (hängt die Schaukel senkrecht nach unten, gilt $\varphi = 0$). Die Kraft $\vec{F}_{ges}$ zeigt nach rechts, ist also positiv orientiert. Physikalisch drückt sich darin der Umstand aus, dass die Kraft *rücktreibend* ist, die Schaukel also stets in Richtung der Ruhelage „zieht“.

7.5 Exkurs: Das physikalische Pendel

Abb. 117: Stabilisierung der Pendellängen bei **Präzisionspendeluhren**. Die hellen Stangen und die dunklen Stangen (Skizze) sind aus verschiedenen Materialien. Die Längen der Stangen und das Material sind so gewählt, dass sich bei Temperaturänderungen der Abstand des Pendelkörpers von der Drehachse nicht ändert. Pendel dieser Bauart nennt man **Rostpendel**.

Reale Pendel unterscheiden sich vom Modell „Fadenpendel" dadurch, dass zum einen statt eines masselos angenommenen Fadens eine massive Verbindung zwischen Aufhängepunkt und Pendelkörper besteht, zum anderen der Pendelkörper selbst kein Massepunkt ist, sondern eine Ausdehnung besitzt. Man spricht daher von einem **physikalischen Pendel**. Die beim Fadenpendel gewonnenen grundlegenden Gesetzmäßigkeiten wie die Abhängigkeit der Schwingungsdauer von der Pendellänge lassen sich dennoch auf das physikalische Pendel übertragen.
Bei **Präzisionspendeluhren** wusste man schon lange um den Einfluss der Längenänderung von Pendeln auf die Schwingungsdauer. Das Hauptproblem, das dabei auftauchte, waren die unterschiedlichen Temperaturen, denen diese Uhren ausgesetzt waren. Die thermischen Längenänderungen der Pendelstangen glich man durch eine besondere Konstruktion des Pendelarms aus (Abb. 117). Die hellen Stangen drücken den unteren Querbalken bei Temperaturerhöhung nach unten, die dunklen Stangen den mittleren Querbalken nach oben. So kann man erreichen, dass der Pendelkörper im gleichen Abstand von der Drehachse bleibt.
Physikalische Pendel lassen sich besser beschreiben, wenn man ihre Schwingung als Drehbewegung auffasst. Die Gesetze, die für Drehbewegungen gelten, sind ähnlich strukturiert wie die Gesetze für geradlinige Bewegungen.

Dreh- und geradlinige Bewegungen: Gesetze und Begriffe

In der Tabelle sind einander entsprechende Begriffe und Gesetze beider Bewegungstypen gegenübergestellt. Bei der Drehung bezeichnet r den Abstand der Masse m bzw. den Abstand des Angriffspunktes der Kraft F von der Drehachse.

Geradlinige Bewegung		Drehbewegung	
Masse	m	Trägheitsmoment	$J = m \cdot r^2$
Kraft	F	Drehmoment	$M = F \cdot r$
Wegstrecke	Δx	Drehwinkel	$\Delta\varphi$
Geschwindigkeit	$v = \frac{\Delta x}{\Delta t} = \dot{x}$	Winkelgeschwindigkeit	$\omega = \frac{\Delta\varphi}{\Delta t} = \dot{\varphi}$
Beschleunigung	$a = \frac{\Delta v}{\Delta t} = \ddot{x}$	Drehbeschleunigung	$\dot{\omega} = \frac{\Delta\omega}{\Delta t} = \ddot{\varphi}$
Kraftgesetz	$F = m \cdot a = m \cdot \ddot{x}$	„Kraftgesetz"	$M = J \cdot \dot{\omega} = J \cdot \ddot{\varphi}$

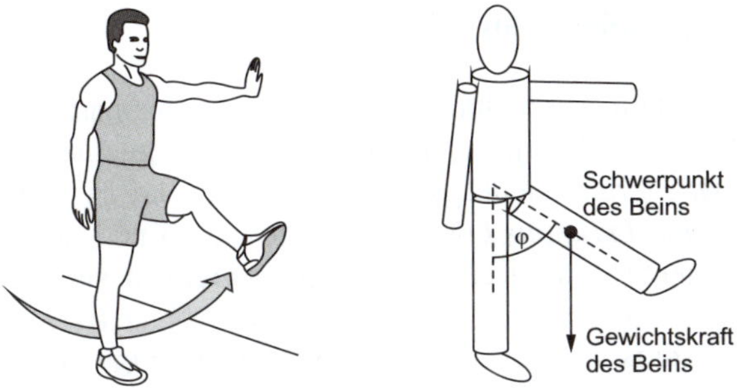

Abb. 118 a

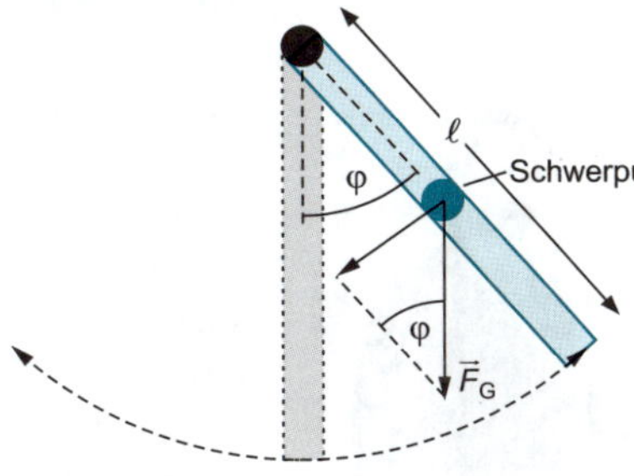

Abb. 118 b

Abb. 118: Physikalisches Pendel

a: Um die **Beinbewegung** beim Gehen zu untersuchen, fasst man das Bein als pendelnden Stab auf. Zur Bestimmung des Drehmoments im Schwerefeld der Erde nimmt man an, dass die gesamte Masse des Stabes in seinem Schwerpunkt vereinigt ist.

b: Das Drehmoment, das auf die Stange wirkt, ist

$M = m \cdot g \cdot \sin\varphi \cdot \frac{\ell}{2}$

das Trägheitsmoment der Stange beträgt

$J = \frac{1}{3} m \cdot \ell^2$

Daraus ergibt sich für die **Periodendauer**:

$T = 2\pi \cdot \sqrt{\frac{2\ell}{3g}}$

Sie ist unabhängig von der Masse der Stange. In starker Vereinfachung kann man die Beine eines Menschen als starre Stangen ansehen. Längere Beine haben daher Eigenschwingungen mit niedrigerer Frequenz.

Mithilfe der Zusammenhänge bei der Drehbewegung lässt sich der Schaukelvorgang so beschreiben:

- Die Gesamtkraft F_{ges} bewirkt ein Drehmoment $M = F_{ges} \cdot \ell$.
- Das Trägheitsmoment beträgt idealisiert $J = m \cdot \ell^2$, da der Schwerpunkt der Person sich im Abstand ℓ vom Drehpunkt befindet; man nennt dies ein **mathematisches Pendel**. Also erhält man:

  $$M = J \cdot \ddot{\varphi} = m \cdot \ell^2 \cdot \ddot{\varphi} \qquad (1)$$
- Aus Abb. 116 b kann man entnehmen, dass mit $F_G = m \cdot g$ gilt:

  $$F_{ges} = -m \cdot g \cdot \sin\varphi \;\Rightarrow\; M = F_{ges} \cdot \ell = -m \cdot g \cdot \ell \cdot \sin\varphi \qquad (2)$$
- Gleichsetzen von (1) und (2) liefert:

  $$m \cdot \ell^2 \cdot \ddot{\varphi} = -m \cdot g \cdot \sin\varphi \cdot \ell \;\Rightarrow\; \ddot{\varphi} = -\frac{g}{\ell} \cdot \sin\varphi$$
- Für kleine Winkel gilt $\sin\varphi \approx \varphi$ (im Bogenmaß $\varphi \leq \frac{\pi}{12}$), sodass man die Differenzialgleichung $\ddot{\varphi} = -\frac{g}{\ell} \cdot \varphi$ einer harmonischen Schwingung erhält (weil $\ddot{\varphi} \sim \varphi$).

Dieses Verfahren lässt sich auf jeden pendelnden Gegenstand anwenden, auch wenn die Masse nicht am Ende eines Fadens befestigt ist, z. B. bei pendelnden massiven Stangen. Fasst man Gliedmaßen vereinfacht als solche Stangen auf, lässt sich etwa die **Beinbewegung** beim Gehen analysieren. Man erhält das Ergebnis, dass Personen mit längeren Beinen in der gleichen Zeitspanne weniger, aber dafür längere Schritte ausführen. Daran ändert sich auch nichts, wenn man berücksichtigt, dass die Schwingungen des Beins nicht frei erfolgen, sondern „von außen“, d. h. durch die Muskeln erzwungen werden. Die optimale Anregung erfolgt nämlich auch hier bei der Eigenfrequenz des frei pendelnden Beins (Abb. 118).

7.6 Exkurs: Lissajous-Figuren

Abb. 119 a: Jules Antoine **Lissajous** untersuchte die Figuren, die entstehen, wenn zwei Schwingungen um 90° zueinander gedreht stattfinden.

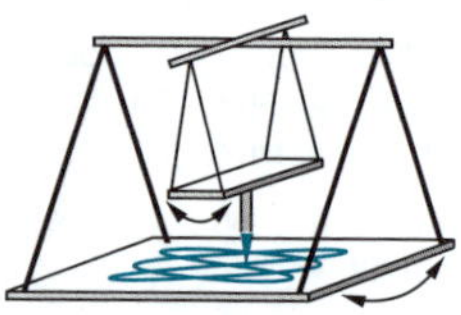

Abb. 119 b: **Lissajous-Figuren** entstehen z. B., wenn zwei Schaukeln um 90° zueinander gedreht schwingen. Am oberen Schaukelbrett ist ein Stift befestigt, mit dem auf dem unteren Brett während des Schwingens Linien gezeichnet werden

In naturwissenschaftlichen Ausstellungen findet man manchmal eine Anordnung, bei der zwei Fadenpendel um 90° gedreht zueinander schwingen. Die Überlagerung beider Bewegungen führt auf Figuren, die schon *Jules Antoine Lissajous* (1822–1880) beschrieb und untersuchte. Sie werden heute ihm zu Ehren **Lissajous-Figuren** genannt (Abb. 119).

Lissajous stellte fest, dass sich immer dann geschlossene Figuren ergaben, wenn das Verhältnis der beiden Schwingungsfrequenzen rational war. Aus der Form der Figur ließ sich dann sogar das Verhältnis der Frequenzen ablesen (Abb. 120 a). Das geschieht nach folgendem Schema:

- Man setzt die Figur (gleiche Amplituden in x- und y-Richtung vorausgesetzt) in ein Quadrat.
- Dann zählt man, wie oft die Figur eine Seite in x-Richtung und in y-Richtung berührt. Im Beispiel der Abb. 120 b ist das 4-mal bzw. 3-mal der Fall (siehe Pfeile). Dann ist das Verhältnis der Frequenzen:
  $f_x : f_y = 3 : 4$
- Wird die Quadratseite nicht rund, sondern „spitz" berührt, so zählt dies als halbe Berührung. In Abb. 120 c findet man z. B. in x-Richtung oben zwei „spitze" (= halbe) Berührungen und eine runde, sodass sich insgesamt zwei ganze Berührungen ergeben. In y-Richtung findet man eineinhalb Berührungen. Das Frequenzverhältnis ist also:
  $f_x : f_y = 1{,}5 : 2 = 3 : 4$

Überlagert man zwei **Schwingungen mit gleicher Frequenz** auf diese Art, so erhält man **Geraden, Ellipsen** oder **Kreise**. Letzteres lässt sich leicht zeigen. Dazu lässt man das Pendel so schwingen, dass es in x-Richtung durch die Formel

$$x(t) = \hat{x} \cdot \cos(\omega \cdot t)$$

beschrieben wird. Dann startet man in y-Richtung eine viertel Periodendauer später – das entspricht einer Phasenverschiebung um $\frac{\pi}{2}$:

$$y(t) = \hat{y} \cdot \cos\left(\omega \cdot t - \frac{\pi}{2}\right) = \hat{y} \cdot \sin(\omega \cdot t)$$

Sind die Amplituden $\hat{x}$ und $\hat{y}$ gleich groß, so sind die Koordinaten der durchlaufenen Punkte $(x(t) \mid y(t)) = (\hat{x} \cdot \cos(\omega \cdot t) \mid \hat{x} \cdot \sin(\omega \cdot t))$. Das sind aber gerade die Koordinaten der Punkte einer Kreislinie um den Ursprung mit dem Radius $\hat{x}$ (Abb. 121 a).

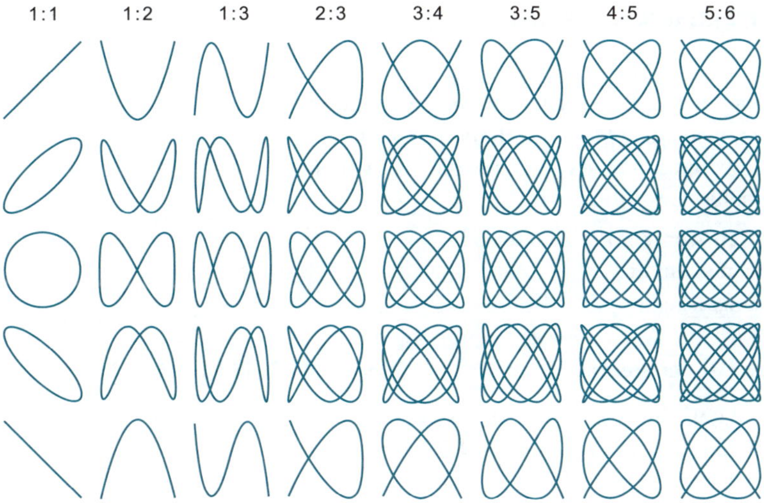

Abb. 120 a

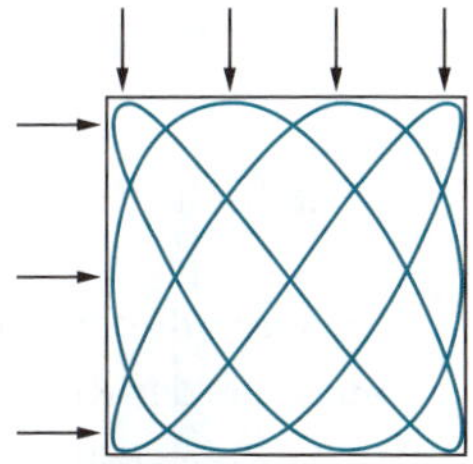

Abb. 120 b

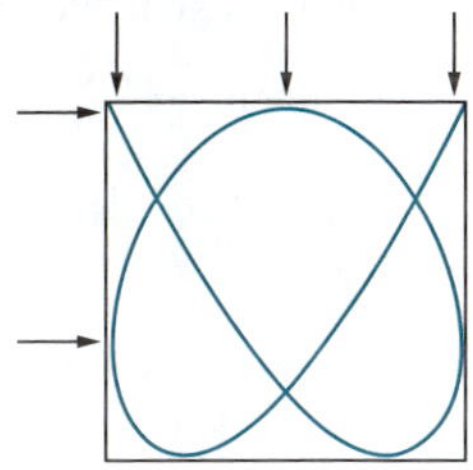

Abb. 120 c

Abb. 120

a: Lissajous-Figuren für verschiedene **Frequenzverhältnisse** und verschiedene **Phasenlagen** der Schwingungen

b: „Runde" Berührung der Seiten wird **ganz** gezählt.

c: „Spitze" Berührung der Seiten wird **halb** gezählt.

Aus der Erkenntnis, dass sich eine Kreisbewegung mit konstanter Winkelgeschwindigkeit aus zwei harmonischen Schwingungen zusammensetzen lässt, kann man das **Kraftgesetz** für die Kreisbewegung ableiten: Sowohl in x-Richtung als auch in y-Richtung gilt jeweils das gleiche Kraftgesetz, d. h. $F_x = -D \cdot x$ und $F_y = -D \cdot y$. Der Betrag der Gesamtkraft ergibt sich dann zu (Abb. 122):

$$F_{ges} = \sqrt{F_x^2 + F_y^2} = D \cdot \sqrt{x^2 + y^2} = D \cdot r.$$

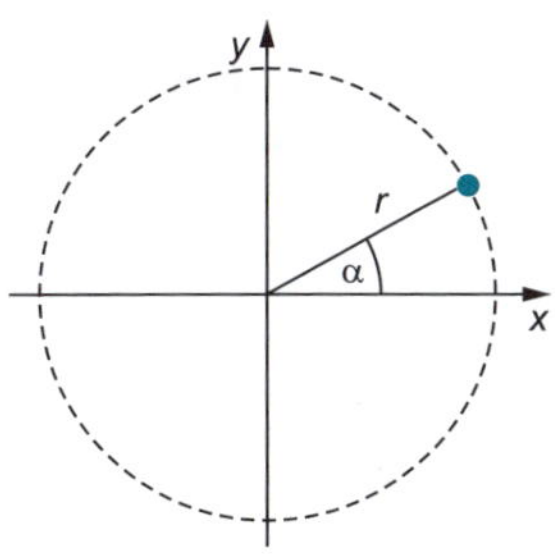

Abb. 121

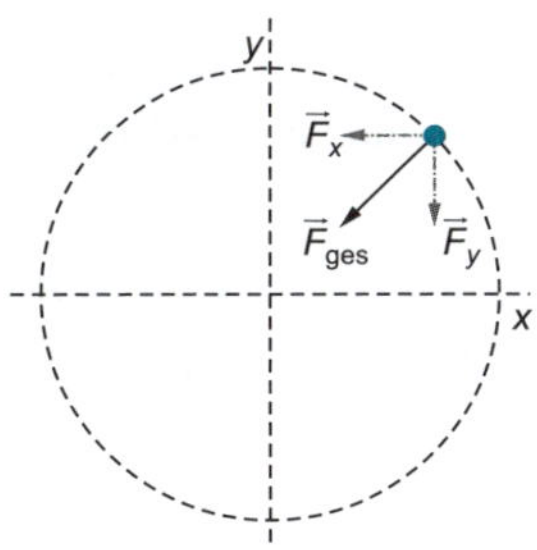

Abb. 122

Abb. 121: Für den Fall, dass die Amplituden der Schwingungen gleich sind und beide um eine viertel Periodendauer phasenverschoben stattfinden, ergibt sich als Lissajous-Figur ein **Kreis**.

Abb. 122: In x- und in y-Richtung findet jeweils eine harmonische Schwingung statt. Die zugehörigen Kräfte F_x und F_y ergeben zusammen die Gesamtkraft F_{ges}, die zum Zentrum der Kreisbewegung gerichtet ist. Aus dem Kraftgesetz für die harmonische Schwingung lässt sich so das **Kraftgesetz für eine Kreisbewegung** ableiten.

Mit dem vom Federpendel bekannten Zusammenhang

$$\omega = \sqrt{\frac{D}{m}} \quad \Rightarrow \quad D = m \cdot \omega^2$$

ist die Kraft, die bei einer Kreisbewegung wirken muss:

$$F = m \cdot \omega^2 \cdot r$$

Fakten und Formeln: Mechanische Schwingung

- Periodische Bewegungen um eine Ruhelage nennt man **Schwingung**. Die Zeitspanne für eine vollständige Hin- und Herbewegung heißt **Periodendauer** oder **Schwingungsdauer** T. Die maximale Auslenkung aus der Ruhelage heißt **Amplitude**.
- Die **Frequenz** f ist der Kehrwert der Periodendauer. Sie lässt sich auch berechnen durch: $f = \frac{1}{T}$

  $\text{Frequenz} = \frac{\text{Anzahl an Schwingungen}}{\text{benötigte Zeitspanne}}$ $\qquad f = \frac{N}{\Delta t}$

  Die **Einheit** der Frequenz ist das **Hertz**. $\qquad [f] = 1\ \text{Hz} = 1\ \text{s}^{-1}$
- Schwingungen, die sich durch eine Sinusfunktion beschreiben lassen, heißen **harmonische Schwingungen**. Startet die Bewegung aus der Ruhelage, $y(0) = 0$, ist die Ortsfunktion $y(t)$ durch die Amplitude $\hat{y}$ und die Schwingungsdauer T bzw. die Frequenz f vollständig bestimmt.

  $$y(t) = \hat{y} \cdot \sin\left(\frac{2\pi}{T} \cdot t\right) = \hat{y} \cdot \sin(2\pi \cdot f \cdot t)$$
- Häufig wird anstelle der Frequenz die **Winkelgeschwindigkeit** ω verwendet. Es gilt: $\omega = 2\pi \cdot f$

  $\text{Winkelgeschwindigkeit} = \frac{\text{überstrichener Winkel}}{\text{benötigte Zeitspanne}}$ $\qquad \omega = \frac{\Delta\varphi}{\Delta t}$

  Die **Einheit** der Winkelgeschwindigkeit wird *nicht* durch Hz abgekürzt! $\qquad [\omega] = 1\ \text{s}^{-1}$
- Die **Projektion einer Kreisbewegung** ($r = \sqrt{x^2 + y^2}$: Radius der Kreisbahn, ω = konst.) entspricht in y-Richtung einer harmonischen Schwingung und wird durch eine Sinusfunktion beschrieben.

  $y(t) = \hat{y} \cdot \sin(\omega \cdot t)$ mit $y(0) = 0$
- Die Periodendauer T bzw. die Frequenz f eines **Federpendels** hängen nur von der Masse des Pendelkörpers m und der Federhärte D ab.

  $T = 2\pi \cdot \sqrt{\frac{m}{D}}$ bzw. $f = \frac{1}{2\pi} \cdot \sqrt{\frac{D}{m}}$
- Für kleine Winkel ergeben sich beim **Fadenpendel** ebenfalls harmonische Schwingungen. Schwingungsdauer und Frequenz hängen von der Länge ℓ und dem Ortsfaktor g ab.

  $T = 2\pi \cdot \sqrt{\frac{\ell}{g}}$ bzw. $f = \frac{1}{2\pi} \cdot \sqrt{\frac{g}{\ell}}$

Concept Map: Mechanische Schwingung

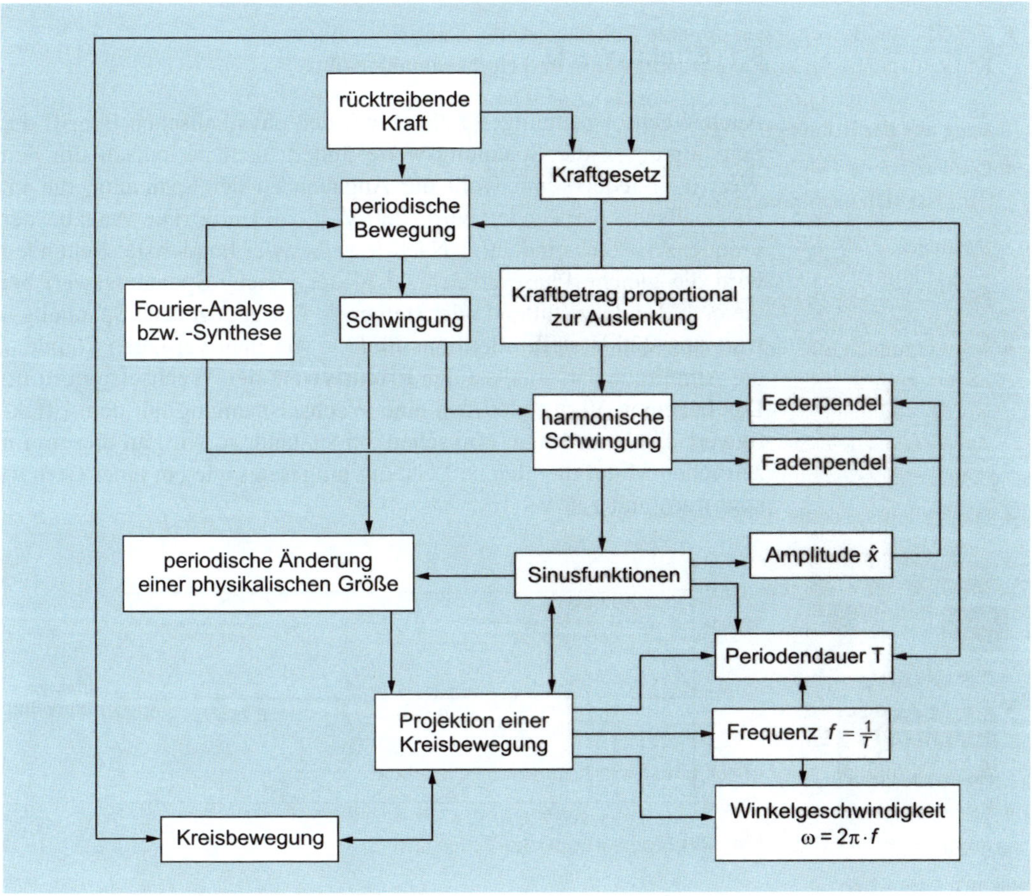

8 Spule und Kondensator im Wechselstromkreis

8.1 Effektivwerte

Auch Wechselspannungen fallen unter den physikalischen Begriff der Schwingung – die Spannungswerte ändern sich periodisch um den Wert 0 V. Jeder kennt wohl die Angaben zu der Spannung, die im Haushaltsnetz verwendet wird: 230 Volt, 50 Hertz. Die Angabe der Frequenz ist hier eindeutig: Nach jeweils zwei hundertstel Sekunden wird die gleiche Phase erreicht, d. h. der gleiche Spannungswert bei gleicher Tendenz (fallend oder steigend). Der angegebene Spannungswert von 230 V stellt allerdings *nicht* – wie man vermuten könnte – die Amplitude dar, sondern den **Effektivwert der Wechselspannung**. Das bedeutet: Verwendet man eine Wechselspannung mit dem Effektivwert 230 V an einem ohmschen Widerstand, so wird an diesem im zeitlichen Mittel die gleiche Leistung umgesetzt wie bei einer **Gleichspannung** mit 230 V.

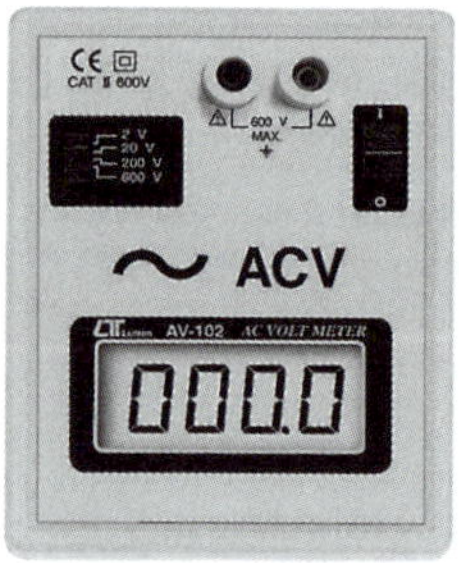

Abb. 123 a

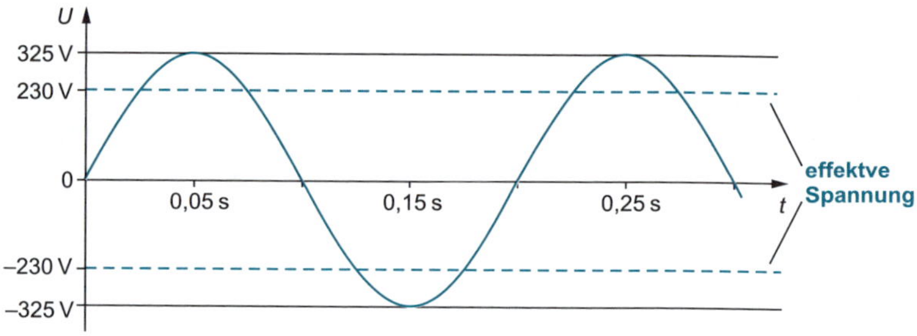

Abb. 123 b

Abb. 123: Effektivwert

a: Multimeter und Voltmeter zeigen jeweils den Effektivwert einer Wechselspannung an.

b: Die übliche Haushaltsspannung besitzt den Effektivwert von 230 V, ihre **Amplitude** beträgt 325 V ($= 230\ \text{V} \cdot \sqrt{2}$), d. h.: Eine Gleichspannung mit 230 V bewirkt die gleiche Leistung wie eine Wechselspannung mit Amplitude 325 V. Die Periodendauer der Haushaltsspannung ist 0,02 s, die Frequenz entsprechend 50 Hz.

Übliche Multimeter messen bei Wechselspannung Effektivwerte; dem entsprechend sind Stromstärken, die mit einem Multimeter bei Wechselströmen gemessen werden, ebenfalls Effektivwerte. Der Maximalwert der Stromstärke bzw. der Spannung ergibt sich bei einer sinusförmigen Wechselspannung aus dem Effektivwert durch Multiplikation mit dem Faktor $\sqrt{2}$ (Abb. 123). Das folgt aus der Definition der elektrischen Leistung: Der Mittelwert der Leistung $P = U \cdot I$ ist bei einer sinusförmigen Wechselspannung

$$\overline{P} = \frac{1}{T} \cdot \hat{U} \cdot \hat{I} \cdot \int_0^T \sin^2(\omega \cdot t)\, dt$$

$$= \frac{1}{2} \hat{U} \cdot \hat{I} = \frac{\hat{U}}{\sqrt{2}} \cdot \frac{\hat{I}}{\sqrt{2}} = U_{\text{eff}} \cdot I_{\text{eff}} \,.$$

8.2 Wechselspannung an der Spule

Spulen werden häufig als sogenannte **Drosselspulen** bei Wechselspannungen eingesetzt, um die Stromstärke mit wenigen Leistungsverlusten zu begrenzen. Die Grundlage dafür ist das Phänomen der Selbstinduktion (siehe Kapitel 5.5, S. 67): Legt man an eine Spule eine Wechselspannung an, fließt durch sie ein Wechselstrom. Das führt zu einem sich ständig ändernden magnetischen Fluss und damit zu fortlaufender Selbstinduktion an der Spule.

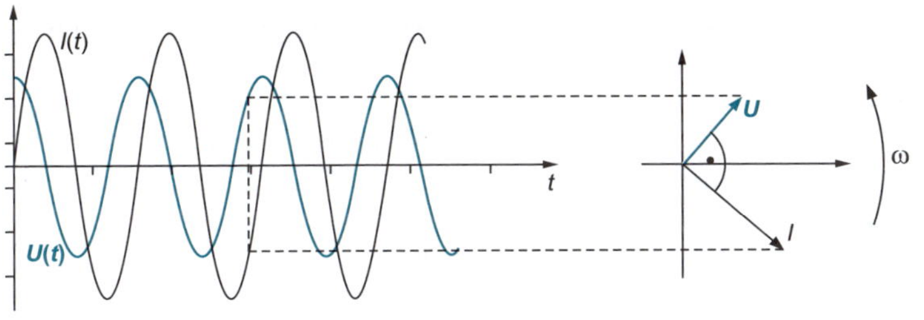

Abb. 124

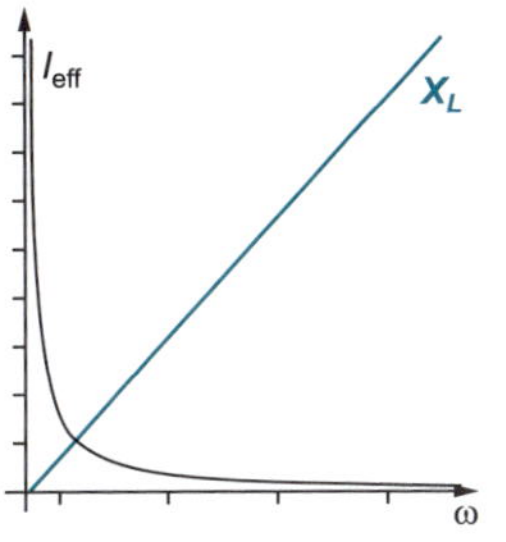

Abb. 125

Abb. 124: Aufgrund der Selbstinduktion wird die Stromstärke erst maximal, nachdem die Spannung ihren Maximalwert erreicht hat. Die **Phasenverschiebung** beträgt dabei $\frac{\pi}{2}$ oder $\frac{T}{4}$.
Man kann dies in einem **Zeigerdiagramm** veranschaulichen: Die beiden Sinuskurven lassen sich durch rotierenden Zeiger repräsentieren. Der Spannungszeiger eilt dem Stromstärkezeiger um $\frac{\pi}{2}$ voraus. Die Länge der Pfeile gibt die jeweilige Amplitude $\hat{U}$ bzw. $\hat{I}$ an.

Abb. 125: Die **effektive Stromstärke** I_{eff} nimmt mit zunehmender Frequenz ab. Die Spannung wurde dabei gleichgehalten. Es stellt sich heraus, dass der (effektive) **Widerstand** direkt proportional zur Frequenz der Wechselspannung ist: $X_L = \omega \cdot L$.

Daraus resultieren zwei wichtige Effekte:

- **Phasenverschiebung zwischen Spannung und Stromstärke:**
  Die Stromstärke ist nicht mehr in Phase mit der anliegenden Spannung, sie „hinkt" hinterher (Abb. 124). Die Selbstinduktion bewirkt, dass zunächst die Zunahme, dann die Abnahme der Stromstärke „behindert" wird, d. h., es tritt eine zeitliche Verzögerung gegenüber der Zu- bzw. Abnahme der ursächlichen äußeren Spannung ein. Im Idealfall (Spule ohne ohmschen Widerstand) beträgt die Phasenverschiebung von $I(t)$ bzgl. $U(t)$ $-90°$ bzw. $-\frac{\pi}{2}$.
- **Frequenzabhängigkeit der Stromstärke:**
  Die Amplitude der Stromstärke hängt – bei gleichbleibender Amplitude der Spannung – von der Frequenz der Wechselspannung ab (Abb. 125). Aus den Effektivwerten für Stromstärke und Spannung bestimmt man den (effektiven) Widerstand
  $$X_L = \frac{U_{eff}}{I_{eff}}.$$
  Er ist **direkt proportional** zur Frequenz der Wechselspannung.

Wechselstromwiderstand einer Spule

$X_L = \omega \cdot L = 2\pi \cdot f \cdot L$

ω: Winkelgeschwindigkeit; f: Frequenz; L: Induktivität der Spule

Die Phasenverschiebung zwischen Stromstärke und Spannung bewirkt, dass im Idealfall die **mittlere Leistung** der an der Spule umgesetzten Energie **null** ist. Dies erscheint zunächst etwas seltsam, da doch eine Spannung anliegt und Strom fließt, lässt sich aber leicht verständlich machen: Während die Stromstärke zunimmt, nimmt auch die Stärke des dadurch erzeugten magnetischen Feldes zu – die zugeführte Energie wird zum Aufbau des magnetischen Feldes der Spule verwendet. Bei der Abnahme des magnetischen Feldes wird diese Energie dem Stromkreis wieder zugeführt. Die Energie pendelt also zwischen Spule und Netzgerät hin und her. Da die mittlere Leistung danach bemessen wird, wie viel Energie tatsächlich aus dem Stromkreis an ein anderes System abgegeben wird, ist sie in der Tat hier null.

Aufgrund des Wechselstromwiderstands begrenzt eine Spule in einem Wechselstromkreis die Stromstärke. Wenn kein weiterer, ohmscher Widerstand im Stromkreis vorhanden ist, erfolgt die Stromstärkebegrenzung ohne Energieabgabe nach außen. Hat man z. B. eine Spule mit der Induktivität 2 H an die Haushaltsspannung 230 V/50 Hz angeschlossen, beträgt die effektive Stromstärke:

$$I_{\text{eff}} = \frac{U_{\text{eff}}}{X_{\text{L}}} = \frac{230\text{ V}}{2\pi \cdot 50\text{ Hz} \cdot 2\text{ H}} = \frac{230\text{ V}}{628\ \Omega} = 0{,}37\text{ A}$$

Diese Eigenschaft benutzt man z. B. in den Zündgeräten für Leuchtstoffröhren. Nach dem Zünden der Röhre stellt diese einen kleinen Widerstand dar, sodass hohe Ströme auftreten würden. Durch das Vorschalten einer Spule wird die Stromstärke – ohne große Energieverluste an der Spule selbst – effektiv begrenzt.

Erhöht man die Frequenz der Wechselspannung, nimmt die Stromstärke in dem Stromkreis mit der Spule ab. Bei sehr hohen Frequenzen wird sie sehr klein, sodass man Spulen auch dazu benutzen kann, hochfrequente Anteile einer Spannung herauszufiltern – sie stellen in einer Reihenschaltung einen **Tiefpass** dar (siehe Exkurs, S. 100). Man verwendet diesen Effekt bei **Entstördrosseln**, um hochfrequente Anteile von Wechselströmen zu unterdrücken, die z. B. bei Schaltvorgängen und Elektromotoren auftreten und den Funkverkehr stören können. Bekannt geworden sind v. a. die Knackgeräusche, die die Schaltvorgänge von Kühlschränken beim Radioempfang verursachen.

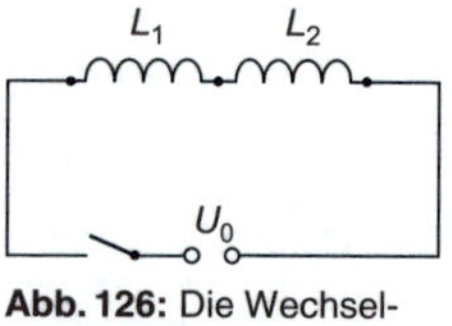

Abb. 126: Die Wechselstromwiderstände der beiden **Spulen** addieren sich bei **Reihenschaltung**:

$$X_{\text{ges}} = X_1 + X_2 = \omega \cdot (L_1 + L_2)$$

Die beiden Spulen wirken so wie eine Spule mit der Induktivität $L_{\text{ges}} = L_1 + L_2$.

Berechnung von Induktivitäten

Spulen lassen sich – wie auch Widerstände oder Kondensatoren – **in Reihe** oder **parallel** schalten. Für die zugehörigen Induktivitäten gilt

- bei Reihenschaltung: $L_{\text{ges}} = L_1 + L_2 + \ldots$
- bei Parallelschaltung: $\frac{1}{L_{\text{ges}}} = \frac{1}{L_1} + \frac{1}{L_2} + \ldots$

8.3 Wechselspannung am Kondensator

Bei Kondensatoren, an die eine Wechselspannung angelegt wird, tritt zunächst ein verblüffendes Phänomen auf: Trotz der Unterbrechung in der leitenden Verbindung zwischen den Polen des Netzgerätes durch einen Kondensator misst man elektrischen Strom. Der Grund liegt darin, dass die sich ständig ändernden Spannungswerte zum fortlaufenden Auf- und Entladen und damit zu Ladungsbewegungen führen.

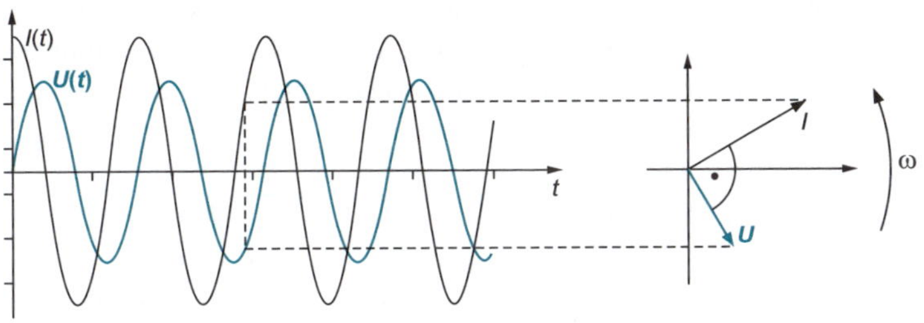

Abb. 127

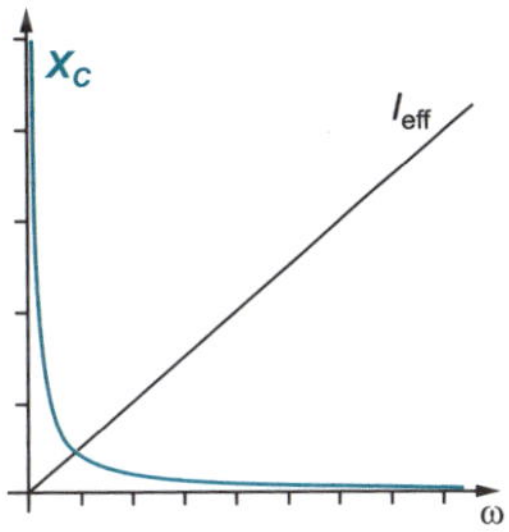

Abb. 128

Abb. 127: Aufgrund der Auf- und Entladevorgänge wird die Stromstärke maximal, bevor die Spannung ihren Maximalwert erreicht hat. Die **Phasenverschiebung** beträgt dabei $\frac{\pi}{2}$ oder $\frac{T}{4}$.
Man kann dies in einem **Zeigerdiagramm** veranschaulichen: Die beiden Sinuskurven lassen sich durch rotierende Zeiger repräsentieren. Der Stromstärkezeiger eilt dem Spannungszeiger um $\frac{\pi}{2}$ voraus. Die Länge der Pfeile gibt die jeweilige Amplitude $\hat{U}$ bzw. $\hat{I}$ an.

Abb. 128: Die **effektive Stromstärke** I_{eff} nimmt mit zunehmender Frequenz zu. Die Spannung wurde dabei gleichgehalten. Es stellt sich heraus, dass der (effektive) **Widerstand** indirekt proportional zur Frequenz der Wechselspannung ist: $X_C = \frac{1}{\omega \cdot C}$

Dadurch treten ähnlich wie bei der Spule zwei Effekte auf:

- **Phasenverschiebung zwischen Spannung und Stromstärke:**
  Die Stromstärke ist nicht mehr in Phase mit der anliegenden Spannung, sie „eilt" voraus (Abb. 127). Die Ladevorgänge bewirken, dass zunächst große Ströme fließen, um den Kondensator zu laden, bis schließlich die Spannung ihren Maximalwert erreicht. Es tritt eine zeitliche Verschiebung gegenüber der Zu- bzw. Abnahme der äußeren Spannung ein. Im Idealfall (Kondensator ohne ohmschen Widerstand) beträgt die Phasenverschiebung von $I(t)$ bzgl. $U(t)$ $+90°$ bzw. $+\frac{\pi}{2}$.
- **Frequenzabhängigkeit der Stromstärke:**
  Die Amplitude der Stromstärke hängt – bei gleichbleibender Amplitude der Spannung – von der Frequenz der Wechselspannung ab (Abb. 128). Aus den Effektivwerten für Stromstärke und Spannung bestimmt man den (effektiven) Widerstand
  $$X_C = \frac{U_{eff}}{I_{eff}}.$$
  Er ist **indirekt proportional** zur Frequenz der Wechselspannung.

Wechselstromwiderstand eines Kondensators

$$X_C = \frac{1}{\omega \cdot C} = \frac{1}{2\pi \cdot f \cdot C}$$

ω: Winkelgeschwindigkeit; *f*: Frequenz; *C*: Kapazität des Kondensators

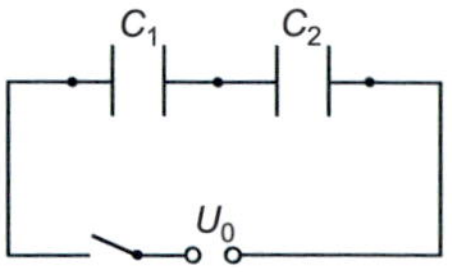

Abb. 129: Die Wechselstromwiderstände der beiden **Kondensatoren** addieren sich bei **Reihenschaltung**:

$$X_{ges} = X_1 + X_2 = \frac{1}{\omega \cdot C_1} + \frac{1}{\omega \cdot C_2} = \frac{1}{\omega} \cdot \left(\frac{1}{C_1} + \frac{1}{C_2}\right)$$

Die beiden Kondensatoren wirken so wie ein Kondensator, dessen Kapazität den Wert

$$\frac{1}{C_{ges}} = \frac{1}{C_1} + \frac{1}{C_2}$$

besitzt.

Wie bei den Spulen bewirkt die Phasenverschiebung zwischen Stromstärke und Spannung im Idealfall, dass Kondensatoren im Wechselstromkreis zwar wie Widerstände wirken, aber an ihnen keine Energie „verloren" geht. Die Energie wird beim Aufladen zum Aufbau des elektrischen Feldes benötigt, beim Entladen wird sie wieder an den Stromkreis abgegeben, ohne dass dem Gesamtsystem Energie entzogen wird. Auch Kondensatoren begrenzen im Wechselstromkreis die Stromstärke. Allerdings stellen sie in einer Reihenschaltung einen **Hochpass** dar (siehe Exkurs unten): Für Wechselspannungen mit hoher Frequenz ist ein Kondensator ein kleiner Widerstand, für Wechselspannungen mit niedriger Frequenz ein großer Widerstand. Für Gleichspannungsanteile ($\omega = 0$) stellt ein Kondensator sogar einen unendlich hohen Widerstand dar.

Berechnung von Kapazitäten

Kondensatoren lassen sich – wie auch Widerstände oder Spulen – **in Reihe** oder **parallel** schalten. Für die zugehörigen Kapazitäten gilt

- bei Reihenschaltung: $\frac{1}{C_{ges}} = \frac{1}{C_1} + \frac{1}{C_2} + \ldots$
- bei Parallelschaltung: $C_{ges} = C_1 + C_2 + \ldots$

8.4 Exkurs: Hoch- und Tiefpass

Kondensatoren und Spulen kann man dazu verwenden, bei Wechselspannungen bzw. Wechselströmen bestimmte Frequenzanteile herauszufiltern. Je nachdem, ob Anteile mit hohen oder niedrigen Frequenzen durchgelassen werden, spricht man von einem **Tiefpass** oder einem **Hochpass**. Dazu sind verschiedene Schaltungen möglich, wobei zu beachten ist, dass die Phasenverschiebung zwischen Stromstärke und Spannung wegen des vorhandenen ohmschen Widerstandes ebenfalls von der Frequenz abhängt.

Abb. 130 a zeigt ein Beispiel einer Tiefpassschaltung. Bei hohen Frequenzen ist der Wechselstromwiderstand des Kondensators klein; die Spannung U_2, die man zwischen seinen Anschlüssen misst (Ausgang), ist folglich für hohe Frequenzen ebenfalls klein. Umgekehrt ist bei niedrigen Frequenzen der Widerstand des Kondensators groß, es liegt ein großer Anteil der Eingangsspannung U_1 am Kondensator an.

Im Zeigerdiagramm (Abb. 130 b) ist die Spannung U_R am ohmschen Widerstand in Phase mit der Stromstärke, sie eilt der Spannung am Kondensator um $\frac{\pi}{2}$ bzw. 90° voraus.

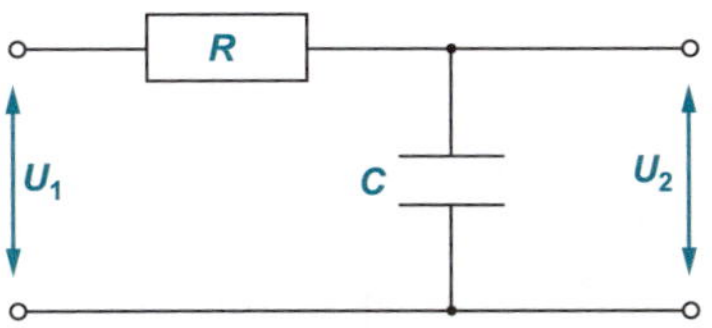

Abb. 130 a

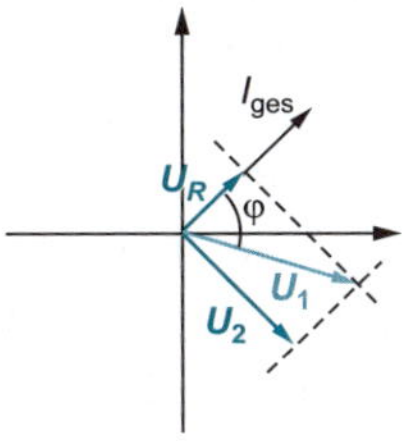

Abb. 130 b

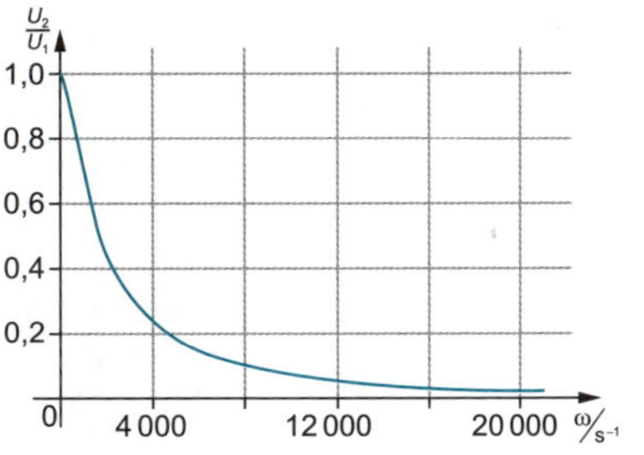

Abb. 130 c

Abb. 130: Tiefpass

a: Schaltung. An die beiden linken Anschlüsse (Eingang) wird die Wechselspannung U_1 angelegt.

b: Zeigerdiagramm

c: Frequenzabhängigkeit der Ausgangsspannung

Es gilt daher:

$$U_1 = \sqrt{U_R^2 + U_2^2}$$

Für die Phasenverschiebung zwischen der Stromstärke I_{ges} und der Eingangsspannung U_1 gilt:

$$\tan \varphi = \frac{U_2}{U_R} = \frac{X_C}{X_R} = \frac{1}{\omega \cdot C \cdot R}$$

Das Diagramm der Abb. 130 c zeigt das Verhältnis von Ausgangs- und Eingangsspannung $U_2 : U_1$ in Abhängigkeit von der Frequenz. Man erkennt, dass nur für **kleine Frequenzen** die Ausgangsspannung brauchbare Werte hat.

In Abb. 131 a ist ein Beispiel einer Hochpassschaltung dargestellt.

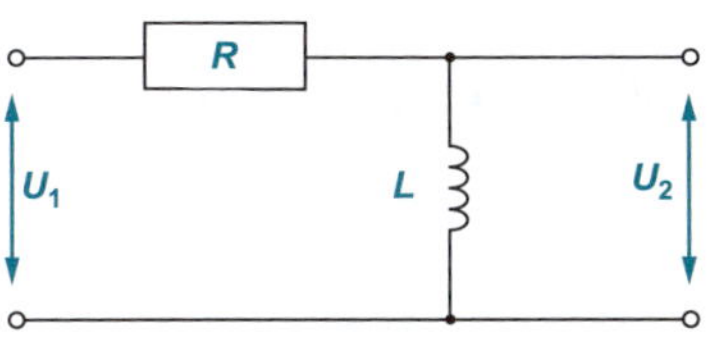

Abb. 131 a

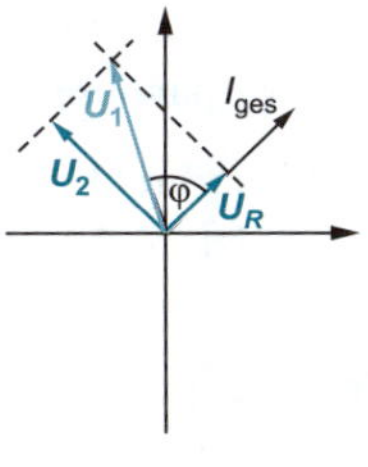

Abb. 131 b

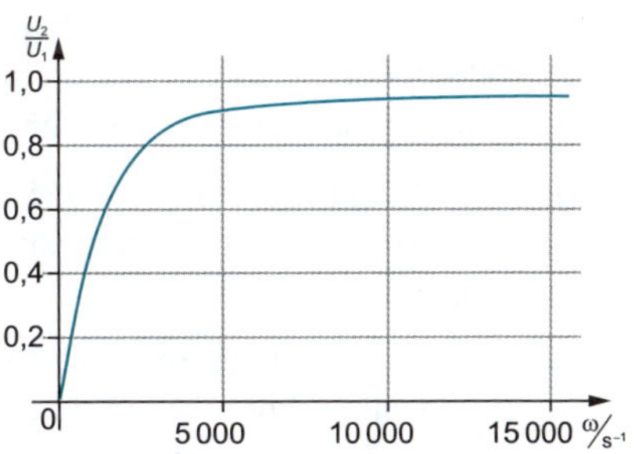

Abb. 131 c

Abb. 131: Hochpass

a: Schaltung. An den beiden linken Anschlüssen (Eingang) liegt die Wechselspannung U_1 an.

b: Zeigerdiagramm

c: Frequenzabhängigkeit der Ausgangsspannung

Bei niedrigen Frequenzen ist der Wechselstromwiderstand der Spule klein, dementsprechend ist die Spannung U_2 zwischen den Enden der Spule (Ausgang) gering; der größere Teil der Eingangsspannung U_1 liegt dann am Widerstand R an.

Im Zeigerdiagramm (Abb. 131 b) ist die Spannung U_R am ohmschen Widerstand in Phase mit der Stromstärke, sie hinkt der Spannung an der Spule um $\frac{\pi}{2}$ bzw. 90° hinterher. Es gilt daher:

$$U_1 = \sqrt{U_R^2 + U_2^2}$$

Für die Phasenverschiebung zwischen der Stromstärke I_{ges} und der Eingangsspannung U_1 gilt:

$$\tan\varphi = \frac{U_2}{U_R} = \frac{X_L}{X_R} = \frac{\omega \cdot L}{R}$$

Das Diagramm der Abb. 131 c zeigt das Verhältnis von Ausgangs- und Eingangsspannung $U_2 : U_1$ in Abhängigkeit von der Frequenz. Man erkennt, dass erst für **hohe Frequenzen** die Ausgangsspannung brauchbare Werte erreicht.

Fakten und Formeln: Wechselstromkreis

- Multimeter messen bei Wechselspannungen und Wechselströmen jeweils **Effektivwerte**. Bei sinusförmigen Wechselspannungen ergeben sich die Maximalwerte der Spannungen bzw. Ströme aus den Effektivwerten durch Multiplikation mit $\sqrt{2}$.

  $\hat{U} = \sqrt{2} \cdot U_{eff}$

  $\hat{I} = \sqrt{2} \cdot I_{eff}$

- Wird eine ideale Spule an Wechselspannung angeschlossen, so sind Stromstärke und Spannung um $-\frac{\pi}{2}$ bzw. $-90°$ **phasenverschoben**. Die Stromstärke erreicht ihren Maximalwert dabei nach der Spannung. („Die Stromstärke hinkt der Spannung hinterher.“)
- Wird ein idealer Kondensator an Wechselspannung angeschlossen, so sind Stromstärke und Spannung um $+\frac{\pi}{2}$ bzw. $+90°$ **phasenverschoben**. Die Stromstärke erreicht ihren Maximalwert dabei vor der Spannung. („Die Stromstärke eilt der Spannung voraus.“)
- Der **Wechselstromwiderstand einer Spule** ist direkt proportional zur Frequenz. Die Proportionalitätskonstante ist die Induktivität L der Spule.

  $X_L = \omega \cdot L = 2\pi \cdot f \cdot L$

- Der **Wechselstromwiderstand eines Kondensators** ist indirekt proportional zur Frequenz, d. h., der Widerstand ist direkt proportional zum Kehrwert der Frequenz. Die Proportionalitätskonstante ist hierbei der Kehrwert der Kapazität C.

  $X_C = \frac{1}{\omega} \cdot \frac{1}{C} = \frac{1}{2\pi \cdot f \cdot C}$

Concept Map: Wechselstromkreis

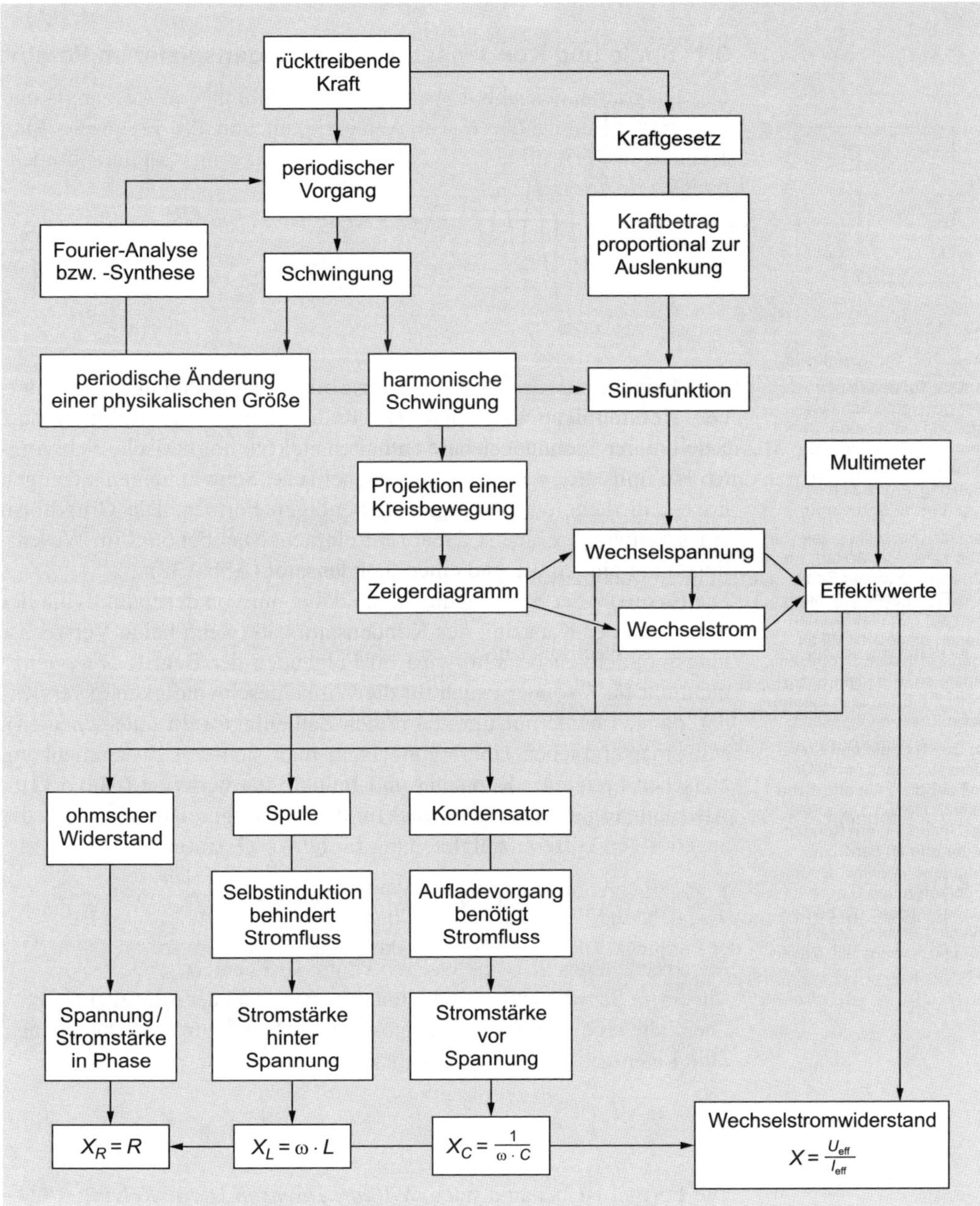

9 Elektromagnetische Schwingkreise

9.1 Spule und Kondensator – zwei Gegenspieler im Verein

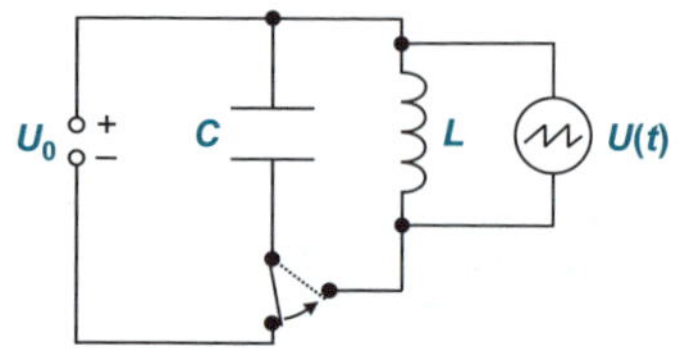

Abb. 132 a

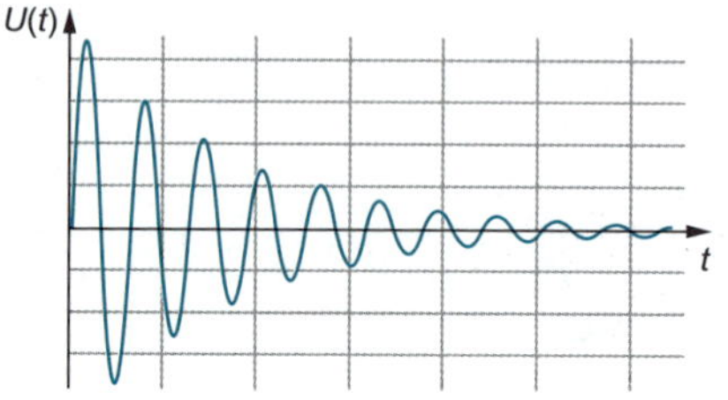

Abb. 132 b

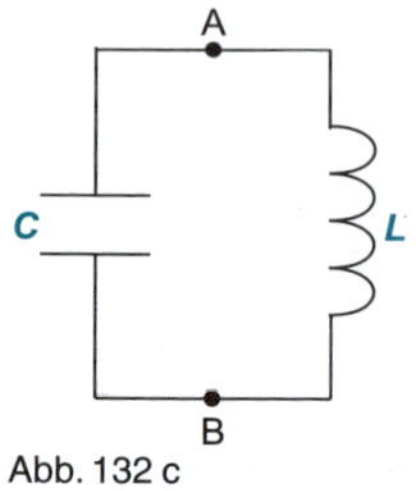

Abb. 132 c

Abb. 132: Schwingkreis

a: Der Kondensator wird in der gezeigten Schalterstellung aufgeladen. Bringt man den Schalter in die gestrichelt gezeichnete Stellung, ergibt sich eine **gedämpfte Schwingung**.

b: Das Oszilloskop zeigt den zeitlichen **Verlauf der Spannung** an der Spule. Die Energieverluste beruhen auf den stets vorhandenen ohmschen Widerständen in dem Stromkreis. An ihnen wird elektromagnetische Energie in thermische Energie umgesetzt.

c: Durch Spule und Kondensator muss ein Strom mit der gleichen effektiven Stärke fließen. Die effektive Spannung am Kondensator und an der Spule liegt jeweils zwischen den Punkten A und B an. Daher müssen die beiden Wechselstromwiderstände X_C und X_L ebenfalls gleich sein, d. h.

$\omega \cdot L = \frac{1}{\omega \cdot C} \Rightarrow \omega = \frac{1}{\sqrt{L \cdot C}}$

Elektromagnetische Schwingungen bilden die Grundlage der modernen Kommunikationstechnik. Ob Radio, Fernsehen, Mobiltelefone, Satellitennavigation – sie alle enthalten **elektromagnetische Schwingkreise**, mit denen sich elektromagnetische Schwingungen erzeugen lassen, in mehr oder weniger aufwendigen Formen. Die Grundform eines Schwingkreises ist dabei sehr einfach: Man benötigt im Wesentlichen nur eine Spule und einen Kondensator (Abb. 132).

Die Frequenz der Schwingung hängt dabei nur von der Induktivität der Spule und der Kapazität des Kondensators ab (wenn keine Verwechslungsmöglichkeit besteht, wird im Folgenden der Begriff „Frequenz" nicht nur für f, sondern auch für die Winkelgeschwindigkeit ω verwendet, da sich beide nur um den reinen Zahlenfaktor 2π unterscheiden). Mit einer einfachen Überlegung kann man sich den Zusammenhang zwischen Frequenz, Kapazität und Induktivität herleiten (Abb. 132 c). Alternativ erhält man die Formel für die Schwingkreisfrequenz aus der zugehörigen Differenzialgleichung für $Q(t) = \hat{Q} \cdot \sin(\omega \cdot t)$:

$$L \cdot \ddot{Q} + \frac{Q}{C} = 0 \quad \Leftrightarrow \quad L \cdot (-\omega^2) \cdot Q(t) + \frac{1}{C} \cdot Q(t) = 0 \quad \overset{\text{für alle } t}{\Rightarrow} \quad \omega^2 = \frac{1}{L \cdot C}$$

Frequenz eines Schwingkreises (Thomson-Formel)

In einem Schwingkreis mit der Induktivität L und der Kapazität C heißt die Frequenz bzw. Winkelgeschwindigkeit der freien Schwingung die **Eigenfrequenz** des Schwingkreises. Sie beträgt:

$$f_0 = \frac{1}{2\pi \cdot \sqrt{L \cdot C}} \quad \text{bzw.} \quad \omega_0 = \frac{1}{\sqrt{L \cdot C}}$$

Die Formel ist benannt nach *William Thomson* (*Lord Kelvin*), 1824–1907. Wie die elektromagnetische Schwingung entsteht, kann man sich anhand der Momentaufnahmen in Abb. 133 erklären.

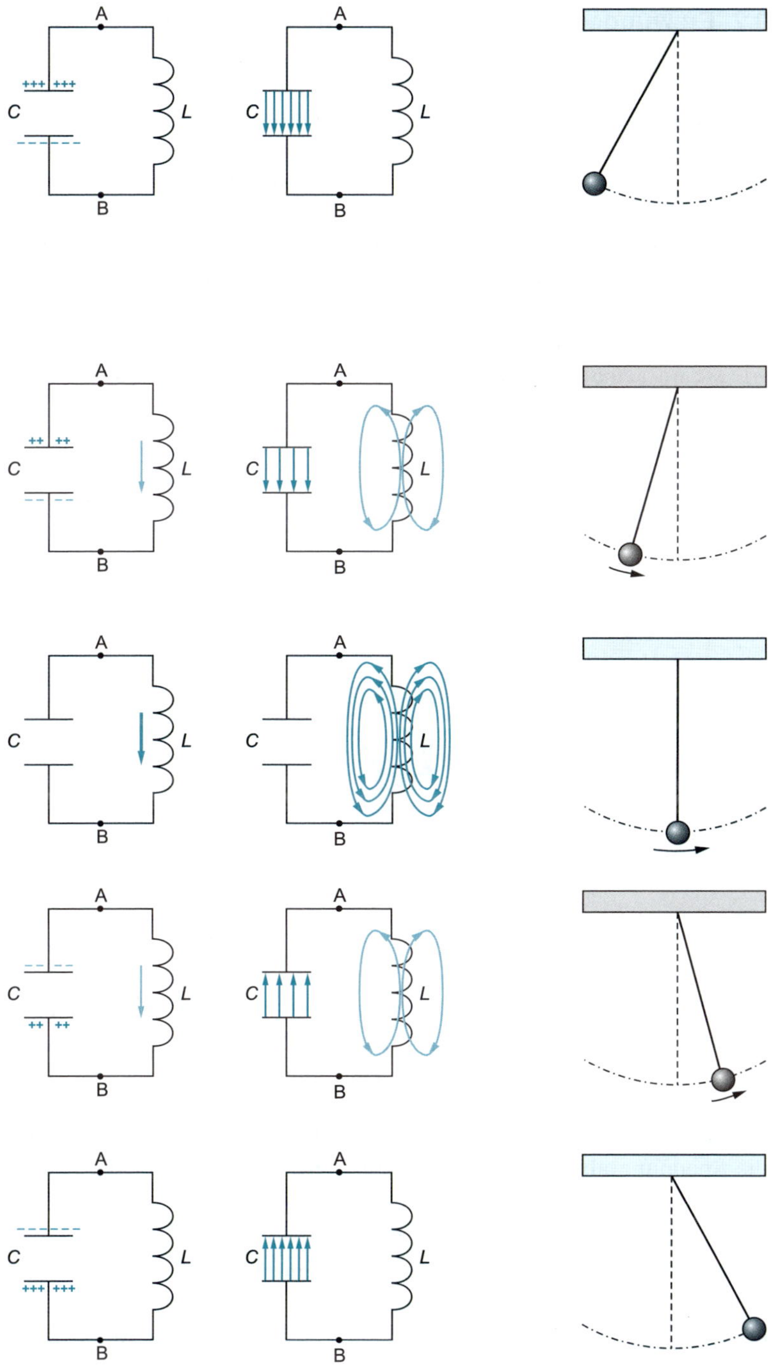

Abb. 133

Abb. 133: **Momentbilder** zu typischen Schwingkreisphasen. Links sind jeweils die Zustände von **Ladung** und **Stromstärke** dargestellt, in der Mitte die zugehörigen **Felder**. Rechts ist die analoge Situation bei einem **Fadenpendel** gegenübergestellt.
Zunächst ist der Kondensator vollständig geladen, sein elektrisches Feld enthält die gesamte Energie. Beim Pendel ist nur potenzielle Energie vorhanden.

Der Kondensator **beginnt** sich zu **entladen**. Es fließt Strom, an der Spule entsteht ein magnetisches Feld. Die Energie verteilt sich nun auf das elektrische Feld im Kondensator und auf das magnetische Feld in der Spule. Die Gesamtenergie beim Pendel verteilt sich auf potenzielle und kinetische Energie.

Der Kondensator ist **vollständig entladen**. Durch die Spule fließt der Strom nun mit der maximalen Stromstärke. Die Energie ist nun im magnetischen Feld der Spule gespeichert. Beim Pendel ist nur kinetische Energie vorhanden.

Da nun die Stromstärke und damit der magnetische Fluss wieder abnimmt, kommt der Effekt der **Selbstinduktion** zum Tragen: Der Stromfluss wird (trotz entladenem Kondensator) in der bisherigen Richtung aufrechterhalten. Dadurch wird der Kondensator mit umgekehrter Polung wieder aufgeladen. Das Pendel bewegt sich aufgrund der **Trägheit** weiter, kinetische Energie wandelt sich wieder in potenzielle Energie um.

Bei der Situation in der letzten Zeile **beginnt** der Vorgang **mit umgekehrten Vorzeichen** von Neuem, bis wieder der Ausgangszustand erreicht ist.

9.2 Erzwungene Schwingungen und Resonanz

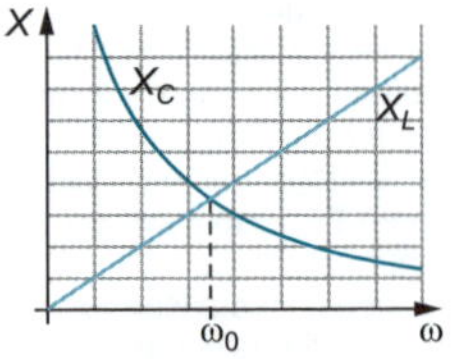

Abb. 134: Wechselstromwiderstände von Spule und Kondensator in Abhängigkeit von der Frequenz. Der Schnittpunkt der beiden Kurven liegt bei der **Eigenfrequenz** eines Schwingkreises, der aus diesen beiden Bauteilen besteht.

Elektrische Schwingkreise lassen sich, wie mechanische Systeme auch, zu erzwungenen Schwingungen anregen. Dazu legt man eine Wechselspannung an den Schwingkreis an. Wie bereits im letzten Abschnitt erläutert, ist bei der Eigenfrequenz des Schwingkreises der Wechselstromwiderstand von Spule und Kondensator gleich groß. Bei Frequenzen kleiner als die Eigenfrequenz ist der Widerstand der Spule kleiner als der des Kondensators, bei größeren Frequenzen ist es umgekehrt (Abb. 134).

Schließt man die Wechselspannung direkt an die Punkte A und B an, wie sie im Schaltbild von Abb. 132 c eingezeichnet sind, so erhält man einen **Parallelschwingkreis** (Abb. 135 a). Die Spannung liegt dabei gleichzeitig an Spule und Kondensator an. Die Stromstärke im Kondensatorzweig eilt dieser um $\frac{\pi}{2}$ voraus, im Spulenzweig hinkt sie um $\frac{\pi}{2}$ hinterher, jeweils unabhängig von der Frequenz. An den Knotenpunkten A und B muss also jeweils vom Netzgerät ein Strom fließen, dessen Stromstärke gerade die Differenz der Stromstärken in den beiden Schwingkreiszweigen ist.

Abb. 135: Parallelschwingkreis, der an eine Wechselspannung der Frequenz $\omega = \omega_0$ angeschlossen wurde

a: Das **Schaltbild** und das **Zeigerdiagramm** zeigen eine Momentaufnahme des Schwingkreises. Der Strom im Kondensatorzweig fließt auf den Punkt A zu, der Strom im Spulenzweig fließt vom Punkt A weg (Phasenunterschied π).

b: Zeitverlauf der Spannung und Teilströme. In der **Zuleitung** vom Netzgerät fließt **kein Strom**. Der Strom schwingt also nur in dem Kreis, der von Kondensator und Spule gebildet wird, hin und her (Parallelresonanz).

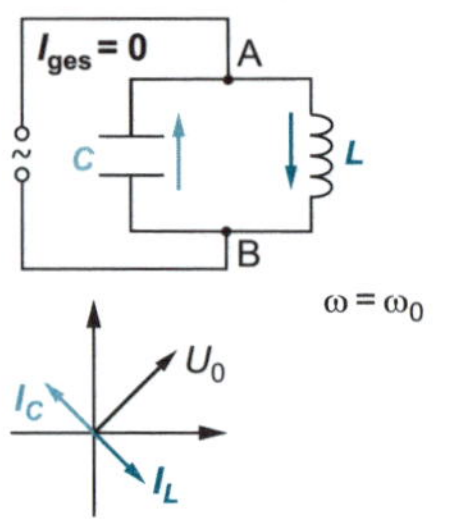

Abb. 135 a

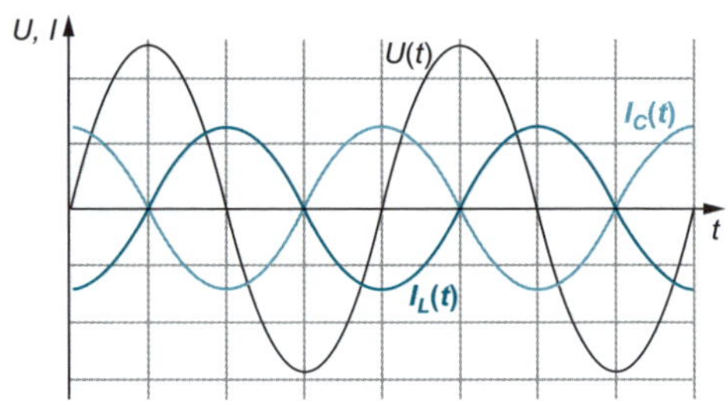

Abb. 135 b

Hinweis: Zur korrekten Interpretation ist es notwendig, sich klarzumachen, dass alle Angaben zu Vorzeichen und Phasenbeziehungen sich darauf beziehen, dass man den Stromkreis in einer Richtung durchläuft (hier z. B. vom oberen zum unteren Anschluss des Netzgeräts) und diese Richtung als „positiv" definiert. Das bedeutet: Liegt am oberen Anschluss der Pluspol, am unteren der Minuspol, so wird die Spannung als positiver Wert registriert. Dementsprechend hat die Stromstärke positive Werte, wenn der Strom vom oberen Anschluss in Richtung zum unteren Anschluss fließt.

Bei der Eigenfrequenz ω_0 sind diese Stromstärken im Idealfall (d. h. ohne ohmsche Widerstände) gleich groß, die Stromstärke in der Zuleitung vom Netzgerät ist also gerade null (Abb. 135 b)! Allerdings fließt durch Kondensator und Spule Strom – in dem aus den beiden Bauteilen

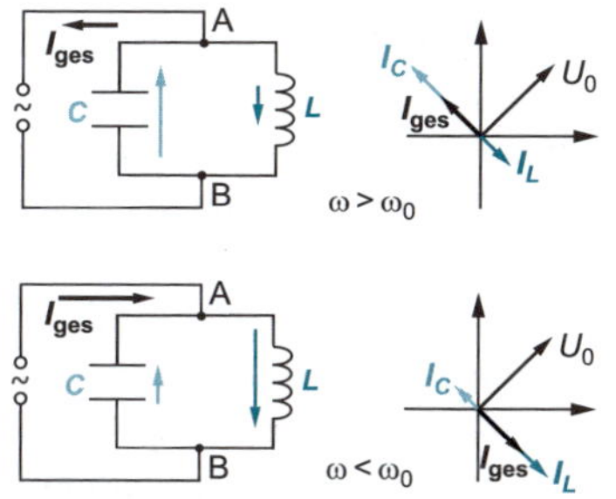

Abb. 136

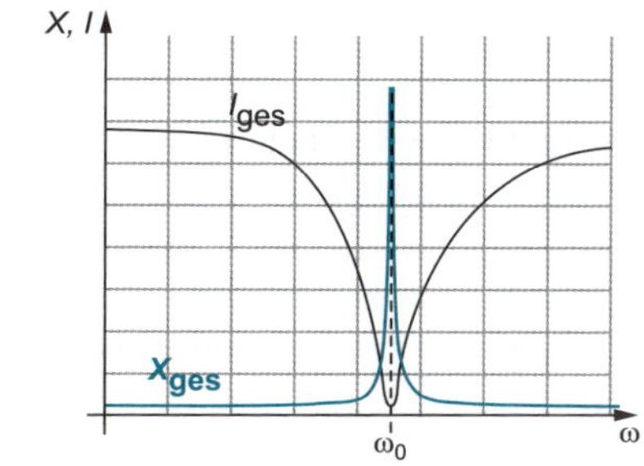

Abb. 137

Abb. 136: Bei **Frequenzen ω ungleich der Eigenfrequenz** ω_0 des Schwingkreises fließt auch in der Zuleitung ein Strom.
Für $\omega > \omega_0$ fließt der Strom in der gleichen Richtung wie im Kondensatorkreis.
Für $\omega < \omega_0$ stimmen die Stromrichtungen in Hauptzweig und Spulenzweig überein. In dem aus Spule und Kondensator gebildeten Kreis findet weiterhin eine Schwingung statt, allerdings mit verringerter Amplitude.

Abb. 137: **Wechselstromwiderstand** und **Stromstärke in der Zuleitung** eines Parallelschwingkreises in Abhängigkeit von der Frequenz.
Für die Stromstärke wurde angenommen, dass sie durch einen ohmschen Widerstand in der Zuleitung begrenzt wird. Es ist deutlich zu erkennen, dass in der Nähe der Eigenfrequenz der Widerstand des Schwingkreises stark zunimmt und die Stromstärke in der Zuleitung deshalb stark abnimmt.

gebildeten Kreis findet eine elektromagnetische Schwingung statt. Man nennt diesen Effekt **Parallelresonanz**. Unterhalb der Eigenfrequenz fließt der Strom vom Netzgerät in den Spulenzweig, oberhalb der Eigenfrequenz in den Kondensatorzweig (Abb. 136).
In Abb. 137 ist gezeigt, wie der Wechselstromwiderstand eines Parallelschwingkreises bzw. die Stromstärke in der Zuleitung von der Frequenz abhängen. Bei **Resonanz** (Anregungsfrequenz ω ist gleich der Eigenfrequenz ω_0) geht durch den Schwingkreis kein Strom hindurch – er sperrt. Ein Parallelschwingkreis kann daher als **Frequenzfilter** benutzt werden. Damit lassen sich in einem Signal unerwünschte Frequenzen unterdrücken. Die Stromstärke im eigentlichen Schwingkreis – also nur dem Kreis, der aus der Spule und dem Kondensator gebildet wird – hängt ebenfalls von der Frequenz ab. Sie würde bei Resonanz ohne ohmschen Widerstand unendlich groß werden, weil sich in der Reihenschaltung von Spule und Kondensator die Wechselstromwiderstände aufheben würden.
Anwendung finden Parallelschwingkreise auch bei **Induktionsschleifen**, wie sie zur Steuerung von Ampelanlagen oder zur Verkehrszählung benutzt werden (Abb. 138), sowie bei der **Diebstahlsicherung** mithilfe von **RFID-Etiketten** (Abb. 139). Bei beiden Einrichtungen nutzt man die Resonanzeigenschaften des Schwingkreises.

Abb. 138

Abb. 138: Drahtschleifen, die in der Fahrbahn verlegt werden (links) bilden die Induktivität eines Parallelschwingkreises. Dieser wird durch eine Wechselspannung in Resonanz angeregt, sodass in der Zuleitung zum Schwingkreis nur ein geringer Strom fließt. Wenn ein Fahrzeug über die **Induktionsschleife** fährt, wird der Schwingkreis durch die Änderung der Induktivität verstimmt und in der Zuleitung fließt mehr Strom. Dies lässt sich elektronisch auswerten.

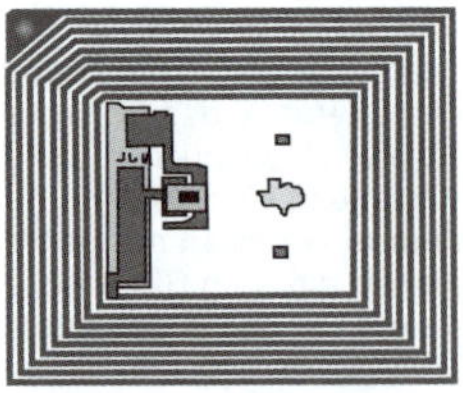

Abb. 139: Bei **RFID-Etiketten** (**R**adio **F**requency **ID**entification) wird ein Schwingkreis auf das Etikett aufgedruckt. Das Kontrollgerät im Ausgangsbereich sendet ein Signal mit der Eigenfrequenz dieses Schwingkreises aus. Dadurch nimmt der Schwingkreis Energie auf, die Intensität des Signals verringert sich und das Kontrollgerät schlägt Alarm. Zum Entschärfen des Etiketts wird der Kondensator durch einen Magneten so verändert, dass der Schwingkreis gegenüber der Anregungsfrequenz verstimmt ist und die Energieaufnahme des Kreises drastisch verringert wird.

Abb. 140: **Schaltbild, Zeigerdiagramm** sowie **Zeitverlauf** der Stromstärke und Teilspannungen beim **Reihenschwingkreis**. Die Stromstärke muss an allen Stellen des Stromkreises gleich sein. Die Spannungen an Spule und Kondensator sind stets genau entgegengesetzt gepolt und ergeben zusammen die Spannung des Netzgeräts.

Abb. 141: Bei einem **Reihenschwingkreis** ist im Resonanzfall der Widerstand minimal und die Stromstärke maximal. Je größer der ohmsche Widerstand in dieser Schaltung ist, umso niedriger fällt das Stromstärkemaximum aus.

Abb. 142: Bei der Eigenfrequenz wirken Parallel- bzw. Reihenschwingkreise wie offene bzw. geschlossene **Schalter**.

Man kann die Wechselspannungsquelle auch so einbauen, dass sie in Reihe mit Spule und Kondensator liegt (Abb. 140). Bei einem solchen **Reihenschwingkreis** tritt quasi die gegenteilige Situation wie beim Parallelschwingkreis ein: Wenn die Anregung mit der Eigenfrequenz erfolgt, dann fließt der maximale Strom. Bei anderen Frequenzen ist die Stromstärke deutlich geringer. Hier werden also *Ströme* mit der Eigenfrequenz des Schwingkreises durchgelassen, die anderen Frequenzen hingegen herausgefiltert. Greift man dagegen die *Spannung* zwischen A und B ab, so ist diese bei der Eigenfrequenz gerade null. Beim Spannungssignal wird also diese Frequenz herausgefiltert, beim Parallelschwingkreis ist es gerade umgekehrt. Abb. 141 zeigt, wie sich Wechselstromwiderstand bzw. Stromstärke in dieser Schaltung mit der Frequenz ändern.

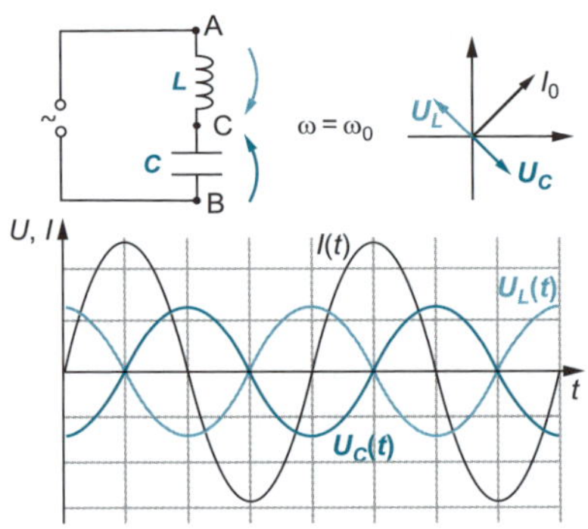

Abb. 140

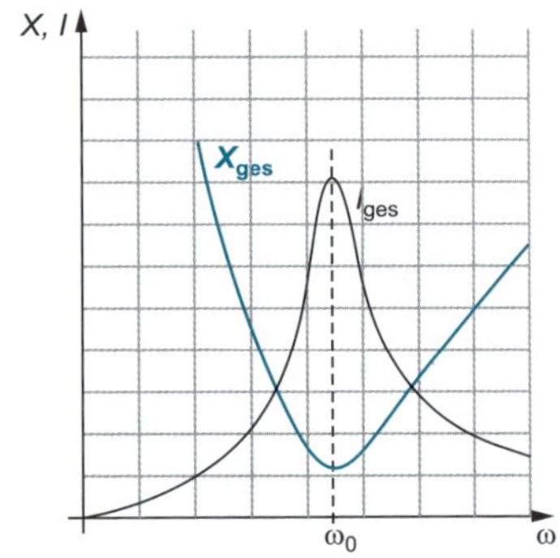

Abb. 141

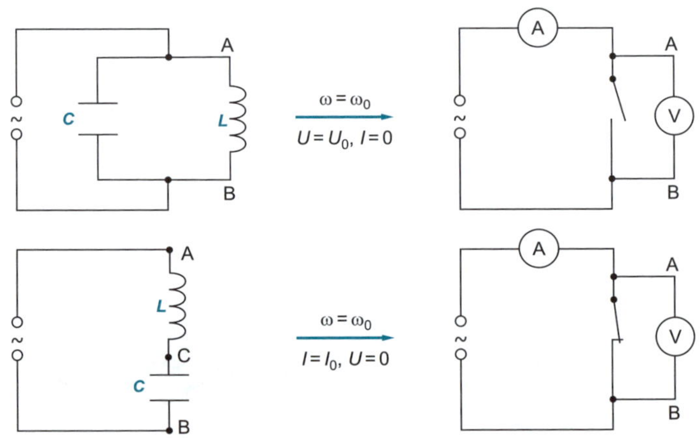

Abb. 142

Vereinfacht kann man das Verhalten von Parallel- und Reihenschwingkreisen in Analogie zu einem Schalter beschreiben (Abb. 142).

- Ein **Parallelschwingkreis** wirkt bei seiner Eigenfrequenz ähnlich wie ein **offener Schalter** – es fließt kein Strom, aber an den beiden Anschlüssen liegt die volle Spannung an.
- Ein **Reihenschwingkreis** wirkt bei seiner Eigenfrequenz wie ein **geschlossener Schalter**: Es fließt der maximale Strom, aber es liegt keine Spannung an.

9.3 Ungedämpfte Schwingungen durch Rückkopplung

Im Allgemeinen geht in Schwingkreisen immer Energie zumindest in Form von thermischer Energie „verloren", was zur Folge hat, dass die Amplitude der Schwingung abnimmt. Das ist vergleichbar dazu, dass beim Schaukeln durch Reibung mechanische Energie in thermische Energie umgewandelt wird. Wie bei einer Schaukel kann man aber auch elektromagnetische Schwingkreise von außen „anschubsen", um die „verloren gegangene" Energie wieder zu ersetzen. Dazu bedient man sich des Prinzips der **Rückkopplung** (Abb. 143). Die Idee dazu steckt schon im Phänomen der **Resonanz**: Regt man einen Parallelschwingkreis von außen mit seiner Eigenfrequenz an, so fließt in der Zuleitung im Idealfall kein Strom und in dem Kreis aus Spule und Kondensator findet eine **ungedämpfte** Schwingung statt. Im Realfall fließt ein minimaler Strom, der gerade die Energieverluste durch die unvermeidlichen ohmschen Widerstände ausgleicht.

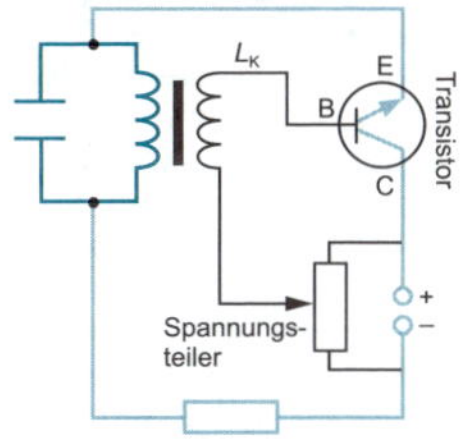

Abb. 143: Rückkopplungsschaltung nach Meißner. Der Transistor hat die Eigenschaft, dass zwischen Kollektor (C) und Emitter (E) nur dann Strom fließt, wenn die Spannung zwischen der Basis (B) und dem Emitter richtig gepolt ist und einen Wert von ca. 1 Volt überschreitet. An der Spule L_K entsteht durch Induktion eine Wechselspannung mit der Eigenfrequenz des Schwingkreises. Über den Spannungsteiler stellt man die Spannung so ein, dass mithilfe der Induktionsspannung der Schwellwert von 1 Volt immer zum richtigen Zeitpunkt überschritten wird. Dadurch fließt jeweils zum richtigen Zeitpunkt Strom zum **Schwingkreis** und ersetzt die verloren gegangene Energie.

In der Rückkopplungsschaltung – im Schaltbild der Abb. 143 nach der Idee von *Alexander Meißner* (1883–1958) gezeigt – sorgt man durch elektronische Schalter (Transistoren oder Triodenröhren) dafür, dass zum richtigen Zeitpunkt dem Schwingkreis wieder Energie zugeführt wird. Die Schaltung besteht im Wesentlichen aus drei Grundelementen: dem eigentlichen Schwingkreis (dunkelgrün), der Energieversorgung (hellgrün) und dem Steuerkreis, welcher für die Rückkopplung sorgt (schwarz). Mit Letzterem „koppelt man das Signal des Schwingkreises aus" – in der hier gezeigten Schaltung geschieht dies durch Induktion an einer Spule **(induktive Kopplung)** – und steuert damit den Schalter (hier den Transistor): Ist die Spannung zwischen B und C groß genug, stellt der Transistor einen geschlossenen Schalter dar und es kann im Energieversorgungskreis Strom fließen. Ist sie zu niedrig, stellt der Transistor einen offenen Schalter dar und es fließt kein Strom. Über den Schaltzustand des Transistors wirkt das ausgekoppelte Signal wieder auf den Schwingkreis zurück, indem es die Energiezufuhr regelt. Statt einer Spule kann man auch einen Kondensator benutzen, um das Signal auszukoppeln – man spricht dann von **kapazitiver Kopplung**.

9.4 Exkurs: Komplexe Zahlen

Abb. 144: Leonhard **Euler** war ein außergewöhnlich produktiver Mathematiker. Fast 900 Veröffentlichungen sind von ihm bekannt. Viele der heute gebräuchlichen Bezeichnungen wie z. B. „π" oder „e" (Euler'sche Zahl) gehen auf ihn zurück. Er war es, der dem Begriff „Funktion" in der Mathematik eine zentrale Rolle zuwies, und wird als der eigentliche Begründer der modernen Analysis angesehen.

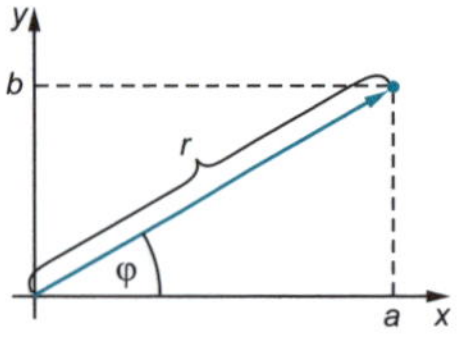

Abb. 145: Die Koordinaten des Punktes $(a\,|\,b)$ lassen sich auch in der Form $z = r \cdot e^{i\varphi}$ schreiben.

In der Elektrotechnik werden häufig komplexe Zahlen verwendet. Dabei wird mit einer Zahl gerechnet, die nicht in den reellen Zahlen enthalten ist. Man nennt sie nach *Leonhard Euler* (1707–1783) **imaginäre Einheit** und kürzt sie mit ***i*** ab (Abb. 144). Dabei wird für i folgende Eigenschaft festgelegt:

$$i^2 = -1$$

Man kann mit ihrer Hilfe Zahlenobjekte bilden, bei denen man die Rechengesetze für die reellen Zahlen zum größten Teil verwenden kann. Diese **komplexen Zahlen** haben die Gestalt $z = a + b \cdot i$, wobei a und b reelle Zahlen sind. a bezeichnet man als **Realteil** der komplexen Zahl, b als **Imaginärteil**. Man kann zeigen, dass die Rechenregeln für diese Zahlen die gleichen sind wie für die Vektoraddition in einem zweidimensionalen Raum; a kann man als x-Koordinate und b als y-Koordinate von Punkten in einem kartesischen Koordinatensystem interpretieren. Häufig benutzt wird in der Elektrotechnik der folgende Zusammenhang mit der Potenzrechnung:

$$e^{i\varphi} = \cos\varphi + i \cdot \sin\varphi$$

Ein Punkt $(a\,|\,b)$ im kartesischen Koordinatensystem lässt sich dann auch durch

$$r \cdot e^{i\varphi} = r \cdot \cos\varphi + r \cdot \sin\varphi \qquad (*)$$

beschreiben, wobei $r = \sqrt{a^2 + b^2}$ der Abstand des Punktes vom Ursprung ist und φ der Winkel, den die positive x-Achse mit einem Vektor vom Ursprung zu diesem Punkt einschließt (Abb. 145). Damit kann man die Pfeile in den Zeigerdiagrammen der Elektrotechnik einfach als Zahlen darstellen, z. B. beim Parallelschwingkreis: Die anliegende Spannung kann dann mit dem Term $U(t) = \hat{U} \cdot e^{i\omega t}$ ausgedrückt werden, ebenso die Stromstärken durch Spule und Kondensator:

$$I_L(t) = \hat{I} \cdot e^{i\left(\omega \cdot t - \frac{\pi}{2}\right)} \quad \text{bzw.} \quad I_C(t) = \hat{I} \cdot e^{i\left(\omega \cdot t + \frac{\pi}{2}\right)}$$

Auch Widerstände werden dann durch komplexe Zahlen beschrieben – der Realteil dieser komplexen Widerstände ergibt die **Wirkwiderstände**, an denen tatsächlich Energie verloren geht; der Imaginärteil beschreibt die **Scheinwiderstände**, bei denen die Energie nur zwischen Stromkreis und Netzgerät hin- und herschaukelt. Bemerkenswert ist noch folgender Zusammenhang zwischen den Zahlen e, i und π, der direkt aus Gleichung (∗) für $r = 1$ und $\varphi = \pi$ folgt:

$$\boldsymbol{e^{i\pi} = -1}$$

9.5 Exkurs: Alexander Graham Bell und das Telefon

Abb. 146 a

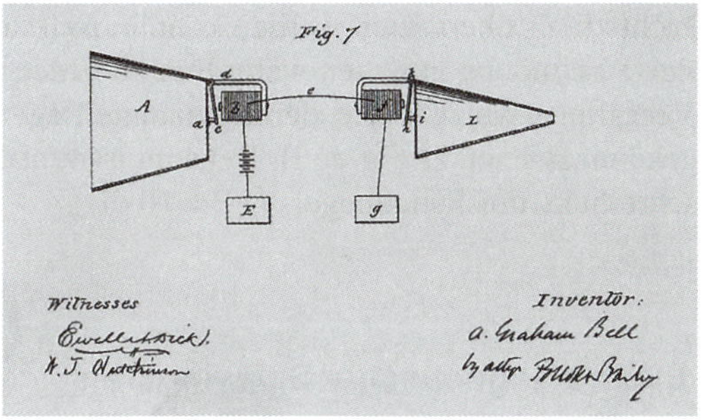

Abb. 146 b

Abb. 146: Entwicklung der **Telefonie**

a: Der Schotte Alexander Graham **Bell** studierte zunächst griechische und lateinische Sprache, wurde dann wie sein Vater Lehrer für Sprechtechnik. Er beschäftigte sich eingehend mit der Anatomie und Physiologie der menschlichen Sprechorgane und gründete in Kanada eine Schule für Gehörlose.

b: Die Grafik zeigt die Originalabbildung aus seiner **Patentschrift**. Bells Apparat basierte darauf, dass über eine Membran die Induktivität einer Spule im Rhythmus der Membranschwingungen geändert wurde. Dadurch überlagerte sich dem Gleichstrom in der Spule ein Wechselstrom – aus der mechanischen Schwingung wurde eine elektrische. Am anderen Ende der Leitung befand sich eine identische Apparatur: Die sich mit der Stromstärke ändernde magnetische Wirkung versetzte eine Membran in Schwingungen.

Wie schon oft in der Geschichte der Entdeckungen und Erfindungen ranken sich auch um die Entwicklung des **Telefons** Legenden über angebliche und wirkliche Ersterfinder, über Patente und Streitigkeiten. Heute nimmt man an, dass die Grundzüge der Telefonie technisch erstmals 1861 von *Philipp Reis* (1834–1874) im hessischen Friedrichsdorf umgesetzt wurden. Reis benutzte dabei den Effekt, dass sich der Widerstand zwischen zwei Metallkontakten ändert, wenn sie mehr oder weniger stark zusammengedrückt werden. Damit konnte er die Stärke eines Gleichstroms modulieren. Der Apparat von Reis wurde zwar auf einer Versammlung von Naturforschern gelobt, allerdings fand sich niemand, der es wagte, den Apparat in Serie zu produzieren.

Der Schotte *Alexander Graham Bell* (1847–1922) beschäftigte sich bei seinen Bemühungen, Taubstummen zu helfen, mit dem Werk von *Hermann von Helmholtz* (siehe Kapitel 4, S. 56). Jener hatte akustische Phänomene sehr intensiv erforscht und dazu u. a. auch Stimmgabeln benutzt, die er elektromagnetisch anregte. Bell wurde von dieser Idee inspiriert und meldete schließlich 1876 ein Patent für „Improvement of Telegraphy“ an, Stunden bevor *Elisha Gray* (1835–1901) eine Patentvormerkung für seine Erfindung „The art of transmitting vocal sounds or conversations telegraphically through an electric circuit“ erhielt. In der Folge erhielt Bell das Patent, der Antrag von Gray wurde zurückgewiesen – jahrelange Patentstreitigkeiten waren die Folge (Abb. 146).

Bell gründete dann die *Bell Telephone Company*, aus der später die *American Telegraph & Telephone Company* (*AT&T*) wurde. Damit begann ein neues Zeitalter der Kommunikation zwischen den Menschen: Es wurde endlich möglich, Nachrichten über lange Strecken in kurzer Zeit zu übermitteln. Bell verdiente mit seinen Telefonen so viel Geld, dass er sich leisten konnte, ein eigenes Laboratorium einzurichten und nun seinen naturwissenschaftlichen Interessen nachzugehen. So entwickelte er auch ein *photophone*, bei dem Sprache drahtlos mittels eines Lichtstrahls übermittelt werden konnte; Bell fand, dass das seine wichtigste Erfindung gewesen wäre. Ihm zu Ehren wird das logarithmische Verhältnis zweier Werte, der sogenannte **Pegel**, mit der Einheit **Bel (B)** gekennzeichnet: $L = \lg \frac{p}{p_0}$ B. Bekannt ist v. a. das **Dezibel (dB)** zur Beschreibung des Schallpegels (1 B = 10 dB).

Fakten und Formeln: Elektromagnetischer Schwingkreis

- Eine Spule und ein Kondensator bilden zusammengeschaltet einen **elektromagnetischen Schwingkreis**. Die Periodendauer bzw. die Frequenz hängen dabei von der Induktivität L der Spule und der Kapazität C des Kondensators ab.
- Bei der **Eigenschwingung**, also der freien Schwingung des Schwingkreises, nimmt die Amplitude aufgrund der vorhandenen ohmschen Widerstände ab. Es handelt sich um eine **gedämpfte Schwingung**.
- Die **Periodendauer** der Eigenschwingung des Schwingkreises lässt sich mit der Thomson-Formel berechnen. Die zugehörige Frequenz $f_0 = \frac{1}{2\pi} \cdot \omega_0 = \frac{1}{T}$ heißt **Eigenfrequenz**.

$$T = 2\pi \cdot \sqrt{L \cdot C}$$

$$\omega_0 = \frac{1}{\sqrt{L \cdot C}}$$

$$f_0 = \frac{1}{2\pi \cdot \sqrt{L \cdot C}}$$

- Bei der Eigenfrequenz eines Schwingkreises sind die **Wechselstromwiderstände** von Spule und Kondensator **gleich groß**.
- Schwingkreise kann man durch Anlegen von Wechselspannungen zu **erzwungenen Schwingungen** anregen. Je nach Anschlussart der Wechselspannung wird er dann als **Parallelschwingkreis** oder als **Reihenschwingkreis** betrieben.
- Bei beiden Schwingkreistypen kommt es bei Anregung mit der Eigenfrequenz des Schwingkreises zur **Resonanz**:
  - Beim Parallelschwingkreis fließt bei Resonanz kein Strom. Er filtert Ströme heraus, deren Frequenzen mit seiner Eigenfrequenz übereinstimmen.
  - Beim Reihenschwingkreis ist die Stromstärke bei Resonanz maximal. Er filtert Ströme heraus, deren Frequenzen gerade *nicht* mit seiner Eigenfrequenz übereinstimmen.

Concept Map: Elektromagnetischer Schwingkreis

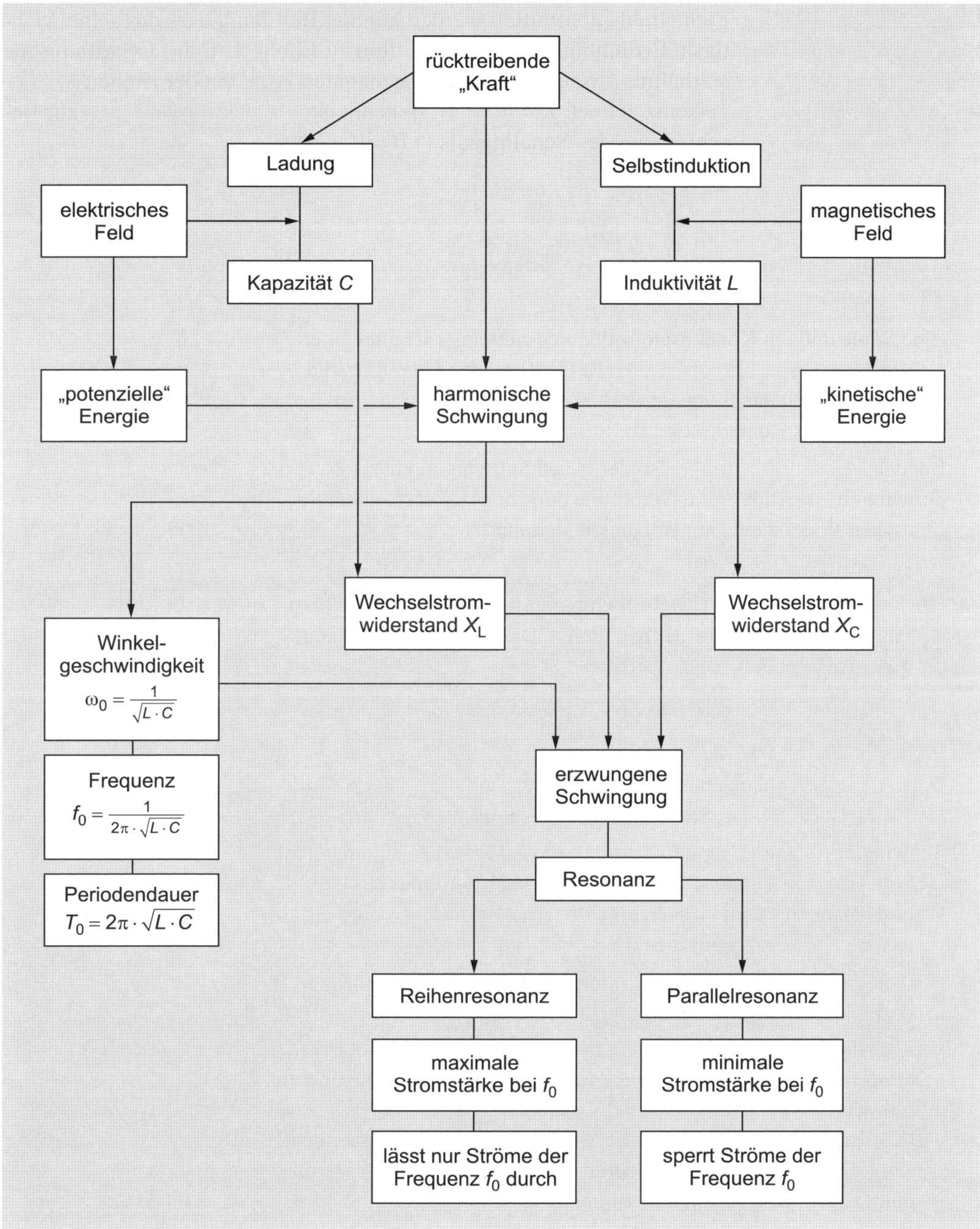

Wellen

10 Grundlagen der Wellenlehre

10.1 Grundbegriffe

Der Begriff **Welle** taucht im Alltagssprachgebrauch recht häufig auf: „Auf gleicher Wellenlänge liegen“, „Schallwelle“, „Dauerwelle“, „Radiowellen“ usw. Ein gutes Beispiel dafür, was man in der Physik unter einer Welle versteht, ist die „La-Ola-Welle“ (Abb. 147).

Abb. 147

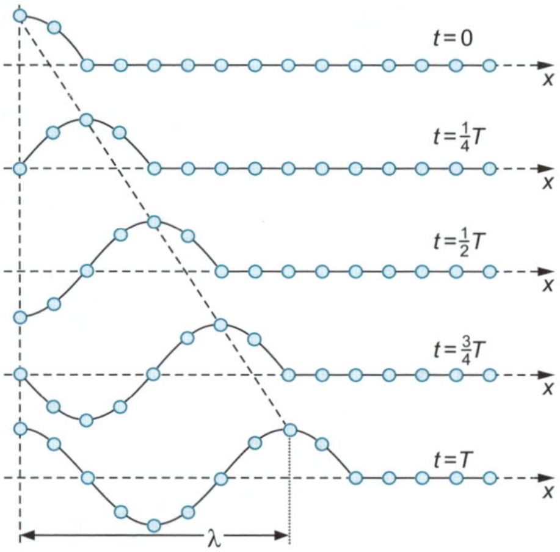

Abb. 148

Abb. 147: Eine **La-Ola-Welle** in einem Stadion beginnt mit einem akustischen und optischen Signal. Die Zuschauer werden dadurch aneinandergekoppelt, sodass sich das Hochreißen der Arme durch das Stadion fortpflanzt.

Abb. 148: Es erfolgt eine **periodische Anregung** von links. Nach einer Periodendauer T hat sich der Anregungszustand um die Strecke $\lambda = c \cdot T = \frac{c}{f}$ weiterbewegt. Am linken Ende ist dann wieder die gleiche Schwingungsphase wie zu Anregungsbeginn erreicht. Allgemein gilt: Zwei Orte im Abstand λ voneinander befinden sich in der gleichen Schwingungsphase. λ heißt **Wellenlänge**.

Bei einer Welle breitet sich eine **Anregung** (man spricht auch von Störung) eines Systems aus. Die **Ausbreitungsgeschwindigkeit** c hängt von der Art der Welle und vom Material ab: Elektromagnetische Wellen pflanzen sich in Kupfer mit etwa 270 000 $\frac{\text{km}}{\text{s}}$ fort, Schallwellen mit 4700 $\frac{\text{m}}{\text{s}}$; in Luft betragen die Werte 300 000 $\frac{\text{km}}{\text{s}}$ bzw. 340 $\frac{\text{m}}{\text{s}}$. Die von Musikinstrumenten erzeugten Schallwellen oder die von Radiosendern ausgesendeten elektromagnetischen Wellen entstehen jeweils durch periodische Anregungen – es bilden sich **periodische Wellen** aus. (Da man es in der Physik meistens mit periodischen Wellen zu tun hat, verwendet man nur in Ausnahmefällen den Zusatz „periodisch“ und spricht im Allgemeinen von „Wellen“.)

Als **Frequenz f** der Welle bezeichnet man die Frequenz, mit der die Anregung erfolgt. Dabei stellt man fest, dass die zeitliche Periodizität der Anregung dazu führt, dass sich im Raum ebenfalls eine periodische Struktur ausbildet. Deren Kenngröße ist die **Wellenlänge λ**; sie hängt von der Ausbreitungsgeschwindigkeit c und der Frequenz f ab (Abb. 148).

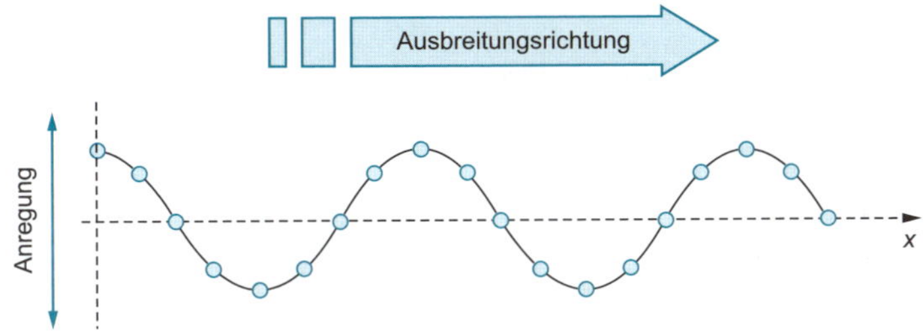

Abb. 149 a

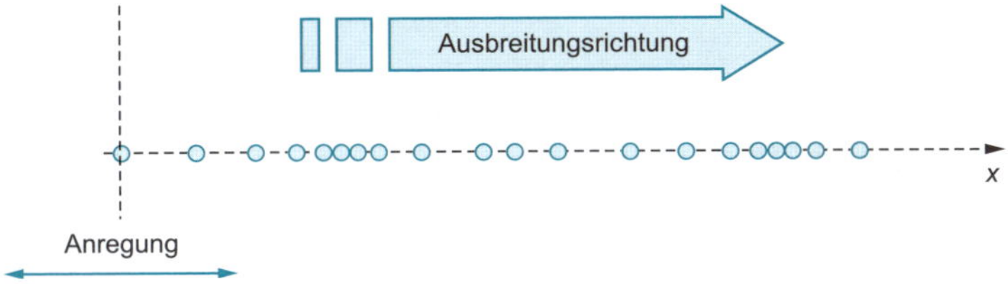

Abb. 149 b

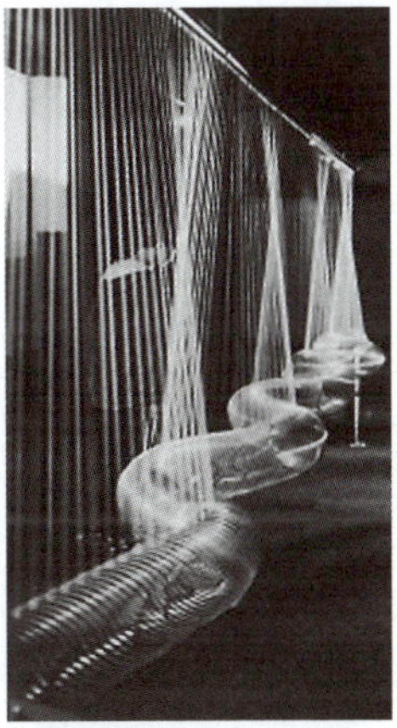
Abb. 150 a

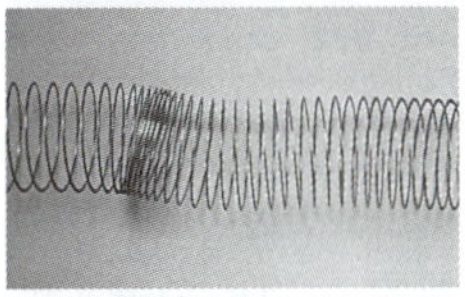
Abb. 150 b

Abb. 149: Wellenformen

a: Bei **Quer-** oder **Transversalwellen** findet an jeder Stelle eine Schwingung quer zur Ausbreitungsrichtung statt.

b: Stimmen die Anregungsrichtung und die Schwingungsrichtung der Teilchen überein, so spricht man von **Längs-** oder **Longitudinalwellen**.

Abb. 150: Bei der **Schraubenfeder** sind die Atome durch Bindungskräfte aneinandergekoppelt, sodass sich eine Anregung entlang der Feder fortbewegt. Bei ihr lassen sich beide Wellenformen herstellen:

a: Querwelle

b: Längswelle

Eine Schallwelle mit der Frequenz 440 Hz (Kammerton a' in der Musik) hat beispielsweise eine Wellenlänge von etwa einem dreiviertel Meter, eine elektromagnetische Welle mit der Frequenz 100 MHz (UKW-Sender) eine Wellenlänge von drei Metern.
Wellen lassen sich in zwei Grundtypen einteilen. Erfolgt die Anregung quer zur Ausbreitungsrichtung, spricht man von **Quer-** bzw. **Transversalwellen**. Stimmen Anregungsrichtung und Ausbreitungsrichtung überein, erhält man **Längswellen** bzw. **Longitudinalwellen** (Abb. 149, Abb. 150). Schallwellen sind in Gasen und Flüssigkeiten stets Longitudinalwellen, in Festkörpern kann Schall sich auch in Form von Transversalwellen fortpflanzen. Licht und Radio- bzw. Fernsehwellen stellen elektromagnetische Transversalwellen dar.
Bei Transversalwellen sind viele Anregungsrichtungen möglich, bei Longitudinalwellen nur eine. Daher lassen sich Transversalwellen auch **linear polarisieren**, d. h. durch eine geeignete Anordnung kann man eine Anregungsrichtung herausfiltern (Abb. 151 a). Beim Satellitenfunk nutzt man die Polarisierbarkeit von Transversalwellen: Auf jedem Frequenzband können so zwei Sender ihre Informationen kodieren – der eine benutzt vertikal polarisierte Wellen, der andere horizontal polarisierte. Neben der linearen Polarisation wird auch manchmal eine **zirkulare Polarisation** verwendet. Dabei dreht sich die Schwingungsebene an einem festen Ort während einer Periodendauer um 360°. Die Momentaufnahme einer zirkular polarisierten Welle zeigt, dass sich die Schwingungsebene von Ort zu Ort ändert; innerhalb einer Wellenlänge wird eine Drehung von 360° erreicht (Abb. 151 b).

Abb. 151: Polarisation

a: Bei Transversalwellen lassen sich mithilfe eines **Polarisationsfilters** Wellen mit einer bestimmten Schwingungsebene herausfiltern. Diese **linear polarisierte** Welle kann dann ein weiteres Polarisationsfilter, das gegenüber dem ersten um 90° gedreht ist, nicht mehr passieren.

b: Bei **zirkular polarisierten** Wellen dreht sich die Schwingungsebene von Ort zu Ort um einen bestimmten Winkel. Innerhalb einer Wellenlänge hat sich die Schwingungsebene um 360° gedreht.

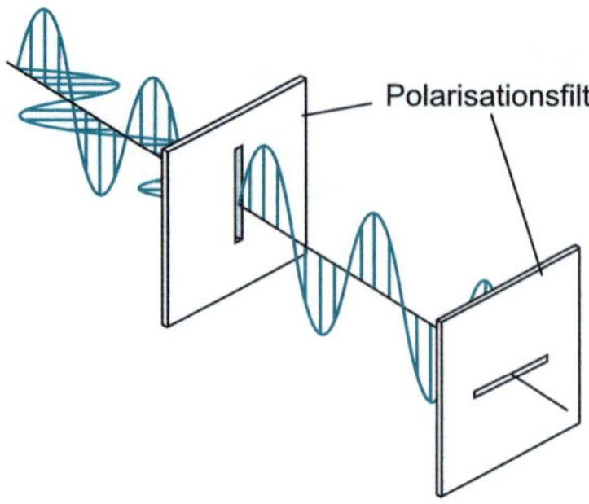

Abb. 151 a

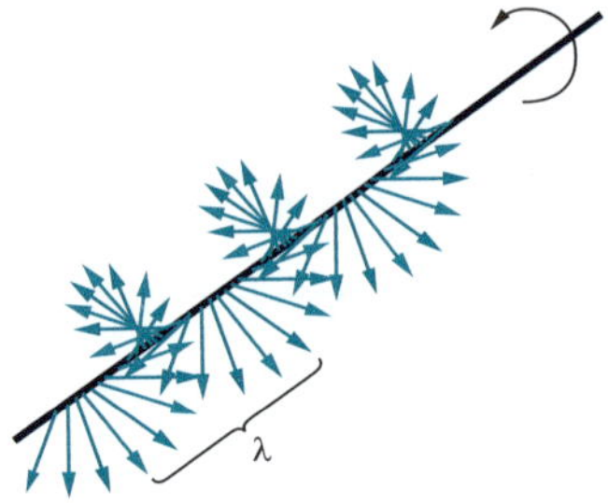

Abb. 151 b

10.2 Grundphänomene

Abb. 152: Von jedem Punkt einer Wellenfront gehen nach Huygens kreisförmige **Elementarwellen** aus. Die Überlagerung dieser Elementarwellen ergibt die neue Wellenfront.

a: Ebene Wellen

b: Kreiswellen

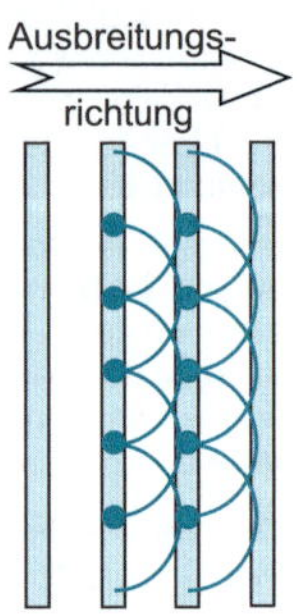

Abb. 152 a

Abb. 152 b

Mithilfe des Wellenmodells lässt sich eine Reihe von physikalischen Phänomenen auf einfache Weise erklären. Grundlegend ist dabei die Annahme, dass von jedem Punkt einer Wellenfront jeweils eine (halb-) kreisförmige Welle ausgeht. Man nennt dies das **Huygens'sche Elementarwellenprinzip** (Abb. 152), benannt nach *Christiaan Huygens* (1629–1695, siehe Exkurs, S. 121).

Damit lässt sich erklären, dass Wellen grundsätzlich die Eigenschaft haben, „um die Kante zu laufen", wenn sie auf ein Hindernis treffen. Man kann dies z. B. an einer Hafeneinfahrt beobachten: Eine Welle, die an der Einfahrt auf die Hafenmauer trifft, breitet sich nicht nur in der Richtung aus, in der für sie der Weg frei ist, sondern auch in den geometrischen Schattenbereich hinein. Dieses Phänomen nennt man **Beugung**. Bei der Beobachtung von Sternen kann man anhand dessen, ob Beugungseffekte auftreten oder nicht, entscheiden, ob es sich bei einem Objekt um eine Galaxie oder einen Stern handelt (Abb. 153). Eine Hilfslupe erhält man, wenn man in ein Stück Karton ein kleines Loch sticht (ca. 1 bis 3 mm Durchmesser). Aufgrund der Beugungseffekte an den Lochrändern erscheinen Gegenstände, die man durch das Loch hindurch betrachtet, auch ohne eine Linse (!) leicht vergrößert.

Wenn sich zwei Wellen überlagern, kommt es zur **Interferenz**. Musikalisch unangenehm bemerkbar macht sich die Interferenz zweier Schallwellen mit nahe beieinanderliegenden Frequenzen, z. B. bei zwei leicht verstimmten Blockflöten. Hier kommt es zu **Schwebungen**, die man als periodisches An- und Abschwellen der Lautstärke oder als schwirrenden Ton wahrnimmt (Abb. 154).

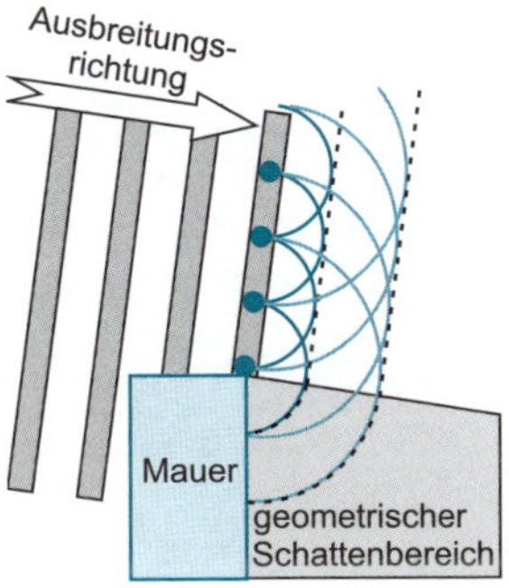

Abb. 153 a

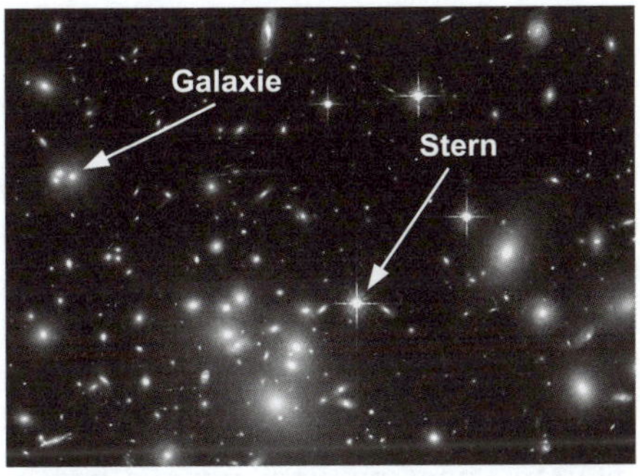

Abb. 153 b

Abb. 153: Beugung

a: Gemäß dem Elementarwellenprinzip nach Huygens geht auch vom Eckpunkt eines Hindernisses eine **Elementarwelle** aus. Daher läuft die Welle auch in den geometrischen Schattenbereich hinein.

b: Astronomen können anhand von Beugungseffekten bei Licht unterscheiden, ob es sich bei einem beobachteten Objekt um **Galaxien** (keine Beugungseffekte) oder um **Sterne** (Beugungseffekte treten auf) handelt. Die Objekte, die im Bild als Flecken erscheinen, sind Galaxien; bei Sternen treten hier kreuzförmige Beugungserscheinungen auf, die von der Halterung des Auffangspiegels des Teleskops stammen.

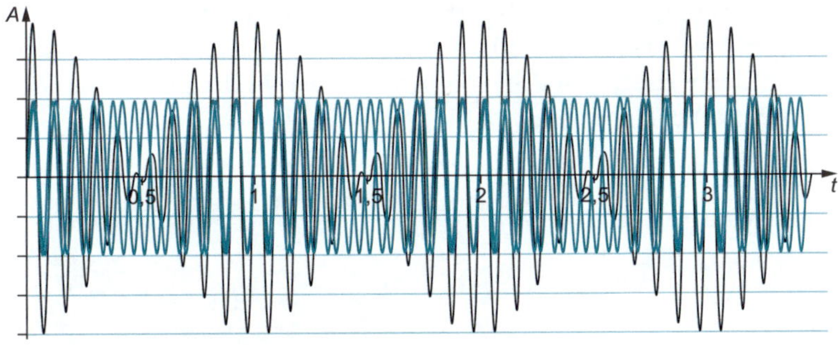

Abb. 154

Abb. 154: Schwebung
Zwei Wellen mit nahe beieinanderliegenden Frequenzen (dunkel- und hellgrüne Kurven) überlagern sich. Es kommt zu einem periodischen An- und Abschwellen der Amplitude (schwarze Kurve). Die Differenz der beiden ursprünglichen Frequenzen ergibt gerade die Frequenz der Schwebung. Spielen zwei gleiche Musikinstrumente diese Töne, hört man einen flatternden oder schwirrenden Ton.

Regentropfen, die ins Wasser fallen, lösen Kreiswellen mit gleicher Wellenlänge bzw. Frequenz aus. Bei der Überlagerung der Wellen gibt es Orte, an denen sich die Wellen verstärken **(Interferenzmaxima)** oder abschwächen **(Interferenzminima)**. Im Idealfall löschen sich bei einem Interferenzminimum die Wellen gegenseitig aus, sodass an diesem Ort keine Schwingung erfolgt (Abb. 155).

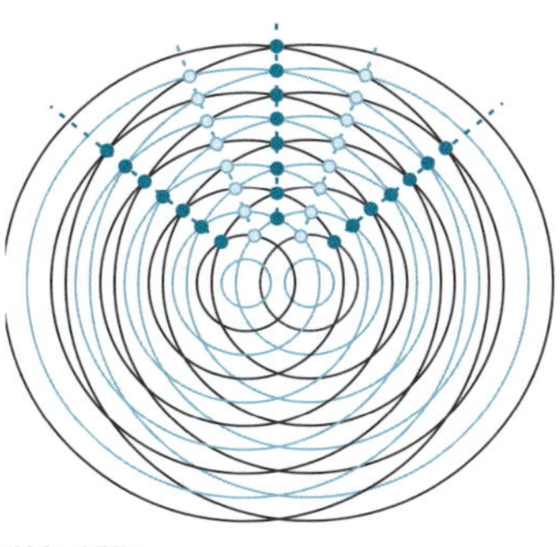

Abb. 155 a

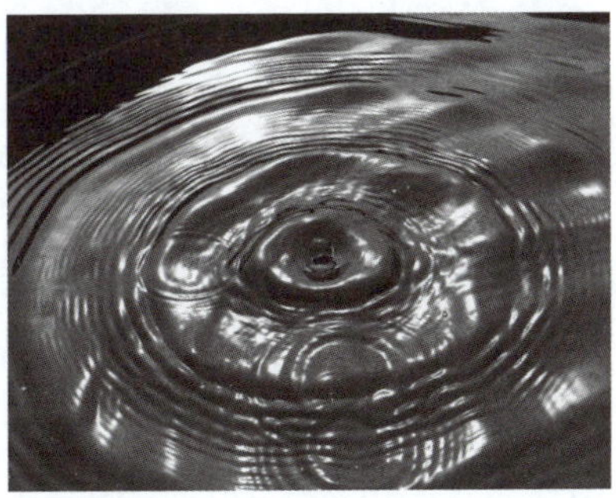

Abb. 155 b

Abb. 155: Interferenz

a: An den Stellen, an denen zwei Wellenberge (schwarze Linien) bzw. zwei Wellentäler (grüne Linien) aufeinander treffen, verstärken sich die Wellen (**konstruktive Interferenz, ●**) – es entstehen Interferenzmaxima. Wo ein Berg und ein Tal zusammentreffen, löschen sich die Wellen im Idealfall aus (**destruktive Interferenz, ○**).

b: Interferenz von **Kreiswellen** auf einer Wasseroberfläche, die von Regentropfen ausgelöst wurden.

Abb. 156: Liegen die Wellenzentren bei gleicher Wellenlänge (links und Mitte) weiter auseinander, so rücken die **Ortskurven** der Interferenzmaxima und -minima enger zusammen. Sind die Wellenzentren gleich weit voneinander entfernt, die Wellenlängen aber verschieden groß (Mitte und rechts), rücken die Ortskurven mit zunehmender Wellenlänge auseinander.

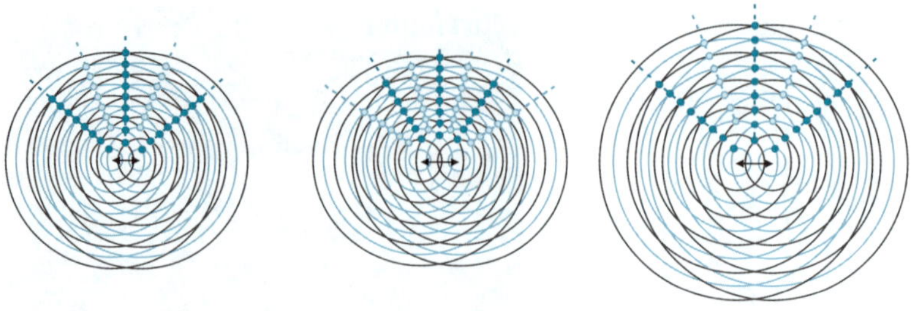

Abb. 156

Interferenzmaxima und -minima liegen dabei auf nahezu geraden Linien. Tatsächlich handelt es sich bei diesen Linien um Hyperbeln. In guter Näherung sind die Hyperbeläste nahezu geradlinig, wenn man genügend weit von den Wellenzentren entfernt ist. Lage und Abstand dieser Linien hängen sowohl vom Abstand der Wellenzentren als auch von der Wellenlänge ab (Abb. 156).

Abb. 157: Zwei Wellen mit gleicher Frequenz und gleicher Amplitude (hell- und dunkelgrüne Kurven) laufen gegeneinander. Die Diagramme zeigen die Situation zu verschiedenen Zeitpunkten. Durch die Überlagerung (schwarze Kurve) ergeben sich Orte, an denen die Schwingung mit maximaler Amplitude stattfindet **(Bäuche)**, und Orte, an denen die Amplitude null ist **(Knoten)**. An den Knoten findet keine Schwingung mehr statt. Der Abstand zweier benachbarter Knoten bzw. Bäuche beträgt jeweils eine **halbe Wellenlänge**.

Abb. 158: Das Foto zeigt **stehende Wellen** in einem Topf mit Wasser. Man schlägt mit einem Kochlöffel gegen den Topf. Die Wellen, die dadurch entstehen, werden an der Topfwand reflektiert und überlagern sich mit den einlaufenden Wellen.

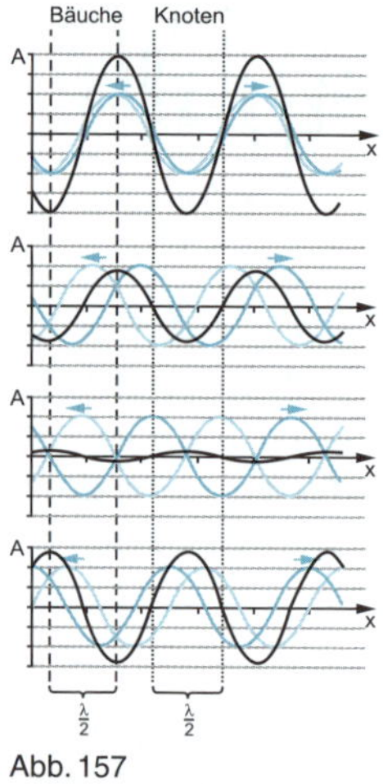

Abb. 157

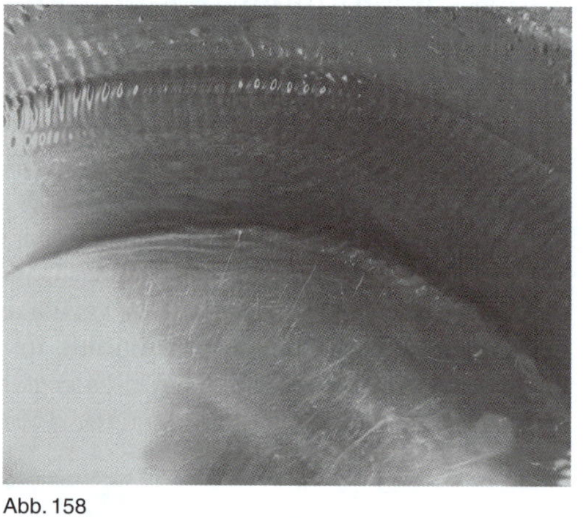

Abb. 158

Befindet man sich auf der Verbindungslinie zwischen zwei Wellenzentren, so laufen die Wellen hier genau gegeneinander. Auch hier gibt es feste Orte, an denen sich die Wellen verstärken – man spricht von (Wellen-)**Bäuchen**. Dazwischen liegen Orte, an denen sich die Wellen auslöschen, die (Wellen-)**Knoten** (Abb. 157). Die durch eine solche Überlagerung entstehenden Wellen bezeichnet man als **stehende Wellen**. Sie können sich auch auf Flächen ausbilden, wie etwa auf Wasseroberflächen, die in Kontakt zu vibrierenden Maschinenteilen stehen (Abb. 158).

Bei der **mathematischen Beschreibung** von Wellen benötigt man einen Ausdruck, bei dem sich an einem festen Ort die Auslenkung zeitlich periodisch ändert und zu einem festen Zeitpunkt eine räumliche Periodizität besteht. Sinusförmige (harmonische) Wellen beschreibt man daher durch folgenden Ausdruck:

Mathematische Beschreibung harmonischer Wellen
Die Auslenkung $A(x,t)$ einer harmonischen Welle hängt sinusförmig vom Ort x und von der Zeit t ab:

$$A(x,t) = \hat{A} \cdot \sin\left(\omega \cdot t + \frac{2\pi}{\lambda} \cdot x\right) = \hat{A} \cdot \sin\left(\frac{2\pi}{T} \cdot t + \frac{2\pi}{\lambda} \cdot x\right)$$

$\hat{A}$ bezeichnet die Amplitude der Welle, ω die Kreisfrequenz, T die Periodendauer und λ die Wellenlänge.

Der Ausdruck $\frac{2\pi}{\lambda}$ wird in der Physik häufig mit k abgekürzt und als „Kreiswellenzahl" bezeichnet. Befindet man sich an einem **festen Ort** x_1, nimmt der Term $\frac{2\pi}{\lambda} \cdot x_1$ einen festen Wert r an. Die Auslenkung an diesem Ort wird dann beschrieben durch die **Schwingungsgleichung**

$$A(x,t) = \hat{A} \cdot \sin(\omega \cdot t + r);$$

sie ändert sich periodisch mit der Zeit. Sieht man sich eine **Momentaufnahme** einer Welle an, dann geschieht dies zu einem **festen Zeitpunkt** t_1; der Term $\omega \cdot t_1$ hat damit einen festen Wert s. Die Auslenkung zu diesem Zeitpunkt wird beschrieben durch die Formel

$$A(x,t) = \hat{A} \cdot \sin\left(s + \frac{2\pi}{\lambda} \cdot x\right),$$

d. h. sie ändert sich periodisch mit dem Ort.

10.3 Exkurs: Christiaan Huygens (1629–1695)

Constantijn Huygens (1596–1687), der Vater von *Christiaan Huygens* (Abb. 159), war ein wohlhabender Patrizier. Er lebte in Den Haag, damals Verwaltungssitz der „Republik der Sieben Vereinigten Provinzen", heute Hauptstadt der Niederlande. Er war Jurist und arbeitete als Sekretär verschiedener Statthalter der Niederlande. Daneben war er in der damaligen Zeit ein berühmter Dichter und Komponist, der zudem intensiven Kontakt zu zahlreichen Gelehrten seiner Zeit pflegte – darunter *Galileo Galilei* (1564–1642) und *René Descartes* (1596–1650). Letzterer war häufig zu Gast bei Huygens, der ihn bei der Drucklegung seiner Bücher unterstützte. Dadurch kam Christiaan schon früh mit Personen in Kontakt, die wesentliche Beiträge im Bereich der Naturwissenschaften lieferten. So kam es wohl auch dazu, dass er entgegen

Abb. 159: Christiaan Huygens

dem Wunsch des Vaters nicht Jura studierte, um Diplomat zu werden, sondern Mathematik bei *Frans van Schooten* (1615–1660), dessen Werke auch von *Isaac Newton* (1643–1727) intensiv gelesen wurden.

Abb. 160: Seine erste große Entdeckung mit einem selbst gebauten Fernrohr tat Huygens in seinem 1659 erschienenen Buch *Systema Saturnium* mit einem Anagramm kund. Die Buchstaben „aaaaaa ccccc d eeeee g h iiiiiii lllll mm nnnnnnnnn oooo pp q rr a ttttt uuuuu“ ergeben den lateinischen Satz: „Annulo cingitur, tenui, plano, nusquam coharente, ad eclipticam inclinato.“ Übersetzt heißt dies: „Er ist von einem Ring umgeben, der eben und flach ist, nicht mit ihm zusammenhängt und gegen die Ekliptik geneigt ist.“ Huygens hatte die **Ringe des Saturn** erkannt.

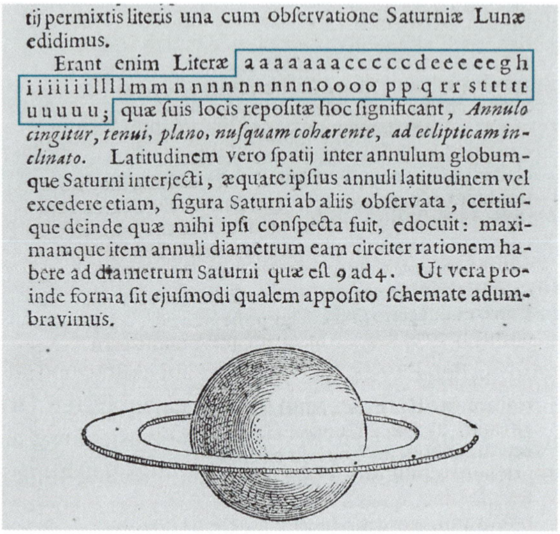

tij permixtis literis una cum observatione Saturniæ Lunæ edidimus.

Erant enim Literæ aaaaaaacccccdeeeeegh iiiiiiillllmmnnnnnnnnnoooo pp q rr sttttt uuuuu; quæ suis locis repositæ hoc significant, *Annulo cingitur, tenui, plano, nusquam cohærente, ad eclipticam inclinato.* Latitudinem vero spatij inter annulum globumque Saturni interjecti, æquare ipsius annuli latitudinem vel excedere etiam, figura Saturni ab aliis observata, certiusque deinde quæ mihi ipsi conspecta fuit, edocuit: maximamque item annuli diametrum eam circiter rationem habere ad diametrum Saturni quæ est 9 ad 4. Ut vera proinde forma sit ejusmodi qualem apposito schemate adumbravimus.

Abb. 160

Christiaan baute zunächst selbst Fernrohre, die zu den besten seiner Zeit gehörten. Er entdeckte damit im Jahr 1655, dass der Saturn einen Mond besitzt, und konnte das zwar von Galilei entdeckte, aber falsch gedeutete Ringsystem des Saturn als solches identifizieren (Abb. 160). Durch seine astronomischen Beobachtungen kam er auf das Problem der Zeitmessung, woraufhin er sich intensiv mit Pendeluhren beschäftigte. Seine Ergebnisse stellte er 1673 in dem Werk „Horologium oscillatorium“ vor. Zu dieser Zeit lebte er in Paris, wo man die Académie des Sciences neu gegründet hatte unter der Voraussetzung, das Huygens dorthin käme. Dort untersuchte dieser das Phänomen der Doppelbrechung, die bei Kalkspatkristallen auftrat. Dabei kam er zu seinem Prinzip der Elementarwellen, mit dem er nicht nur die Doppelbrechung, sondern auch die Phänomene Brechung und Reflexion erklären konnte. Seine Ergebnisse fasste er 1690 im Werk „Traité de la lumière“ zusammen. Allerdings wurde seine Wellentheorie des Lichts zunächst durch die Korpuskulartheorie Newtons verdrängt. Es dauerte bis 1801, bis die Doppelspaltexperimente von *Thomas Young* (1773–1829) der Wellentheorie des Lichts wieder Geltung verschafften. Die moderne Quantenphysik zeigt uns heute, dass sowohl Huygens als auch Newton recht hatten: Zur Beschreibung von Licht benötigt man die Eigenschaften von Wellen und von Teilchen gleichzeitig.

Fakten und Formeln: Wellenlehre

- Bei einer (periodischen) **Welle** breitet sich ein Anregungszustand mit der Ausbreitungsgeschwindigkeit c aus.
- Der Abstand zwischen zwei benachbarten Orten, die sich in der gleichen Schwingungsphase befinden, heißt **Wellenlänge**.
- Die **Grundgleichung** der Wellenlehre gibt den Zusammenhang zwischen der Anregungsfrequenz f, der Ausbreitungsgeschwindigkeit c und der Wellenlänge λ an. $c = \lambda \cdot f$
- Bei **Transversalwellen** erfolgt die Anregung quer zur Ausbreitungsrichtung, bei **Longitudinalwellen** findet die Anregung in Ausbreitungsrichtung statt.
  Transversalwellen lassen sich **polarisieren**, d. h., es lassen sich Wellen mit einer bestimmten Schwingungsebene herausfiltern.
- Treffen Wellen auf eine Kante, so tritt das Phänomen der **Beugung** auf, d. h., dass sich die Welle auch in den geometrischen Schattenbereich hinein bewegt.
- Die Überlagerung von Wellen wird **Interferenz** genannt:
  - Bei Wellen mit wenig voneinander verschiedener Frequenz kommt es zu **Schwebungen**.
  - Bei Wellen mit gleicher Frequenz ergeben sich Orte mit minimaler Schwingungsamplitude, die **Interferenzminima**, und Orte mit maximaler Schwingungsamplitude, die **Interferenzmaxima**.
  - Wellen gleicher Frequenz und gleicher Amplitude, die gegeneinander laufen, bilden **stehende Wellen**; Orte mit maximaler Schwingungsamplitude heißen **Bäuche**, Orte mit verschwindender Amplitude nennt man **Knoten**. Der Abstand zweier benachbarter Knoten bzw. Bäuche beträgt dabei stets eine halbe Wellenlänge.
- Das **Huygens'sche Elementarwellenprinzip** besagt, dass von jedem Punkt einer Wellenfront eine Kreiswelle ausgeht. Die Überlagerung dieser Kreiswellen ergibt die neue Wellenfront.
- Die **Auslenkung** A am Ort x zur Zeit t wird **mathematisch** beschrieben durch die Funktion $A(x, t)$. Dabei bedeuten $\hat{A}$ die Amplitude, ω die Kreisfrequenz bzw. Winkelgeschwindigkeit, k die Kreiswellenzahl, T die Periodendauer und λ die Wellenlänge der Welle.

$$A(x,t) = \hat{A} \cdot \sin(\omega \cdot t + k \cdot x) = \hat{A} \cdot \sin\left(\frac{2\pi}{T} \cdot t + \frac{2\pi}{\lambda} \cdot x\right)$$

Concept Map: Wellenlehre

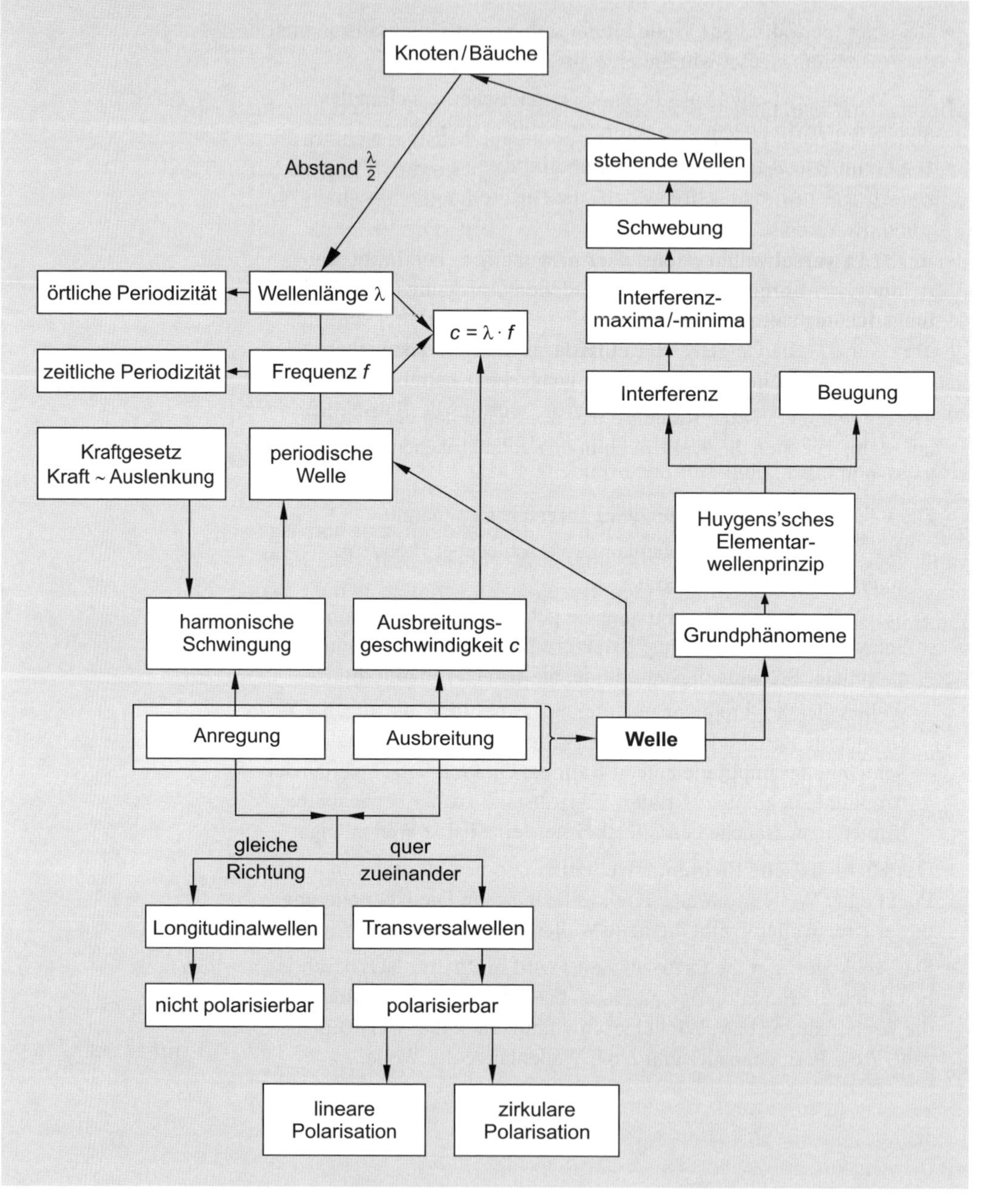

11 Mechanische Wellen

11.1 Schallwellen

Mit ihnen hat man täglich Kontakt: Das morgendliche Weckerklingeln, das Gespräch beim Frühstück, die entspannende Musik – Schallwellen begleiten uns den ganzen Tag und auch die Nacht hindurch. Es handelt sich bei ihnen um **Druckwellen**, die in Gasen nur als **Longitudinalwellen** auftreten; sie sind also **nicht polarisierbar**. Die **Frequenz**, mit der diese Druckschwankungen unser Ohr treffen, bestimmt die **Tonhöhe**, die wir wahrnehmen. Der **Betrag** der Druckschwankung ist ein Maß für die wahrgenommene **Lautstärke**. Da die Druckschwankungen bei Schall den Bereich von einigen Zehnerpotenzen überdecken, hat man für den **Schalldruckpegel** (Abb. 161) eine logarithmische Skala gewählt. Als Bezugsdruck dafür wurde die Druckdifferenz $\Delta p_0 = 2 \cdot 10^{-5}$ Pa = 20 µPa festgelegt. Diesen Wert hielt man für die Hörschwelle eines Tons mit der Frequenz 1 kHz (das ist in der wohltemperierten Stimmung mit dem Kammerton a' bei 440 Hz ein Ton zwischen h'' und c''', vgl. Abb. 162). Es hatte sich dann aber herausgestellt, dass dieser Wert zu niedrig angesetzt war. Da sich viele Regelungen schon auf den festgelegten Bezugswert beriefen, behielt man ihn trotzdem bei.

Schalldruckpegel

Der Schalldruckpegel wird über den **Effektivwert** der Druckschwankungen Δp eines Schallereignisses relativ zu der Bezugsgröße Δp_0 berechnet und durch die Angabe in Dezibel = $\frac{1}{10}$ Bel = 1 dB gekennzeichnet:

$$L_p = 10 \cdot \log\left(\frac{(\Delta p)^2}{(\Delta p_0)^2}\right) \text{dB} = 20 \cdot \log\left(\frac{\Delta p}{\Delta p_0}\right) \text{dB}$$

Anmerkungen:

- Der Effektivwert wird in analoger Weise bestimmt wie die Effektivwerte bei Wechselspannungen (vgl. Abschnitt 8.1, S. 96).
- In der Fachliteratur wird als Argument im Logarithmus meist $\frac{p}{p_0}$ verwendet. Dies verschleiert aber die Tatsache, dass es sich bei p nicht um den Absolutdruck, sondern um die Druckänderung gegenüber dem bestehenden Druck handelt.
- Die Angabe „Bel" (nach *Alexander Bell*, siehe Exkurs, S. 111) ist keine eigentliche Einheit, sondern kennzeichnet eine Größe als dekadischen Logarithmus eines Zahlenverhältnisses ($\log_{10} x = \lg x = \log x$).

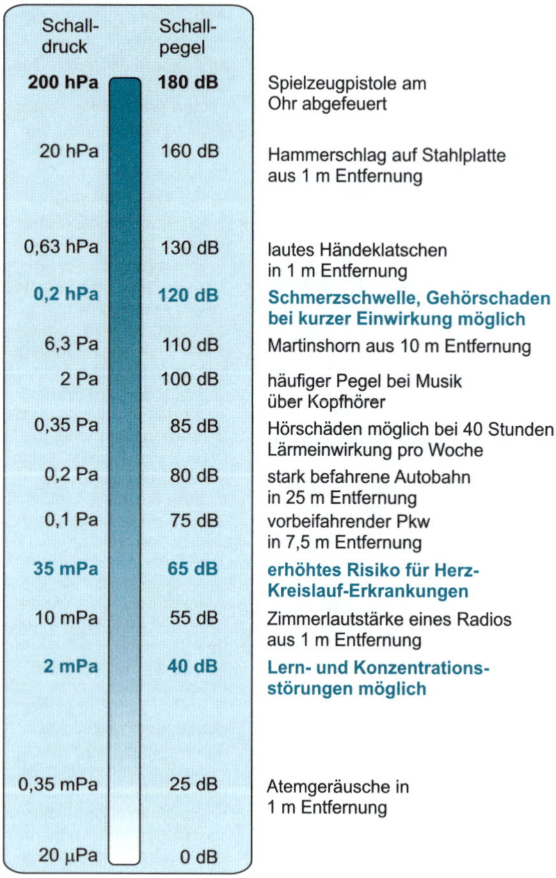

Abb. 161

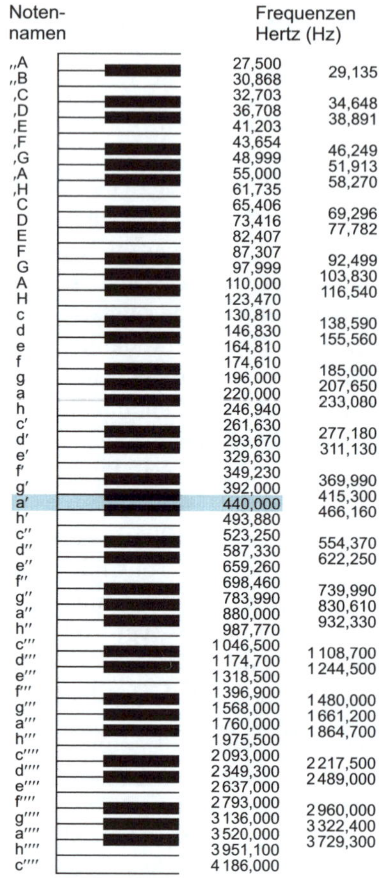

Abb. 162

Abb. 161: Das **Lärmometer** gibt einen Überblick über die Schalldrücke und die Schall(druck)pegel verschiedener Geräusche. Bei der Wiedergabe von Tonsignalen über Kopfhörer (z. B. beim Musikhören mit dem MP3-Player) wird die Schädigungsgrenze von 85 dB häufig überschritten.

Abb. 162: **Frequenzen** der 88 Töne einer Standardklaviatur in wohltemperierter Stimmung mit dem Kammerton a' = 440 Hz

Die Ausbreitungsgeschwindigkeit von Schall in Luft hängt von der Temperatur ab. Die Temperatur ist ein Maß für die mittlere kinetische Energie der Teilchen – daher ist die Grundgeschwindigkeit der Teilchen bei höherer Temperatur größer. Die Stöße zwischen den Teilchen erfolgen in kürzeren Zeitspannen, Störungen werden dadurch schneller weitergegeben (Abb. 163). Tatsächlich ist die Schallgeschwindigkeit proportional zur Wurzel aus der absoluten Temperatur, wie das nach der Modellvorstellung zu erwarten ist.

Schallgeschwindigkeit in Luft

Die Schallgeschwindigkeit in Luft beträgt $c_{\text{Luft}} = 331{,}6\ \frac{\text{m}}{\text{s}} \cdot \sqrt{\frac{T}{273\ \text{K}}}$.

T bezeichnet die absolute Temperatur. Der Faktor $331{,}6\ \frac{\text{m}}{\text{s}}$ wurde experimentell ermittelt; der theoretisch aus den Gasgleichungen hergeleitete Wert beträgt $331{,}2\ \frac{\text{m}}{\text{s}}$.

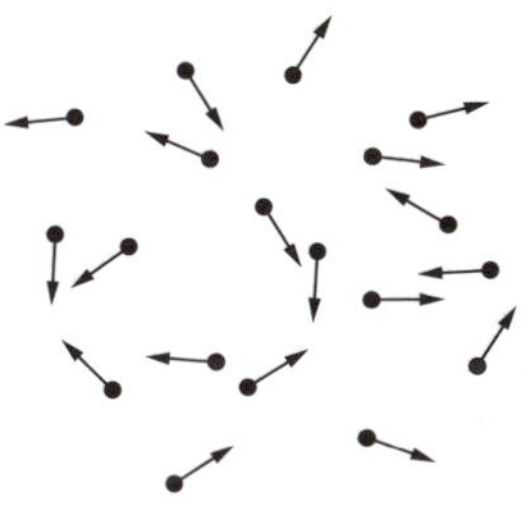

Abb. 163 a

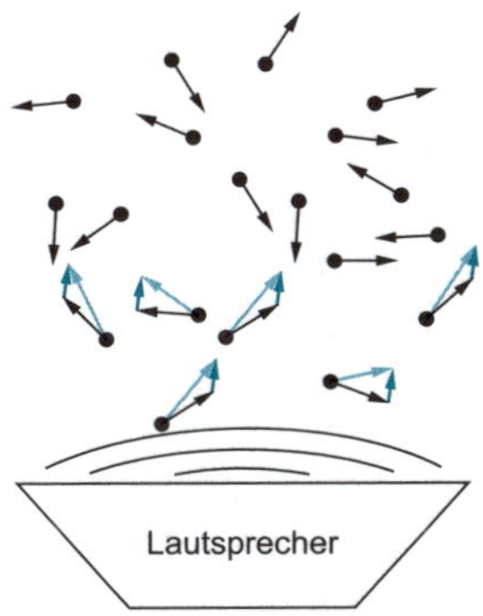

Abb. 163 b

Abb. 163: Schallausbreitung in Gasen

a: In einem ruhenden Gas sind die Bewegungsrichtungen der Teilchen statistisch so verteilt, dass die **mittlere Geschwindigkeit null** ist.

b: Wird eine Schallwelle durch einen Lautsprecher erzeugt, so erhalten die Teilchen eine Zusatzgeschwindigkeit (dunkelgrüne Pfeile) in einer Richtung, die durch Stöße an die anderen Teilchen weitergegeben wird. Die Geschwindigkeit jedes einzelnen Teilchens ergibt sich durch Vektoraddition (hellgrüne Pfeile). Bei den sechs markierten Teilchen ist die mittlere Geschwindigkeit nicht mehr null, sondern sie hat den Betrag der **Zusatzgeschwindigkeit**.

Der normale Hörbereich von Tönen umfasst beim jungen Menschen etwa die Frequenzen von 16 Hz bis 20 000 Hz. Schall mit höheren Frequenzen bis 1,6 GHz bezeichnet man als **Ultraschall**. Fledermäuse benutzen Ultraschall zur Orientierung. Im medizinischen Bereich kommt Ultraschall mit Frequenzen von 50 kHz bis 150 MHz bei bildgebenden Verfahren zum Einsatz. In weichem Gewebe beträgt die Schallgeschwindigkeit etwa $1\,500\,\frac{\text{m}}{\text{s}}$, die Wellenlängen sind daher im Bereich von 30 bis 0,01 Millimeter. In dieser Größenordnung liegen somit die kleinsten Strukturen, die man mit Ultraschall untersuchen bzw. abbilden kann. Allerdings unterliegen Ultraschallwellen im Gewebe einer starken Dämpfung, sodass sie nur wenige Zentimeter – je höher die Frequenz, umso weniger tief – ins Gewebe eindringen können. Der maßgebliche Effekt, der die Grundlage für Ultraschallbilder darstellt, ist die **Reflexion** an der Grenze zweier Stoffe mit verschiedenen Ausbreitungsgeschwindigkeiten (Abb. 164).

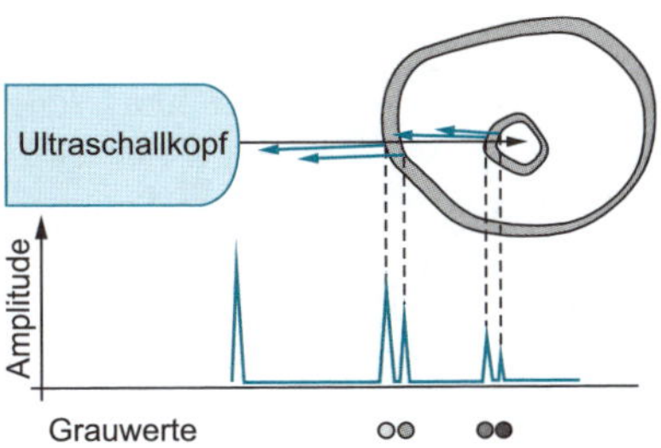

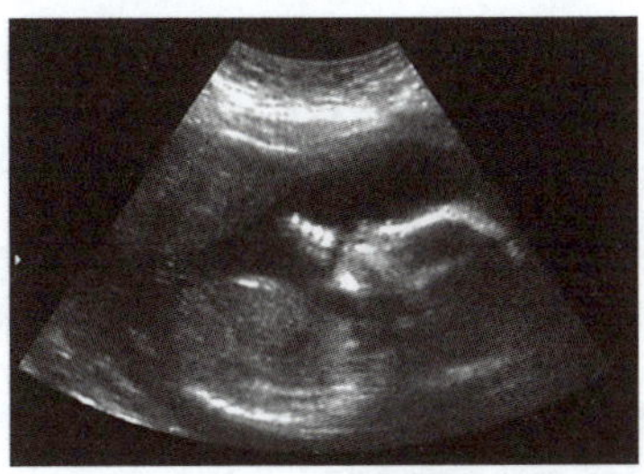

Abb. 164

Abb. 164: An der Grenze zwischen zwei Medien mit unterschiedlichen Ausbreitungsgeschwindigkeiten treten **Reflexion** und **Brechung** auf. Je größer der Unterschied in den Ausbreitungsgeschwindigkeiten ist, umso höher ist der reflektierte Anteil.
Bei medizinischen Untersuchungen verwendet man einen Ultraschallkopf, der kurze Impulse aussendet und anschließend die reflektierten Wellen empfängt. Aus der Laufzeit und der Amplitude des Signals wird dann das **Ultraschallbild** berechnet: Aus der Laufzeit bestimmt man die Position, die Höhe der Amplitude wird in Grauwerte umgerechnet. So entstehen die Ultraschallaufnahmen z. B. bei Vorsorgeuntersuchungen während der Schwangerschaft.

Daneben wird bei Untersuchungen von Blutgefäßen der **Doppler-Effekt** (nach *Christian Doppler*, siehe Abschnitt 11.3, S. 129) ausgenutzt, um Durchflussraten und -geschwindigkeiten zu messen.

11.2 Musik mit stehenden Wellen

Allgemein spricht man bei **Saiteninstrumenten** davon, dass man „die Saiten zum Schwingen bringt“. Physikalisch genauer besehen handelt es sich dabei um die **Erzeugung stehender Wellen**.

Der Bogen (beim „arco“) oder der Finger (beim „pizzicato“) löst an der entsprechenden Stelle der Saite zwei mechanische Wellen aus, die sich in entgegengesetzter Richtung entlang der Saite zu den jeweiligen Auflagepunkten am Sattel bzw. am Steg bewegen. Dort werden sie reflektiert und laufen nun gegeneinander. So entsteht eine stehende Welle. Diese kann sich nur dann mit genügend großer Amplitude ausbilden, wenn an den beiden Enden der Saite jeweils ein Knoten liegt. Bei der **Grundschwingung** ist daher die Saitenlänge genau eine halbe Wellenlänge (bezogen auf die Ausbreitungsgeschwindigkeit der mechanischen Wellen in der Saite, Abb. 165). Diese ändert sich mit der Spannung der Saite: Je stärker die Saite gespannt ist, umso größer ist die Geschwindigkeit, mit der die Wellen auf der Saite laufen. Da die Saitenlänge (und damit die Wellenlänge) aber gleich bleibt, muss sich die Frequenz der Grundschwingung ändern – sie wird größer, der erzeugte Ton also höher.

Ähnlich ist die Situation bei **Blasinstrumenten**. Hier sorgt eine Verwirbelung der Luft an einer Kante oder die rhythmische Unterbrechung des Luftstroms durch flatternde Holz- oder Metallzungen für die Anregung. Wie bei den Saiten sorgen Reflexionen für die Ausbildung von stehenden Wellen. Bei Orgelpfeifen findet die Anregung jeweils am unteren Ende statt – dort muss sich nun ein Bauch befinden. Am oberen Ende befindet sich bei offenen Pfeifen ebenfalls ein Bauch, bei gedackten (also oben geschlossenen) Pfeifen ein Knoten (Abb. 166).

Abb. 165: Tonerzeugung bei **Saiteninstrumenten**

a: Der **Bogenstrich** löst mechanische Wellen in der Saite aus.

b: Die Wellen laufen von der Kontaktstelle in entgegengesetzte Richtung. An den beiden Auflagepunkten der Saite (Sattel und Steg) werden sie reflektiert und laufen nun gegeneinander (linke Teilgrafik). Durch die Überlagerung ergibt sich eine **stehende Welle** auf der Saite. Da die Saitenenden fest eingespannt sind, müssen dort Knoten entstehen. Daher ergeben sich nur bei bestimmtem Frequenzen und Wellenlängen große Schwingungsamplituden – die **Eigenschwingungen** der Saite.
In der **Grundschwingung** (mittlere Teilgrafik) ist die Saitenlänge genau eine halbe Wellenlänge, in der **1. Oberschwingung** (rechte Teilgrafik) ist die Saitenlänge gleich der Wellenlänge.

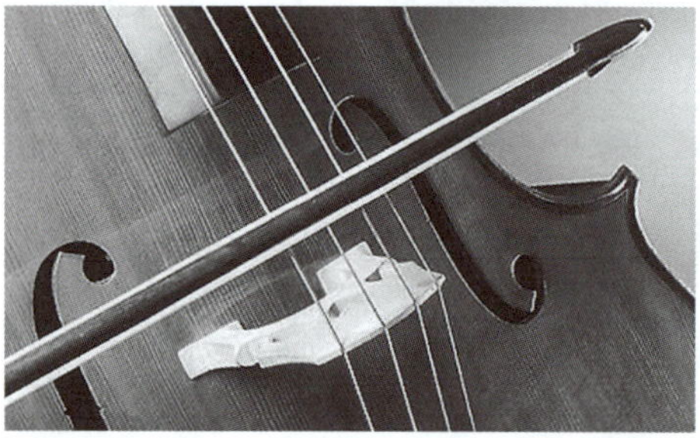

Abb. 165 a

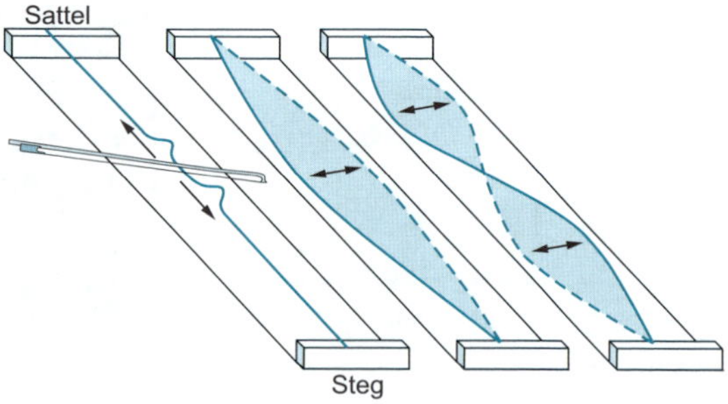

Abb. 165 b

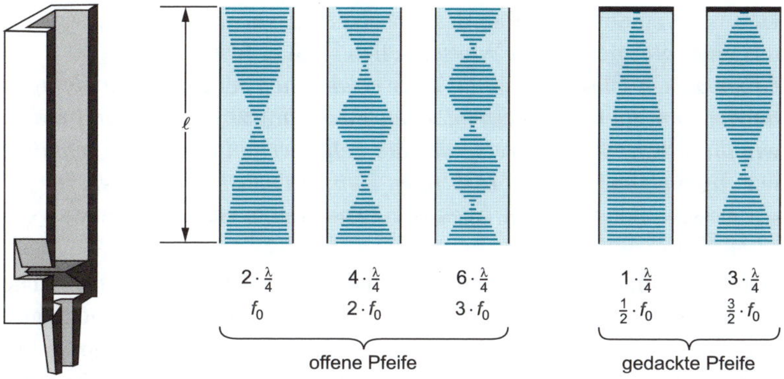

Abb. 166

Abb. 166: In **offenen Pfeifen** bilden sich Wellen aus, wenn ein geradzahliges Vielfaches der Viertelwellenlänge die Pfeifenlänge ergibt. Die Länge von **gedackten Pfeifen** ist ein ungeradzahliges Vielfaches der Viertelwellenlänge.
Die 1. Oberschwingung einer offenen Pfeife ist daher die Oktave,
$f_0 : 2f_0 = 1 : 2$,
bei einer gedackten Pfeife ist es die Quinte über der Oktave,
$0{,}5f_0 : 1{,}5f_0 = 1 : 3$.

11.3 Der Doppler-Effekt

Als *Christian Doppler* (1803–1853, Abb. 167) den später nach ihm benannten Effekt vorstellte, nahmen ihn seine naturwissenschaftlichen Kollegen zunächst nicht ernst. Dabei waren seine Ideen wegweisend und der Effekt findet heute sowohl zur Entfernungsbestimmung von Sternen und Galaxien Verwendung als auch bei medizinischen Untersuchungen. In seiner Abhandlung „Über das farbige Licht der Doppelsterne und einiger anderer Gestirne des Himmels“, die er am 25. Mai 1842 vor der Königlich Böhmischen Gesellschaft der Wissenschaften in Prag verlas, bezieht er sich auf die – damals noch nicht von allen anerkannte – Wellentheorie des Lichts und zeigt gleichzeitig die Analogie zum Schall auf. Im Abschnitt §2 der Niederschrift ist zu lesen:
„Was hier von den Lichtwellen gesagt und behauptet wurde, gilt natürlich auch vollkommen strenge von den Schallwellen, und man hat daher auch von jeher bis zu dem oben bezeichneten Zeitpunkte die verschiedenen Lichtphänomene aus jenen des Schalles auf dem Wege der Analogie mit vielem Glücke zu erklären gesucht.“

Drei Zeilen weiter formuliert er schon die Grundidee:
„Es scheint nämlich, man habe völlig unbeachtet gelassen, dass, wenn man von den Licht- und Schallwellen als Ursache der Licht- und Schallempfindungen und nicht bloss als von objectiven Vorgängen spricht, man nicht sowohl darnach fragen müsse, in welchen Zeiträumen und mit welchen Intensitätsgraden die Wellenerzeugung an und für sich vor sich gehe, – als vielmehr darnach, in welchen Zeitintervallen und mit welcher Stärke diese Aether- oder Luftschwingungen vom Auge oder vom Ohre irgend eines Beobachters aufgenommen und empfunden werden.“

Abb. 167: Der in Salzburg geborene Christian **Doppler** studierte in Wien am Polytechnischen Institut, Vorläufer der heutigen technischen Universität. Er formulierte die Idee zu dem nach ihm benannten Effekt, den drei Jahre später der Physiker Christoph Buys Ballot mithilfe einer Lokomotive und acht Trompetern bestätigte, wobei die Tonhöhe über das „geschulte Ohr eines Musikers“ bestimmt wurde. Erst 1860 schaffte es Ernst Mach in einem reproduzierbaren Laborversuch, den Effekt zu bestätigen.

Und nach einem Appell an das Anschauungsvermögen der Leser mittels eines Vergleichs mit Wasserwellen stellt er fest:
Unter diesen Umständen mag es zweckdienlich scheinen, die nöthigen darauf bezüglichen, ganz einfachen Formeln aufzustellen, und indem wir dieselben versuchsweise auf die Schallwellen anwenden, glauben wir zugleich auch der Akustik einen kleinen Dienst zu erweisen.
aus: Abhandlungen der Königlich Böhmischen Gesellschaft der Wissenschaften (V Folge, Bd. 2), Prag, 1842, S. 5

Die Grundidee zu diesen Formeln ist in der Tat ganz einfach: Die Frequenz einer Schallwelle bestimmt die Tonhöhe. Die Frequenz gibt zugleich an, wie viele Wellenberge in einer Zeiteinheit an einem Ort eintreffen. Damit ändert sich in dieser Vorstellung die wahrgenommene Frequenz, wenn Schallquelle und Beobachter sich relativ zueinander bewegen.

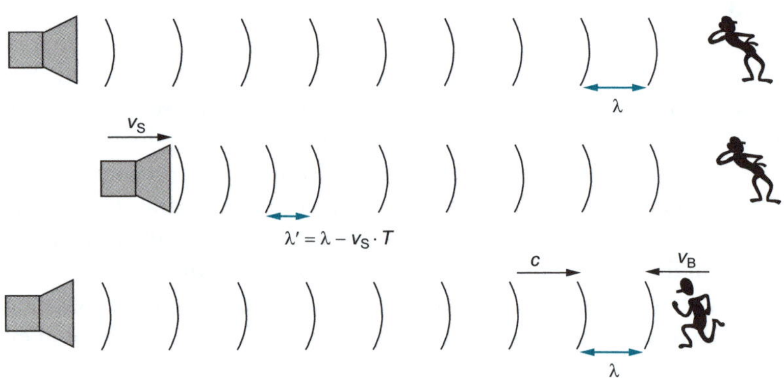

Abb. 168

In Abb. 168 sind die drei möglichen Konstellationen illustriert: Von der Schallquelle, einem Lautsprecher, geht ein Ton mit der Frequenz f aus; die Wellenberge haben den zeitlichen Abstand T.

- **Ruht die Schallquelle**, so ist der räumliche Abstand der Wellenberge $\lambda = \frac{c}{f}$. Einen **ruhenden Beobachter** erreichen die Wellenberge dann im zeitlichen Abstand

  $$T = \frac{\lambda}{c} = \frac{1}{f},$$

  ausgesendete und empfangene Frequenz sind gleich (Bild oben).
- **Bewegt sich die Schallquelle** mit der Geschwindigkeit v_S auf den ruhenden Beobachter zu, verkürzt sich der Abstand zwischen zwei Wellenbergen um die Strecke $\Delta x = v_S \cdot T$. Der zeitliche Abstand, in dem zwei Wellenberge beim Beobachter eintreffen, ist dann

  $$T' = \frac{\lambda - v_S \cdot T}{c} = \frac{\lambda}{c} - \frac{v_S}{c} \cdot T = T - \frac{v_S}{c} \cdot T = \left(1 - \frac{v_S}{c}\right) \cdot T.$$

Die wahrgenommene Frequenz ist

$$f' = \frac{1}{T'} = f \cdot \frac{1}{1 - \frac{v_S}{c}},$$

der Beobachter registriert also eine größere Frequenz als die ausgesendete (Bild Mitte).

- **Bewegt sich der Beobachter** auf eine ruhende Schallquelle zu, so scheinen die Wellen mit der Geschwindigkeit $v_B + c$ auf ihn zuzulaufen. Damit ist der zeitliche Abstand zwischen zwei Wellenbergen beim Beobachter

  $$T' = \frac{\lambda}{v_B + c},$$

  die wahrgenommene Frequenz ist

  $$f' = \frac{v_B + c}{\lambda} = \frac{v_B}{\lambda} + \frac{c}{\lambda} = \frac{c \cdot v_B}{c \cdot \lambda} + \frac{c}{\lambda} = f \cdot \left(1 + \frac{v_B}{c}\right)$$

  und damit ebenfalls größer als die ausgesendete (Bild unten).

Doppler-Effekt

Im Folgenden ist c die Schallgeschwindigkeit, f die von einer Schallquelle ausgesandte Frequenz und f' die von einem Beobachter wahrgenommene Frequenz. Dann gilt im Fall

- einer **bewegten Schallquelle** und eines **ruhenden Beobachters**:

  $$f' = f \cdot \frac{1}{1 \mp \frac{v_S}{c}}, \quad v_S = \text{Geschwindigkeit der Schallquelle}$$

  Bewegt sich eine Schallquelle auf einen Beobachter zu (oberes Vorzeichen), so nimmt der Beobachter einen höheren Ton wahr, als er von der Schallquelle ausgesendet wird. Bewegt er sich weg (unteres Vorzeichen), nimmt er einen tieferen Ton wahr.

- eines **bewegten Beobachters** und einer **ruhenden Schallquelle**:

  $$f' = f \cdot \left(1 \pm \frac{v_B}{c}\right), \quad v_B = \text{Geschwindigkeit der Beobachters}$$

  Bewegt sich ein Beobachter auf eine Schallquelle zu (oberes Vorzeichen), so nimmt er einen höheren Ton wahr als den ausgesendeten Ton. Entfernt er sich von der Schallquelle (unteres Vorzeichen), vernimmt er einen tieferen Ton.

- einer **bewegten Schallquelle** und eines **bewegten Beobachters**:

  $$f' = f \cdot \frac{c \pm v_B}{c \mp v_S}$$

  (Kombination der beiden oberen Formeln)

Achtung: Diese Formeln gelten nur, wenn sich Sender und Empfänger direkt aufeinander zu oder voneinander weg bewegen!

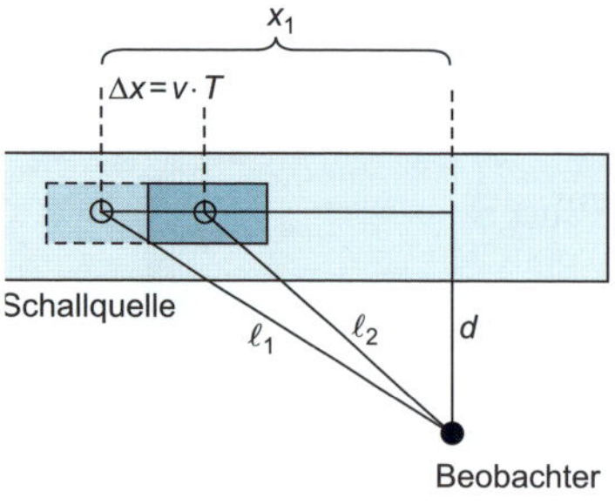

Abb. 169 a

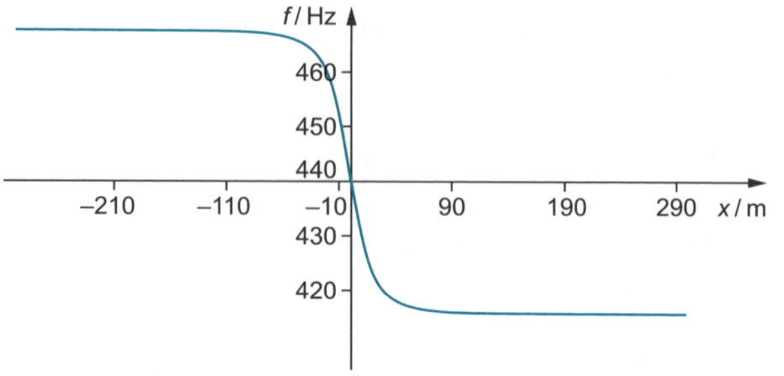

Abb. 169 b

Abb. 169: Befindet man sich **seitlich** der Bewegungslinie der Schallquelle, vernimmt man eine kontinuierliche Frequenzänderung, die umso stärker ist, je näher die Schallquelle sich am Beobachter befindet.

a: Der erste Wellenberg durchläuft die Strecke ℓ_1, der zweite Wellenberg die Strecke ℓ_2. Wellenberg 2 startet eine Periodendauer *T* später. Beim Beobachter kommen die beiden Wellenberge im zeitlichen Abstand

$$\Delta t = \frac{\ell_1 - \ell_2}{c}$$

an. Es gilt

$$\ell_1 = \sqrt{x_1^2 + d^2}$$

und

$$\ell_2 = \sqrt{(x_1 - \Delta x)^2 + d^2}$$

Damit lässt sich die **wahrgenommene Frequenz** berechnen.

b: **Frequenzverlauf** $f(x)$ als Funktion des Längsabstands *x* für einen Ton mit 440 Hz bei einem seitlichen Abstand *d* von 10 m. Die Schallquelle bewegt sich dabei mit 20 $\frac{\text{m}}{\text{s}}$.

Martinshörner haben z. B. die Frequenzen 440 Hz und 587 Hz (Quarte a'–d''). Steht man in direkter Linie vor einem Feuerwehrauto, das mit 20 $\frac{\text{m}}{\text{s}}$ (72 $\frac{\text{km}}{\text{h}}$) zum Einsatz fährt, nimmt man die Frequenzen 467,5 Hz und 624 Hz wahr; das ist jeweils etwa einen Halbton höher.

Die Formeln geben an, dass bei Annäherung einer Schallquelle man diese mit einem einheitlich höheren Ton hört. Tatsächlich vernimmt man eine kontinuierliche Abnahme der Frequenz, wenn sich z. B. ein Auto nähert. Ursache dafür ist, dass man sich seitlich der Bewegungslinie des Fahrzeugs befindet (Abb. 169).

Der Doppler-Effekt wird bei medizinischen Untersuchungen benutzt, um die Durchflussgeschwindigkeiten in den Blutgefäßen zu bestimmen. Die Ultraschallwellen werden an den Blutplättchen reflektiert, d. h. sie sind zunächst Empfänger und dann Sender. Damit ergibt sich eine Frequenzänderung, aus der man die Durchflussgeschwindigkeit und die Durchflussrichtung bestimmen kann. In **Doppler-Sonografien** werden die Werte dann farbig codiert, sodass der Arzt auf die Strömungsverhältnisse und damit auf Veränderungen der Gefäße rückschließen kann.

Im Straßenverkehr beruhen die **Radarkontrollen** ebenfalls auf dem Doppler-Prinzip: Die Radarwellen werden an den Fahrzeugen reflektiert und erfahren je nach Geschwindigkeit eine Frequenzverschiebung, deren Wert darüber entscheidet, ob sich die Fahrt verteuert oder nicht.

11.4 Exkurs: Ernst Mach (1838–1916) und der Überschall

Abb. 170: Ernst **Mach** (1838 –1916) wurde nicht nur durch seine naturwissenschaftlichen Arbeiten bekannt, sondern auch durch philosophische, erkenntnistheoretische und gesellschaftskritische Werke, die auch Einfluss auf zeitgenössische Schriftsteller wie Robert Musil, Peter Altenberg und Arthur Schnitzler hatten.

Ernst Mach war zeit seines Lebens ein kritischer Geist, der die Dinge stets genau analysierte. Nach dem Abschluss seines Studiums der Mathematik und der Naturwissenschaften an der Wiener Universität beschäftigt er sich zunächst intensiv mit dem **Doppler-Effekt** (siehe Abschnitt 11.3, S. 129). Ihm gelang es, eine spezielle Apparatur zu konstruieren, mit der er den von Doppler vorhergesagten Effekt bei Schallwellen experimentell nachweisen und die Berechnungsformel zur Änderung der Tonhöhe bestätigen konnte.
Sein wissenschaftliches Schaffen als Professor für Experimentalphysik an der Universität Prag begann Mach mit Untersuchungen zu Sinneswahrnehmungen. Bereits damals erwies er sich als einfallsreicher und gewissenhafter Experimentator. Unter anderem entdeckte er bei seinen Versuchen mit einem Drehstuhl, dass der menschliche Gleichgewichtssinn in den Bogengängen des Innenohrs angesiedelt ist und letzlich nur auf beschleunigte Bewegungen reagiert. Ein weiteres Forschungsgebiet nahm seinen Ursprung in einem Vortrag eines belgischen Ballistikers. Mach schrieb dazu in seinen „Populärwissenschaftlichen Vorlesungen“:
„Die heutige Naturwissenschaft ist bestrebt, ihr Weltbild nicht auf Spekulationen, sondern nach Möglichkeit auf beobachtete Tatsachen aufzubauen: Sie prüft ihre Konstruktionen wieder durch die Beobachtung. Jede neu beobachtete Tatsache ergänzt dieses Weltbild, und jede Abweichung einer Konstruktion von der Beobachtung macht auf eine Unvollkommenheit, auf eine Lücke desselben aufmerksam. Das Gesehene wird durch das Gedachte, welches selbst nur das Ergebnis des vorher Gesehenen ist, geprüft und ergänzt. Es hat deshalb einen besonderen Reiz, das, was man nur theoretisch erschlossen hat, oder theoretisch vermutet, der Prüfung durch die Beobachtung unmittelbar zugänglich, d. h. wahrnehmbar zu machen.
Als ich im Jahre 1881 in Paris einem Vortrage des belgischen Ballistikers Melsens zuhörte, welcher die Vermutung aussprach, daß Projektile von hoher Geschwindigkeit Massen von verdichteter Luft vor sich herführen, welche an den getroffenen Körpern nach seiner Meinung gewisse bekannte explosionsartige Wirkungen hervorbringen sollten, entstand in mir der Wunsch, diese Vorstellungen durch das Experiment zu prüfen und den Vorgang, wenn derselbe besteht, wahrnehmbar zu machen.“

aus: Populärwissenschaftliche Vorlesungen, Barth, Leipzig 1903, S. 351 f.

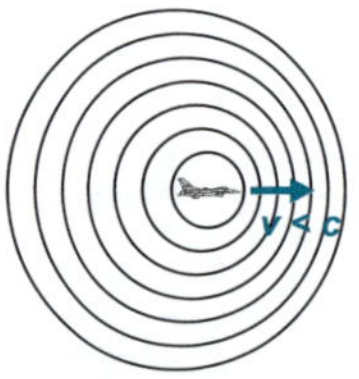

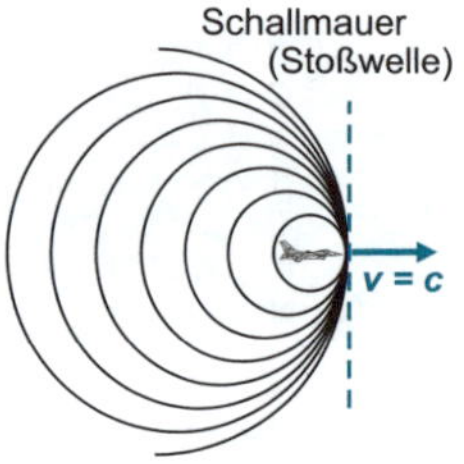

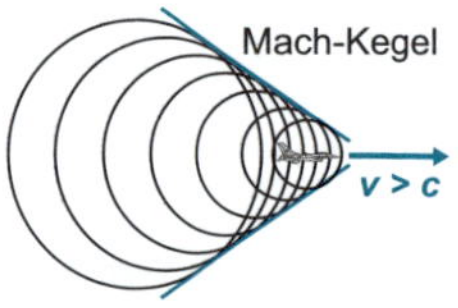

Abb. 171: Beim Unterschallflug (Bild oben) liegen die Wellenfronten vor dem Flugzeug dichter als hinter dem Flugzeug. Nähert sich die Fluggeschwindigkeit der Schallgeschwindigkeit, entsteht eine stark verdichtete Stoßwelle, die **Schallmauer** (Bild Mitte). Beim Überschallflug entsteht eine kegelförmige Wellenfront. Der Öffnungswinkel α des **Mach-Kegels** wird durch die **Mach-Zahl** *M*, also das Verhältnis der Fluggeschwindigkeit zur Schallgeschwindigkeit, bestimmt:

$$\sin\frac{\alpha}{2} = \frac{1}{M} = \frac{v_{\text{Schall}}}{v_{\text{Flug}}}$$

Abb. 172: In tropischen Gegenden entsteht beim **Durchbrechen der Schallmauer** u. U. eine Nebelwand. Durch die plötzliche Expansion kühlt sich die Luft ab und der Taupunkt wird unterschritten.

Mach experimentierte also nicht nur sehr genau, er analysierte mit gleicher Präzision auch den Prozess der Erkenntnisgewinnung und der Konstruktion des naturwissenschaftlichen Weltbilds.
Für die Untersuchungen an Projektilen entwickelte sein Sohn *Ludwig Mach* das **Mach-Zehnder-Interferometer** (siehe Abschnitt 13.3, S. 155). Bei seinen Untersuchungen entdeckte er den heute nach ihm benannten **Mach-Kegel** (Abb. 171). Als **Mach-Zahl** bezeichnet man das Verhältnis der Geschwindigkeit eines Objekts zur Schallgeschwindigkeit. Das legendäre Passagierflugzeug Concorde flog mit knapp Mach 2, d. h. doppelter Schallgeschwindigkeit; den Rekord hält der Kampfjet Lockheed SR-71 mit Mach 3. Erst mit der Entwicklung der Düsenjets wurde das Phänomen der **Schallmauer** und des **Überschallknalls** (Abb. 172) deutlich erfahrbar.

11.5 Exkurs: Kaventsmann und Tsunami

Lange Zeit galt der **Kaventsmann** (Betonung auf der zweiten Silbe; (engl. „Freak Wave") als Seemannsgarn. Man tat die Meldungen, dass ein Schiff wegen einer zwanzig oder gar dreißig Meter hohen „Monsterwelle" gesunken und die Ladung damit verloren gegangen sei, als Versuch ab, über mangelnde Wartung des Schiffes oder über unzureichendes seemännisches Können hinwegzutäuschen. Erst Satellitenaufnahmen lieferten in den 90er-Jahren des letzten Jahrhunderts den Nachweis, dass solche Riesenwellen tatsächlich auftreten – und das sogar häufiger als vermutet (Abb. 173).
Mittlerweile unterscheidet man drei Typen von Riesenwellen – eine einzige Riesenwelle **(Kaventsmann)**, drei Riesenwellen in kurzem Abstand **(„Die drei Schwestern")** und eine mauerartige Welle, von deren Kamm Gischt herab spritzt **(„Weiße Wand")**. Die Entstehung dieser Wellen ist noch nicht völlig geklärt. In tiefen Gewässern hängt jedoch die Ausbreitungsgeschwindigkeit von der Frequenz der Wasserwellen ab – man nennt diesen Effekt **Dispersion** (lat. dispergere: zerstreuen, verteilen). Niederfrequente Wellen laufen schneller als hochfrequente Wellen. Beispielsweise haben Oberflächenwellen mit einer Frequenz von 0,04 Hz (Periodendauer 25 s) eine Wellenlänge von etwa einem Kilometer und breiten sich mit 140 $\frac{\text{km}}{\text{h}}$ im Wasser aus; Wellen mit einer Frequenz von 0,125 Hz (Periodendauer 8 s) haben eine Wellenlänge von ca. 100 m und bewegen sich mit 50 $\frac{\text{km}}{\text{h}}$. Daher können schnell laufende Wellenberge langsam laufende einholen und sich mit ihnen überlagern. Geschieht dies mit mehreren Wellenbergen an einem Ort gleichzeitig, kann ein Kaventsmann entstehen.

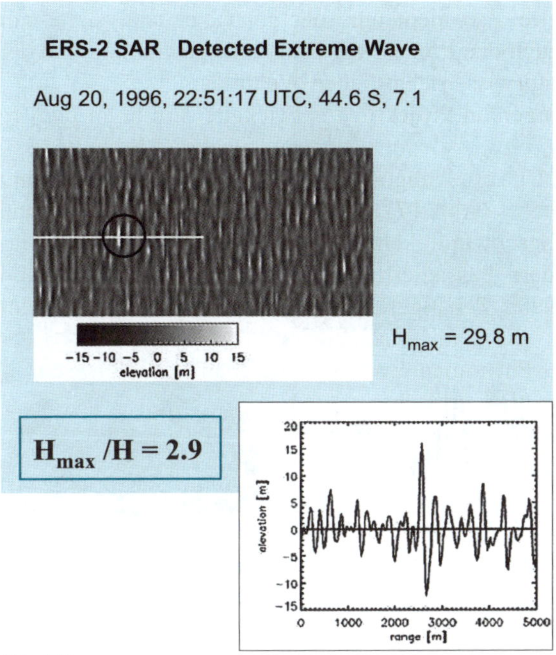

Abb. 173

Abb. 173: In den Radaraufnahmen, die der European Remote Sensing Satellite 2 (ERS-2) von der Meeresoberfläche machte, fand sich am 20. August 1996 der Nachweis, dass es Monsterwellen, sogenannte **Kaventsmänner**, gibt.
Die Grafik rechts unten zeigt den Querschnitt durch die Meeresoberfläche an der im Foto mit einem weißen Strich gekennzeichneten Stelle.
Der schwarze Fleck im schwarz umrandeten Gebiet war eine Welle mit fast 30 Metern Höhe.

Am 11. September 1995 traf eine solche ca. 30 Meter hohe Riesenwelle das Luxusschiff *Queen Elizabeth II* und beschädigte es schwer.

Im Gegensatz zu den Monsterwellen, die auf offener See gewaltige Höhen erreichen, ist ein **Tsunami** auf dem offenen Meer nicht von einer normalen Oberflächenwelle zu unterscheiden. Maximal einen Meter beträgt die Wellenhöhe auf offener See, sie steigert sich erst in Küstennähe und erreicht dort Haushöhen (Abb. 174). Darauf deutet auch die Übersetzung des japanischen Ausdrucks hin: „Hafenwelle“. Seit dem zweiten Weihnachtsfeiertag 2004, als ein Seebeben vor Sumatra einen Tsunami auslöste, der über 120 000 Menschen das Leben kostete, gehört dieses Naturphänomen auch bei uns zum Allgemeinwissen. Der Unterschied zur Oberflächenwelle besteht darin, dass die Störung des Gleichgewichtszustandes bis zum Meeresgrund reicht, also die komplette Wassersäule in Bewegung versetzt wird. Diese Störung läuft mit hoher Geschwindigkeit (ca. 1000 $\frac{km}{h}$) durch das Meer und transportiert dabei Energie. Verringert sich nun die Meerestiefe, schieben sich die bewegten Wassermassen immer mehr übereinander und es türmt sich nach und nach die Welle zum Tsunami auf.

Abb. 174: Tsunami

a: Die Grafik oben zeigt die Situation des Tsunami vom 26. Dezember 2004 zwei Stunden nach dem Erdbeben.
Das Diagramm unten gibt die Wellenhöhen entlang der schwarzen Linie an. Zu erkennen ist, dass die maximale Wellenhöhe auf **offener See** nicht einmal einen Meter erreichte.

b: Bei einem Tsunami reicht die Bewegung des Wassers bis zum Meeresgrund. In **Küstennähe** türmen sich die bewegten Wassermassen immer mehr übereinander. Die Amplitude vergrößert sich, gleichzeitig nimmt die Wellenlänge ab. Das Foto zeigt einen Tsunami mit haushohen Wellen.

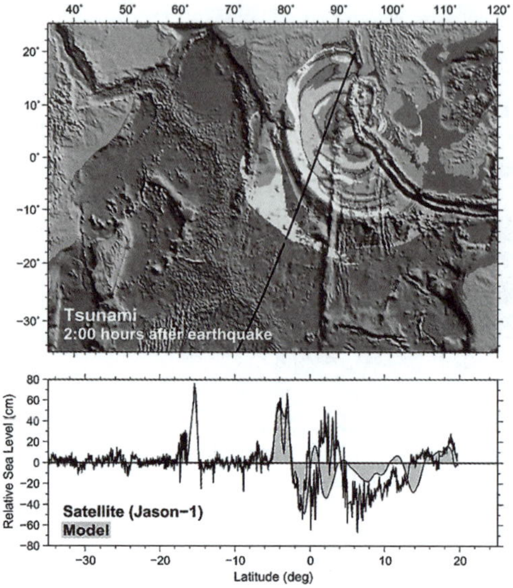

Abb. 174 a

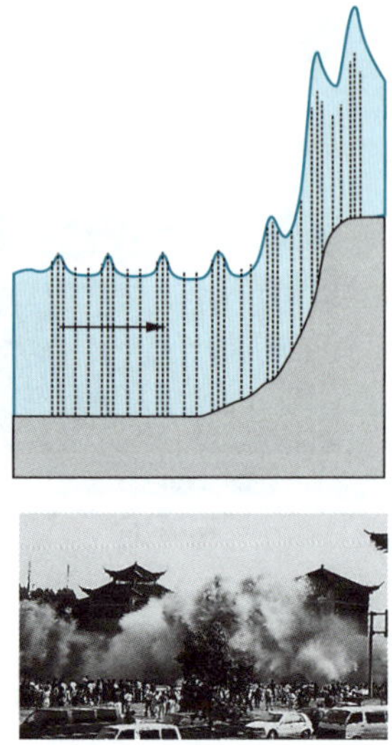

Abb. 174 b

Fakten und Formeln: Mechanische Wellen

- Die **Schallgeschwindigkeit** in Luft c_{Luft} ist proportional zur Wurzel aus der absoluten Temperatur T.
(Der Faktor $331{,}6\ \frac{\text{m}}{\text{s}}$ wurde experimentell ermittelt.)

$$c_{\text{Luft}} = 331{,}6\ \frac{\text{m}}{\text{s}} \cdot \sqrt{\frac{T}{273\ \text{K}}}$$

- Der **Schalldruckpegel** L_p wird berechnet über den Effektivwert Δp der Druckschwankungen eines Schallereignisses und der Bezugsgröße $\Delta p_0 = 20\ \mu\text{Pa}$. L_p wird in Dezibel angegeben.

$$L_p = 10 \cdot \log\left(\frac{\Delta p^2}{\Delta p_0^2}\right)\ \text{dB} = 20 \cdot \log\left(\frac{\Delta p}{\Delta p_0}\right)\ \text{dB}$$

- **Doppler-Effekt**
Bewegen sich eine Schallquelle und ein Beobachter relativ zueinander mit der Geschwindigkeit v, so nimmt der Beobachter eine andere Frequenz f' als die ausgesendete Frequenz f wahr. Es gilt bei
  - mit v_S bewegter Schallquelle und ruhendem Beobachter: $f' = f \cdot \frac{1}{1 \mp \frac{v_S}{c}}$
  - mit v_B bewegtem Beobachter und ruhender Schallquelle: $f' = f \cdot \left(1 \pm \frac{v_B}{c}\right)$

  (oberes Vorzeichen: Annäherung; unteres Vorzeichen: Entfernung).

Concept Map: Mechanische Wellen

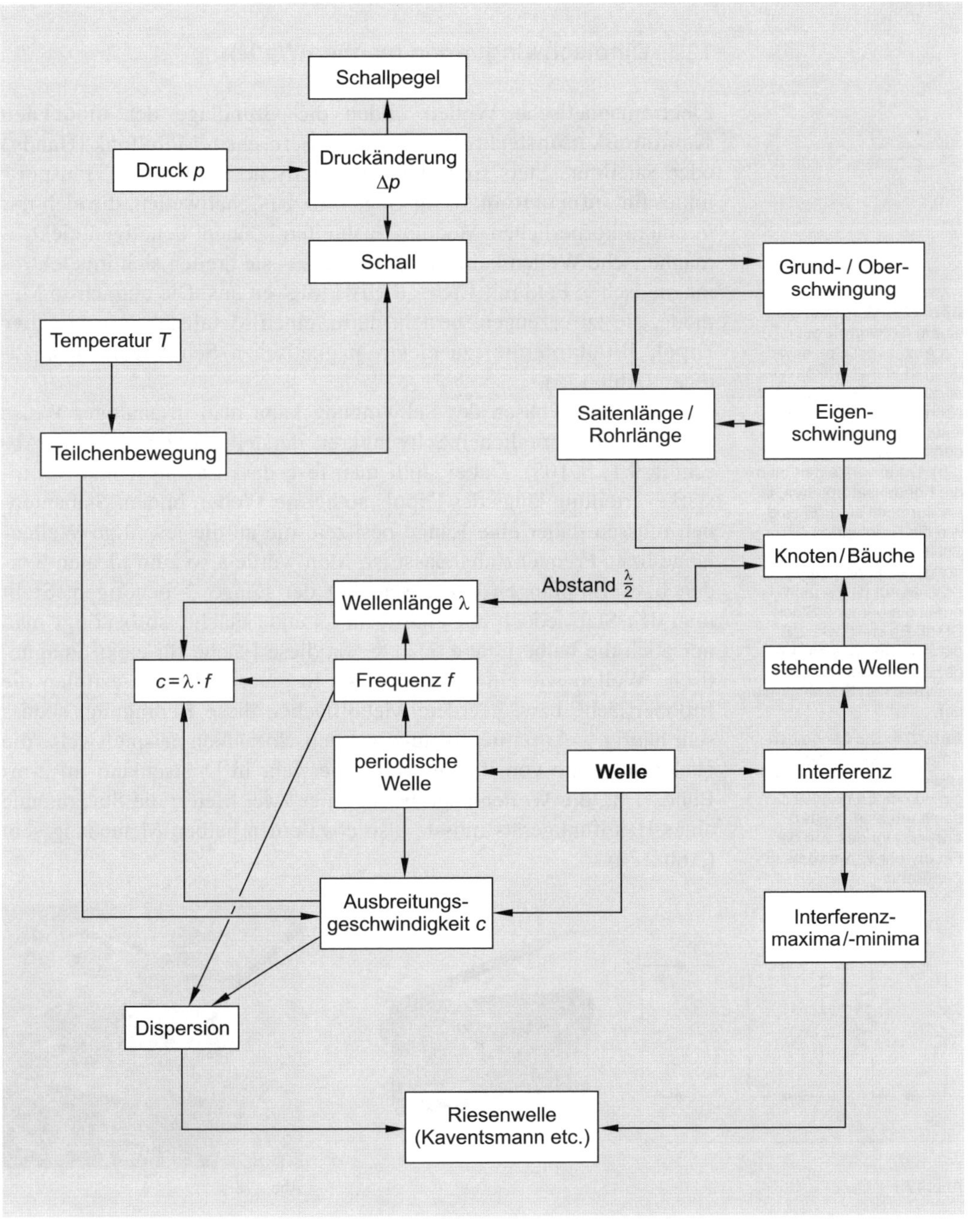

12 Elektromagnetische Wellen

12.1 Dipolschwingungen machen Wellen

Elektromagnetische Wellen bilden die Grundlage der **modernen Kommunikationstechnik** – ob Radio, Fernsehen, Mobilfunk (Handy) oder Satelliten. Stets sind elektromagnetische Wellen das Transportmittel für **Informationen**. Im Gegensatz zu Schallwellen, die sich nur in einem körperlichen Medium ausbreiten können, benötigen elektromagnetische Wellen keine Trägermaterie – sie breiten sich im elektromagnetischen Feld mit **Lichtgeschwindigkeit** aus. Die einfachste Methode, sie zu erzeugen, besteht darin, einen Metallstab **(Hertz'scher Dipol, Dipolantenne)** zu elektromagnetischen Schwingungen anzuregen (Abb. 175).

Die einzelnen Phasen der Schwingung kann man in analoger Weise wie beim herkömmlichen Schwingkreis darstellen (Abb. 177, vgl. Abschnitt 9.1, S. 105). Dabei stellt man fest, dass Ladungs- und Stromstärkeverteilung längs des Dipols **stehende Wellen** bilden. Stabantennen müssen daher eine Länge besitzen, die an die jeweilige Wellenlänge bzw. Frequenz angepasst ist. Man würde also zum idealen Senden bzw. Empfangen einen Stab mit der Länge $\frac{\lambda}{2}$ benötigen. Stellt man den Stab jedoch auf eine ideal leitende Fläche, so benötigt man nur noch die halbe Länge, also $\frac{\lambda}{4}$, da diese Fläche für elektromagnetische Wellen wie ein Spiegel wirkt. In guter Näherung erfüllen die Erdoberfläche bzw. geerdete Metallflächen diese Bedingung, sodass sehr häufig **$\frac{\lambda}{4}$-Antennen** benutzt werden. So funken beispielsweise die Handfunkgeräte von Polizei und Feuerwehr in Deutschland im 2-m-Band, d. h., die Wellenlänge beträgt hier zwei Meter; die Stabantenne eines Handfunkgeräts müsste also etwa einen halben Meter lang sein (Abb. 176).

Abb. 175: Man kann bei einem **Schwingkreis** (①) die Anzahl der Spulenwindungen immer weiter verringern, bis die „Spule" nur noch aus der Verbindungsleitung zwischen den Kondensatorplatten besteht (②). Dann verkleinert man die Kondensatorplatten, bis sie nur noch so groß sind wie die Drahtenden (③). Schließlich biegt man die übrig bleibende Drahtschleife auf (④) – man erhält ein gerades Stück Draht. Es stellt, wie z. B. die **Antenne** des im Bild gezeigten Radios, nach wie vor einen Schwingkreis dar.

Abb. 176: Die Länge der Antenne dieses Handsprechfunkgeräts beträgt gut 40 cm. Es handelt sich damit um eine **$\frac{\lambda}{4}$-Stabantenne** für das von der Feuerwehr verwendete 2-m-Band.

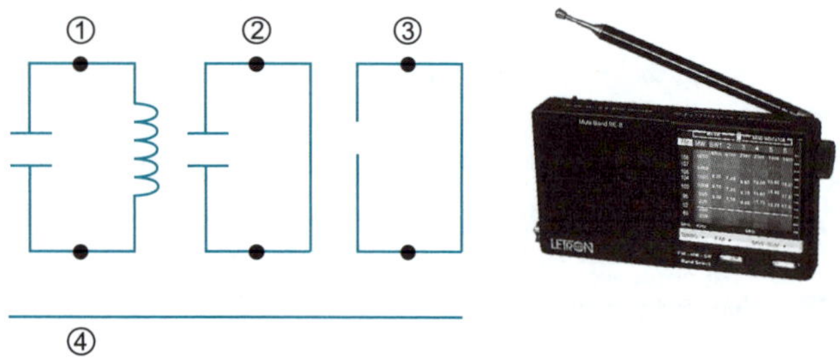

Abb. 175

Abb. 176

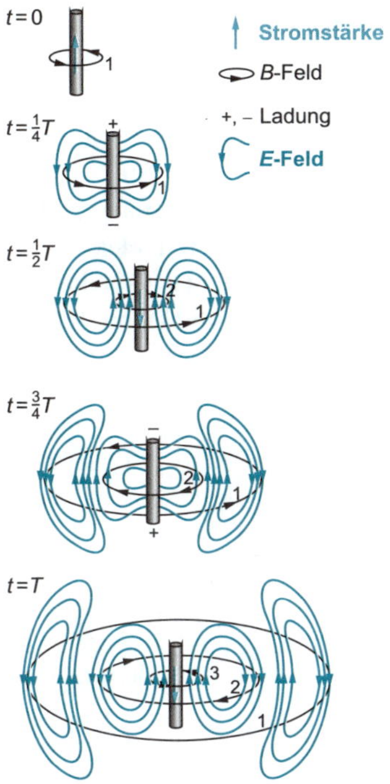

Abb. 177 a

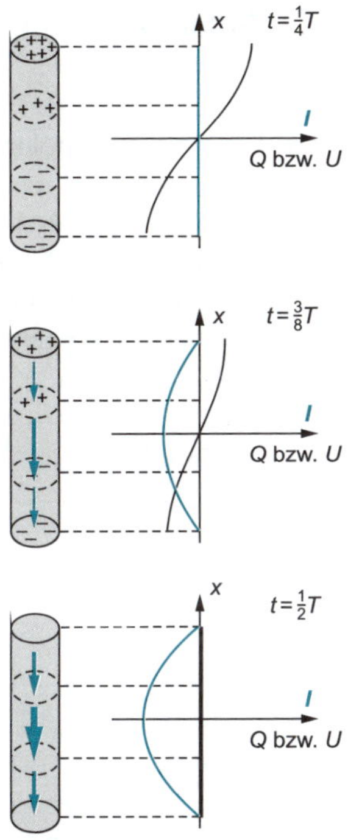

Abb. 177 b

Abb. 177: Dipolfeld

a: Bei einer Stabantenne, die zu elektromagnetischen Schwingungen angeregt wird, entstehen elektrische Felder mit geschlossenen Feldlinien – man nennt sie **Wirbelfelder**. Die einzelnen Momentaufnahmen zeigen die Situation jeweils nach einer viertel Periodendauer, wenn die Stromstärken oder die Ladungen an allen Stellen des Dipols jeweils ihre Maximalwerte erreicht haben. Zwischen E-Feld und B-Feld besteht eine Phasenverschiebung von $\frac{\pi}{2}$.

b: Die **Ladungsverteilung** entlang des Dipols entspricht der Spannung gegenüber der Erde und bildet eine stehende Welle mit **Bäuchen** an den Dipolenden.
Die örtliche **Stromstärkeverteilung** bildet ebenfalls eine stehende Welle mit **Knoten** an den Dipolenden.

Frequenz	3 →	30 →	300 →	3 →	30 →	300 →	3 →	30 →	300 →	3 →	30 →	300 → 3 000
	Hz			kHz			MHz			GHz		
ITU[1]	**1**	**2**	**3**	**4**	**5**	**6**	**7**	**8**	**9**	**10**	**11**	**12**
engl. Abk.[2]	ELF	SLF	ULF	VLF	LF	MF	HF	VHF	UHF	SHF	EHF	THF
deut. Abk.[3]		NF		SLW	LW	MW	KW	UKW	M i	k r	o w e	l l e n
Wellenlänge	100	10	1	100	10	1	100	10	1	100	10	1
	· 1 000 km			km			m			mm		

[1]: ITU: International Telecommunication Union
[2]: T: Tremendous; E: Extreme; S: Super; V: Very; H: High; M: Medium; L: Low; F: Frequency; z. B. LF – Low Frequency
[3]: NF: Niederfrequenz; S: Sehr; U: Ultra; L: Lang; M: Mittel; K: Kurz; W: Welle; z. B. KW – Kurzwelle

Abb. 178

Abb. 178: Einteilung und Bezeichnungsweisen der **Funkfrequenzbereiche**. Rundfunksender arbeiten im Bereich LW bis UKW, terrestrische Fernsehsender im Bereich VHF und UHF, Satellitenfernsehen im Bereich von Band 10. Mobiltelefonie findet im oberen UHF-Bereich statt.

Die Wellenlängen bzw. Frequenzen des elektromagnetischen Spektrums decken mit über 25 Zehnerpotenzen einen riesigen Größenbereich ab. Das für die Kommunikationstechnik wichtige Teilspektrum ist in Abb. 178 in feineren Unterteilungen dargestellt, die über internationale Vereinbarungen sowie nationale Gesetze und Verordnungen bestimmten Nutzerkreisen zugeordnet sind.

12.2 Polarisation und Satellitenfernsehen

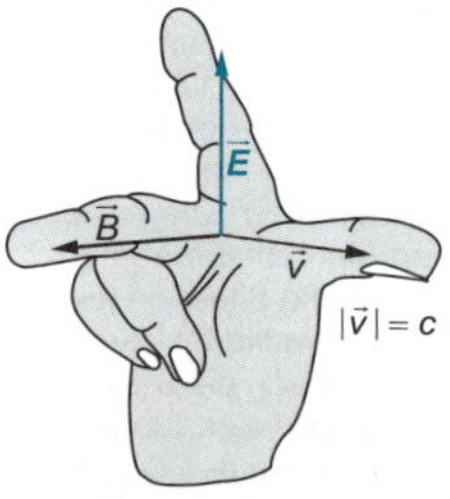

Abb. 179: Elektromagnetische Wellen sind **Transversalwellen**. Dabei stehen Ausbreitungsrichtung, elektrischer Feldvektor $\vec{E}$ und magnetischer Feldvektor $\vec{B}$ paarweise aufeinander senkrecht und bilden (in dieser Reihenfolge) ein Rechtssystem.

Abb. 180: Treffen elektromagnetische Wellen auf ein Gitter aus Metallstäben, deren Abstand kleiner ist als die Wellenlänge, so bleiben nur Wellen übrig, deren elektrischer Feldvektor senkrecht ($\vec{E}_\perp$) zu den Stäben steht. Die elektrische Feldkomponente parallel zu den Gitterstäben ($\vec{E}_\parallel$) regt die Elektronen in den Gitterstäben zum Schwingen an. Daher wird diese Komponente stark geschwächt. Die durchgelassene Komponente besitzt den Betrag

$E_\perp = E_{ges} \cdot \sin\varphi$

(φ: Winkel zwischen $\vec{E}_{ges}$ und den Gitterstäben)

Bei den elektromagnetischen Wellen handelt es sich um **Transversalwellen**, da sie sich polarisieren lassen. Dabei stehen die Richtungen des elektrischen und des magnetischen Feldes an jeder Stelle aufeinander senkrecht (Abb. 179). Durch ein Gitter aus Metallstäben gelangen nur diejenigen Wellen vollständig hindurch, deren elektrischer Feldvektor senkrecht zu den Gitterstäben verläuft. Die Gitterstäbe sind somit parallel zum zugehörigen B-Feld-Vektor orientiert (Abb. 180).

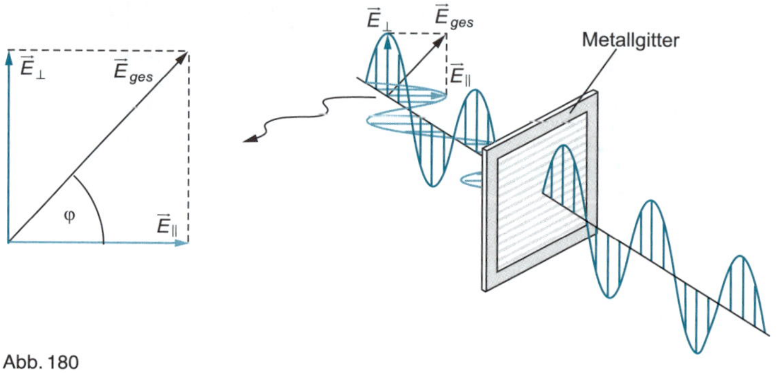

Abb. 180

Beim **Satellitenfunk** nutzt man die Polarisation aus, um im gleichen Frequenzbereich mehr Übertragungskanäle unterzubringen. Verwendet man bei nahe beieinanderliegenden Frequenzen abwechselnd vertikale und horizontale Polarisation, so kann der Frequenzabstand zwischen zwei Kanälen geringer gewählt werden als bei gleicher Polarisation. Anstelle von linearer Polarisation werden auch zirkulare Polarisationen verwendet (siehe Abschnitt 10.1, S. 117). Fernsehsatelliten sind **geostationär** im Weltraum positioniert, d. h., die Verbindungslinie zwischen Erdmittelpunkt und Satellit durchstößt die Erdoberfläche immer an der gleichen Stelle des Äquators (Abb. 181). Dies ist dann gewährleistet, wenn die Umlaufdauer des Satelliten gleich der Periodendauer der Erdrotation, also ein Tag, ist, wodurch gemäß dem Gravitationsgesetz auch sein Bahnradius festgelegt ist:

$$\left.\begin{aligned} F_{\text{Grav}} &= G \cdot \frac{m_{\text{E}} \cdot m_{\text{Sat}}}{r_{\text{Sat}}^2} \\ F_{\text{Grav}} &= F_{\text{Z}} \\ F_{\text{Z}} &= m_{\text{Sat}} \cdot \omega^2 \cdot r_{\text{S}} \\ \omega &= \frac{2\pi}{T} \end{aligned}\right\} \Rightarrow \begin{aligned} r_{\text{Sat}}^3 &= \frac{G \cdot m_{\text{E}}}{\omega^2} = \frac{G \cdot m_{\text{E}} \cdot T^2}{4\pi^2} \\ r_{\text{Sat}} &= \sqrt[3]{\frac{6{,}67 \cdot 10^{-11} \cdot 5{,}98 \cdot 10^{24} \cdot 86\,400^2}{4\pi^2} \, \frac{\text{m}^3 \cdot \text{kg} \cdot \text{s}^2}{\text{kg} \cdot \text{s}^2}} \\ &\approx 42{,}3 \cdot 10^3\ \text{km} \end{aligned}$$

Ein geostationärer Satellit kreist also knapp 36 000 km hoch über der Erdoberfläche. Zur Angabe seiner Position reicht der Längengrad, über dem sich der Satellit befindet (vgl. Abb. 182).

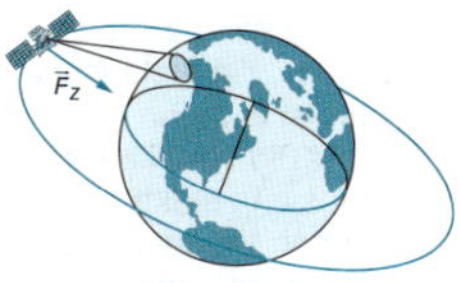

Abb. 181: Die Ebene der Umlaufbahn von **geostationären Satelliten** fällt mit der **Äquatorebene** der Erde zusammen. Ihre Umlaufdauer beträgt knapp 24 Stunden, sodass sie immer über dem gleichen Punkt der Erdoberfläche stehen.

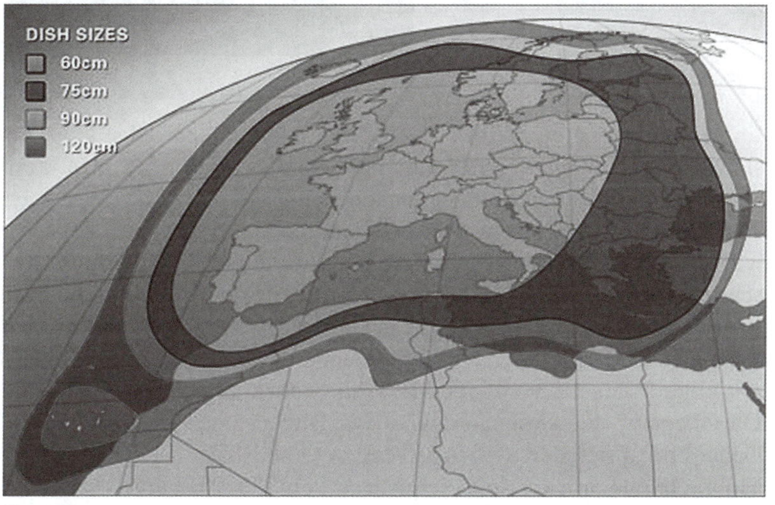

Abb. 182

Abb. 182: Sendebereich des Satelliten Astra 1L. Deutschland liegt zwischen den Graden 6° und 15° östlicher Länge. Neben dem Satelliten Astra 1L (19,2° Ost) finden sich in diesem Bereich z. B. die Satelliten EutelSat W3A (7° Ost) und Meteosat 8 (9,5° Ost). Die Zahlenwerte geben an, welche Größe der Satellitenschüssel notwendig ist, um einen guten Empfang zu haben. In größerer Entfernung vom Zentralbereich ist die Intensität des Signals geringer, dies gleicht man durch eine größere Fläche der Satellitenschüssel aus. Der Frequenzbereich dieses Satelliten ist 10,95–18,80 GHz.

12.3 Stehende Wellen im Mikrowellenherd

Die Technik für Mikrowellenherde stammt – man möchte fast sagen, wieder einmal – aus dem militärischen Bereich. Bei der Entwicklung von kurzwelligen **Radargeräten** im Jahr 1945 entdeckte *Percy Spencer* (1894–1970, Abb. 183) durch Zufall, dass diese elektromagnetischen Wellen Lebensmittel erhitzen. Vom ersten kommerziellen Gerät bis zum alltäglichen Einsatz in den Haushalten einer Durchschnittsfamilie dauerte es etwa 30 Jahre – 1975 wurden in den USA erstmals eine Million Mikrowellenherde verkauft.

Ihre Funktion beruht darauf, dass die elektrische Ladung in Wassermolekülen ungleich verteilt ist: Im Bereich des Sauerstoffatoms befindet sich mehr negative Ladung, im Bereich der Wasserstoffatome mehr positive Ladung (Abb. 184). Wassermoleküle bilden daher elektrische Dipole, die elektrischen Kräfte zwischen ihnen heißen **van-der-Waals-Kräfte** – nach *Johannes Diderik van der Waals* (1837–1923, Physiknobelpreis 1910). Die van-der-Waals-Kräfte sind z. B. dafür verantwortlich, dass Wasser bei Zimmertemperatur flüssig ist und bei 4 °C seine größte Dichte besitzt. In elektromagnetischen Wechselfeldern werden die Wassermoleküle zu **Rotationen** angeregt und bewirken somit eine Erwärmung.

Abb. 183: Der Amerikaner Percy LeBaron **Spencer** entdeckte zufällig bei Experimenten mit einem Magnetron, mit dem er Radarstrahlung erzeugte, dass ein Schokoriegel in seiner Manteltasche schmolz. Zwei Jahre später hatte er den ersten kommerziellen Mikrowellenofen konstruiert.

Abb. 184: Wassermoleküle sind **polar**, die elektrische Ladung ist in ihnen nicht gleichmäßig verteilt. Daher werden sie in elektromagnetischen Wechselfeldern zum Rotieren angeregt. Durch Stöße untereinander wird die Rotationsenergie in thermische Energie umgewandelt.

Abb. 185: Die stehenden Wellen, die sich im Garraum eines Mikrowellenherdes ausbilden, führen zu einer ungleichmäßigen räumlichen Verteilung der Strahlungsintensität, es entstehen sogenannte **Hotspots**. Sie lassen sich mithilfe einer Wärmebildkamera sichtbar machen: Das Foto zeigt das Wärmebild einer Glasplatte, die mit einem Wasserfilm versehen und dann im Garraum einige Zeit geheizt worden war. Die heißeren Bereiche sind heller abgebildet als die kühleren. Um trotz der Hotspots eine möglichst gleichmäßige Erwärmung der Speisen zu gewährleisten, befindet sich im Garraum eines Mikrowellenherdes ein Drehteller.

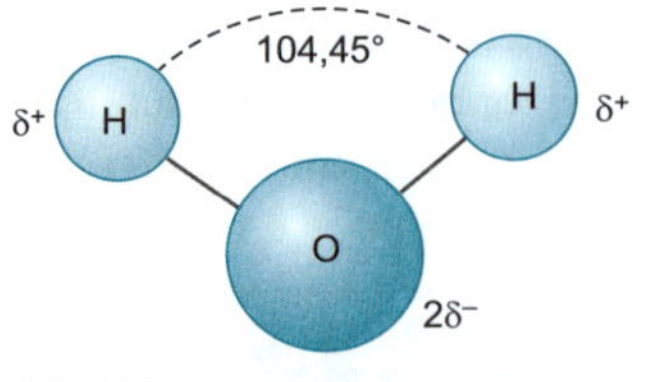

Abb. 184

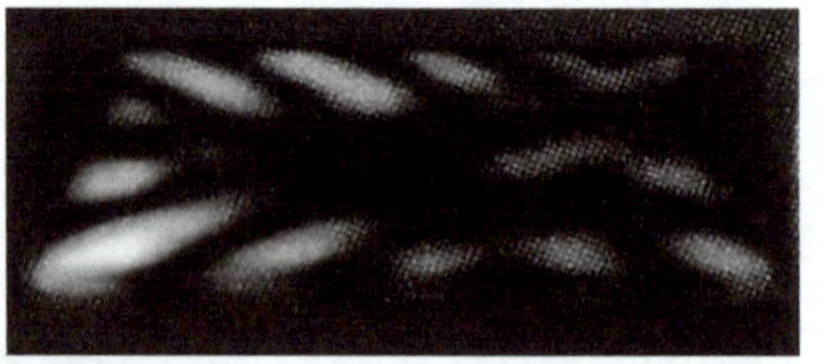

Abb. 185

Im Mikrowellenofen bleiben Gefäße aus Porzellan zunächst kühl, bis sie sich durch Wärmeleitung nach und nach ebenfalls erwärmen. Zum Schmelzen von Eis muss man zunächst etwas Wasser hinzufügen. Im Auftaumodus arbeitet ein Mikrowellenofen intervallweise: Zunächst wird das flüssige Wasser durch die Mikrowellenstrahlung erhitzt. Anschließend wird die Strahlung abgeschaltet, damit sich die thermische Energie durch Wärmeleitung auf das feste Eis übertragen und es zum Schmelzen bringen kann. Mikrowellenherde arbeiten typischerweise mit einer Frequenz von 2,45 GHz, die Wellenlänge ist also 12,2 cm. Dies liegt in der Größenordnung der Dimensionen des Garraumes. Daher bilden sich dort **stehende Wellen** (Abb. 185).
Mobiltelefone arbeiten mit Frequenzen von 900 MHz und 1 800 MHz (Europa) bzw. 850 MHz und 1 900 MHz (USA). Die Wellenlängen betragen hier 16,6 bzw. 33,3 cm. Auch diese Wellen erwärmen wasserhaltige Materialien, also auch menschliches Gewebe. Daher hat man Grenzwerte für die Strahlungsleistung von Handys festgelegt, um vor Schädigungen durch Überhitzung zu schützen. Der **SAR-Wert** (**s**pezifische **A**bsorptions**r**ate) gibt dabei die absorbierte Leistung je Gewebemasse an, wobei über jeweils 10 Gramm Gewebe gemittelt wird. Die Messung erfolgt an einem Phantomkopf, der mit einer speziellen Flüssigkeit gefüllt ist. Diese ist in ihren physikalischen Eigenschaften denen von menschlichem Gewebe sehr ähnlich. Nach dem momentanen Stand der Diskussion hat man sich in Europa auf die Obergrenze von 2 W/kg für den SAR-Wert geeinigt. Damit ein Mobiltelefon mit dem Umweltschutzsiegel „Blauer Engel" gekennzeichnet werden dürfte, müsste sein maximaler SAR-Wert weniger als 0,6 W/kg betragen.

12.4 Doppler-Effekt und Interferenz beim Radar

Unter Straßenverkehrsteilnehmern ist das Verfahren genauso bekannt wie bei den Piloten der Bundeswehr: **Radarmessungen** registrieren die Geschwindigkeit vorbeifahrender Autos und die Flughöhe von Düsenjets. „Radar" ist die Abkürzung für „**Ra**dio **D**etection **A**nd **R**anging"; dahinter verbergen sich verschiedene Verfahren, bei denen mithilfe von Funkwellen Messungen stattfinden.

Beim **Verkehrsradar** kommt der **relativistische Doppler-Effekt** zum Tragen – aus der Frequenzverschiebung zwischen ausgesandtem und reflektiertem Signal lässt sich die Geschwindigkeit eines Fahrzeugs berechnen (Abb. 186). Beim **Wetterradar** misst man u. a. die Intensität des reflektierten Signals. Je nach verwendeter Wellenlänge werden die Radarwellen stärker von Regentropfen oder von Hagelkörnern in den Wolken reflektiert. Daraus erhält man z. B. Informationen über die Intensität von Niederschlägen in einzelnen Gebieten.

Ein weiteres Einsatzgebiet von Radargeräten ist die **Flugsicherung**. Bei Phased-Array-Antennen senden mehrere Einzelantennen ein Radarsignal mit gleicher Frequenz und ansteuerbarer Phasenlage aus. Durch **Interferenz** ergeben sich bestimmte Richtungen, in denen die Intensität der Radarwelle sehr groß ist (Interferenzmaxima). In großer Entfernung von der Antenne gilt dabei: $k \cdot \lambda = d \cdot \sin \varphi$. Durch Änderung der Phasenlage zwischen den einzelnen Antennen kann man diese Richtungen ändern, ohne die Antenne mechanisch bewegen zu müssen (Abb. 187).

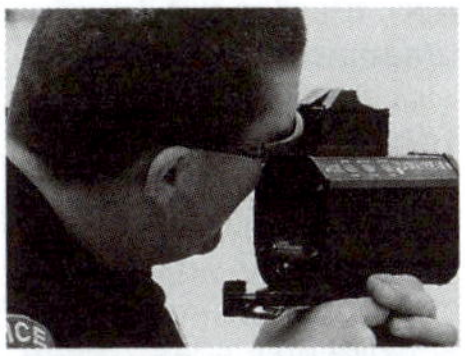

Abb. 186: Verkehrsradar Die Frequenz f_E, die ein mit der Geschwindigkeit v fahrendes Auto reflektiert, ergibt sich aus der Senderfrequenz f_S bei elektromagnetischen Wellen stets zu

$$f_E = f_S \cdot \sqrt{\frac{c+v}{c-v}}$$

(relativistischer Doppler-Effekt). Bei Tempo 108 $\frac{km}{h}$ (= 30 $\frac{m}{s}$) ändert sich die Frequenz um 0,00001 %; d. h. bei einer typischen Radarfrequenz von 25 GHz ändert sich die Frequenz um 2,5 kHz.

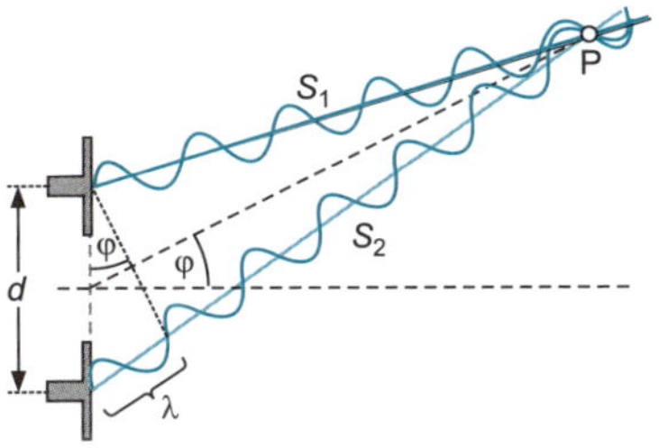

Abb. 187 a

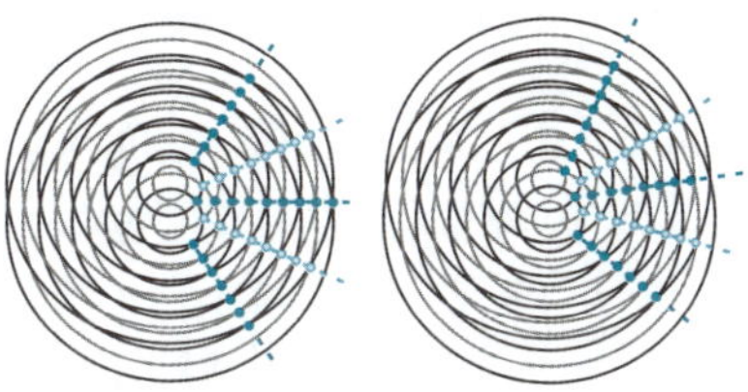

Abb. 187 b

Abb. 187: Phased-Array-Antennen

a: Bei zwei gleichphasig strahlenden Antennen tritt im Punkt P ein **Interferenzmaximum** auf, wenn der Unterschied der Wege von den beiden Antennen zu P gerade eine Wellenlänge λ (oder ein Vielfaches davon) beträgt.

b: Eine **Phasenverschiebung** führt zu einer Richtungsänderung der Maximumslinien: Links senden beide Antennen gleichphasig, rechts eilt die untere Antenne in ihrer Phase etwas voraus. Dadurch schwenken die Interferenzmaxima etwas nach oben.

12.5 Informationsübertragung – analog und digital

Um Informationen zu übertragen, verwendet man die Technik der **Modulation**. Hierbei wird bei einem Hochfrequenzsignal die Amplitude, die Frequenz oder die Phase verändert. Dabei spielt es keine Rolle, ob die Information nun **analog** oder **digital** übertragen wird. Abb. 188 zeigt, wie im analogen Bereich ein sinusförmiger Ton bzw. im digitalen Bereich ein Rechtecksignal durch **Amplitudenmodulation (AM)** oder **Frequenzmodulation (FM)** der Trägerwelle übertragen wird. Die Amplitudenmodulation wird im Mittelwellenbereich verwendet, die Frequenzmodulation im UKW-Bereich. Daher werden im angelsächsischen Sprachgebrauch die entsprechenden Frequenzbereiche mit AM bzw. FM bezeichnet. Als Sendefrequenz wird die Frequenz der Trägerwelle angegeben.

Abb. 188: Bei der **Amplitudenmodulation** (Mitte) wird die Amplitude des Trägersignals entsprechend der Amplitude des Informationssignals (oben) verändert. Sie ergibt sich mathematisch, indem die Funktionen für das Träger- und das Informationssignal miteinander **multipliziert** werden.
Bei der **Frequenzmodulation** (unten) wird die Frequenz des Trägersignals entsprechend angepasst. Sie wird mathematisch durch eine **Verkettung** der beiden Ausgangsfunktionen erreicht.

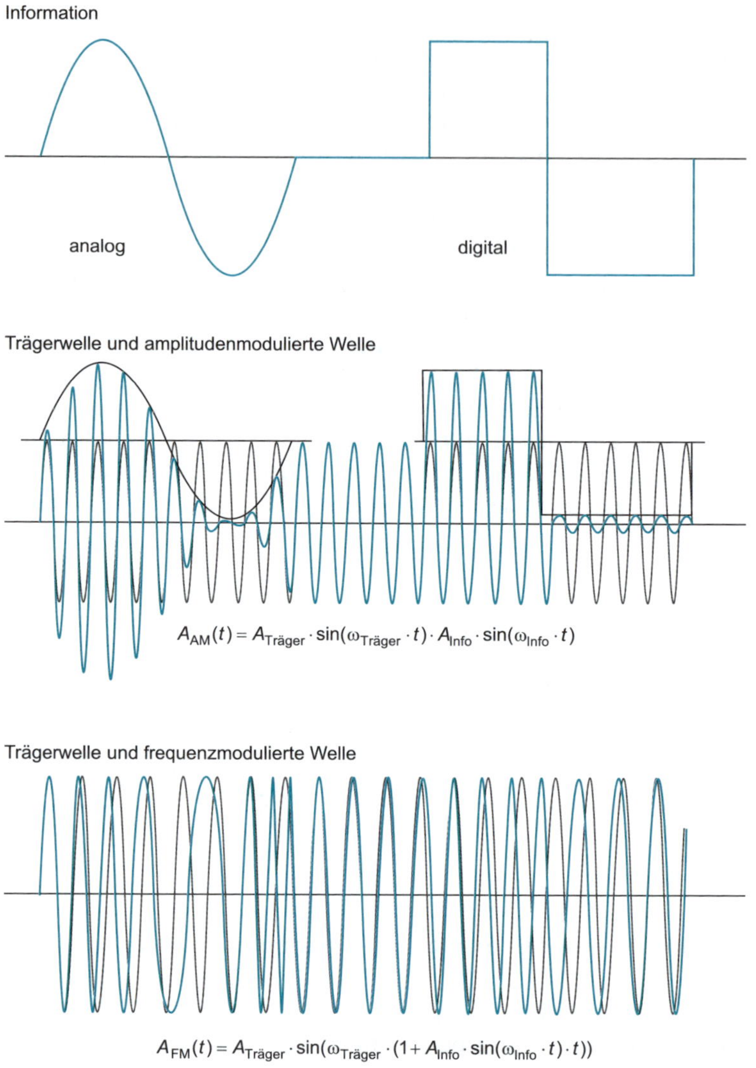

Abb. 188

Dabei muss man berücksichtigen, dass die modulierten Wellen sich aus der additiven Überlagerung von sinusförmigen Wellen ergeben. Bei der Übertragung eines Tons mit der Frequenz f_{Info} ergibt sich die modulierte Welle aus der Überlagerung zweier Wellen mit den Frequenzen $f_{\text{Info}} - f_{\text{Träger}}$ und $f_{\text{Info}} + f_{\text{Träger}}$ (Abb. 189). Daher benötigt man nicht nur eine einzelne Frequenz, sondern ein **Frequenzband**.
Bei der Amplitudenmodulation muss dieses Frequenzband eine Breite von $2 \cdot f_{\text{Info, max}}$ haben. Weil das menschliche Hörvermögen einen

Bereich von 16 Hz bis 16 kHz überdeckt, benötigt man folglich eine **Bandbreite** von 32 kHz, um sie auf Mittelwelle (AM) übertragen zu können. Tatsächlich beträgt die Bandbreite bei Mittelwellenkanälen nur 9 kHz, sodass Töne bis maximal 4,5 kHz übertragen werden können. Daher hören sich Mittelwellensender stets etwas dumpf an.
Im UKW-Rundfunkbereich zwischen 87,5 MHz und 108 MHz hingegen verwendet man die Frequenzmodulation, die eine größere Bandbreite benötigt – sie beträgt für den menschlichen Hörbereich etwa 200 kHz, bei hochwertiger Stereoübertragung inklusive weiterer Datensignale sogar bis zu 400 kHz. (So können z. B. RDS-taugliche Radioempfänger, wie sie v. a. im Auto eingesetzt werden, zusätzlich übertragene Informationen des **R**adio-**D**aten-**S**ystems wie Programmkennung, Verkehrsfunk etc. verwerten.) Allgemein wird die Bandbreite durch die größte Frequenz, die in der Fourieranalyse des Signals (siehe Kapitel 6, S. 79) enthalten ist, bestimmt. Dadurch ergibt sich jeweils eine Einteilung der Frequenzbänder in einzelne Kanäle. Ein Sender, der z. B. im UKW-Bereich auf 95,3 MHz sendet, beansprucht für sich den Frequenzbereich von 95,1 bis 95,5 MHz.

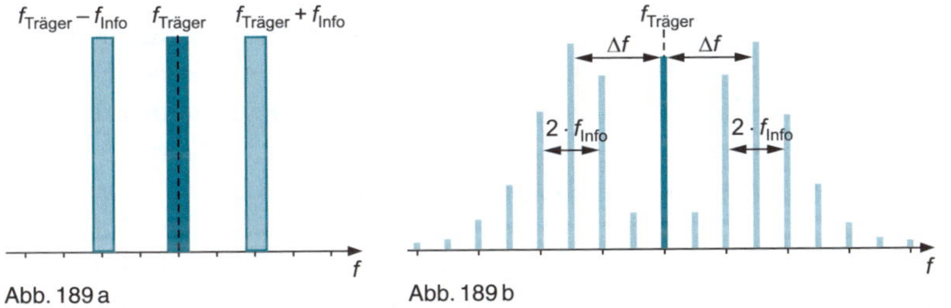

Abb. 189 a

Abb. 189 b

Abb. 189: Frequenzband und Bandbreite

a: Ein amplitudenmoduliertes Signal setzt sich aus zwei Signalen mit den Frequenzen $f_{Träger} - f_{Info}$ und $f_{Träger} + f_{Info}$ zusammen. Die beiden Signale heißen Seitenbänder, die Bandbreite ist daher $2 \cdot f_{Info}$.

b: Bei der Frequenzmodulation setzt sich die Bandbreite aus dem **Frequenzhub** Δf und der Frequenz f_{Info} zusammen. Δf hängt von der Amplitude des zu übertragenden Signals ab. Im UKW-Bereich beträgt Δf maximal 75 kHz.

Bei **Mobilfunknetzen** betragen die Bandbreiten im GSM-Standard 0,2 MHz, im UMTS-Standard 5 MHz. Bei GSM werden die Kanäle in acht Zeitschlitze von 4,615 ms unterteilt: Einem Teilnehmer, der mit seinem Handy telefoniert, wird ein bestimmter Zeitschlitz zugewiesen, sodass auf einem Kanal (d. h. in einem Frequenzbereich) acht Teilnehmer gleichzeitig sprechen können. Bei UMTS werden alle Daten zeitgleich übertragen. Damit man aber weiß, woher welche Daten kommen und an wen sie gelangen sollen, werden die Daten mit einer Codierung versehen. Das ist so, wie wenn in einem Raum alle gleichzeitig reden, aber immer nur jeweils zwei Personen die gleiche Sprache sprechen.

12.6 Exkurs: Pioniere der Funktechnik

Abb. 190: Wegbereiter der Funktechnik

a: Alexander Stepanowitsch **Popow** vollzog die Experimente von Heinrich Hertz nach. Er entwickelte die Apparaturen so weiter, dass er 1895 Morsesignale über einige Kilometer Entfernung drahtlos übertragen konnte.

b: Guglielmo **Marconi** griff bei seinen ersten Versuchen zur drahtlosen Übertragung von Signalen u. a. auf Arbeiten von Popow zurück und entwickelte das System für den praktischen Einsatz weiter. 1897 gründete er in Großbritannien die erste Funktelegraphengesellschaft unter dem Namen *Marconi's Wireless Telegraph Company Ltd.*

c: Karl Ferdinand **Braun** erfand die Braun'sche Röhre, die viele Jahrzehnte Hauptbestandteil von Fernsehapparaten und Oszilloskopen war. Er gehörte zu den Gründern der Gesellschaft *Telefunken* in Berlin im Jahr 1903.

Abb. 190 a

Abb. 190 b

Abb. 190 c

James Clerk Maxwell sagte die Existenz elektromagnetischer Wellen vorher, *Heinrich Hertz* konnte sie im Jahre 1886 erstmals experimentell nachweisen (vgl. Kapitel 5, S. 69, und 6, S. 77). Auf diese Experimente geht der Ausdruck „Funken“ zurück, benutzte er doch zur Erzeugung der Wellen noch eine Funkenstrecke. Zehn Jahre später gelang es dem Russen *Alexander Stepanowitsch Popow* (1859–1906) und dem Italiener *Guglielmo Marconi* (1874–1937) Apparate zu entwickeln, mit denen sie Funksignale über einige wenige Kilometer senden konnten (Abb. 190 a und b). Beide wurden für ihre Verdienste um die Funktechnik geehrt: Popow mit der **Goldmedaille des Pariser Elektrotechnischen Kongresses** im Jahre 1900, Marconi zusammen mit *Karl Ferdinand Braun* (1850–1918, Abb. 190 c; vgl. Abschnitt 3.3, S. 24) im Jahr 1909 mit dem **Nobelpreis für Physik**. Braun war seit 1895 Direktor des physikalischen Instituts der Universität Strassburg. Bei den Untersuchungen zu den physikalischen Eigenschaften der damaligen Funksysteme fand er eine entscheidende Weiterentwicklung: Er trennte Hochfrequenzerzeugung und Wellenabstrahlung voneinander und koppelte die Antenne induktiv an einen Schwingkreis.

Die nächsten Schritte auf dem Weg zur allgemeinen drahtlosen Kommunikation waren die Entwicklung von Elektronenröhren als elektrische Verstärker durch *Robert von Lieben* (1878–1913) und *Lee De Forest* (1873–1961) sowie die Erfindung der Rückkopplungsschaltung durch *Alexander Meißner* (1883–1958) im Jahr 1913. Letztere ermöglichte es endlich auf effektive Weise, ungedämpfte Schwingungen zu erzeugen. Nach dem ersten Weltkrieg begannen in Deutschland die ersten Rundfunkanstalten Unterhaltung zu senden: zunächst versuchsweise am 22. Dezember 1920 (Instrumentalkonzert), dann im regelmäßigen Rundfunkbetrieb ab 29. Oktober 1923. Die heute noch existierende **British Broadcasting Corporation (BBC)** war bereits ein Jahr zuvor am 18. Oktober 1922 gegründet worden.

Fakten und Formeln: Elektromagnetische Wellen

- Elektromagnetische Wellen sind **Transversalwellen**: Ausbreitungsrichtung, E-Feld-Vektor und B-Feld-Vektor stehen paarweise aufeinander senkrecht und bilden ein Rechtssystem.
- Die **Ausbreitungsgeschwindigkeit** im Vakuum ist gleich der Vakuumlichtgeschwindigkeit c. $\quad c = 2{,}99792458 \cdot 10^8\,\frac{\text{m}}{\text{s}}$
- Elektromagnetische Wellen lassen sich mit einem **Hertz'schen Dipol** erzeugen. Auf dem Dipol bilden sich **stehende Ladungs-** bzw. **Stromstärkewellen** aus. Die ideale Dipollänge ℓ_{Dipol} beträgt daher eine halbe Wellenlänge, auf leitenden Flächen ein Viertel der Wellenlänge. $\quad \ell_{\text{Dipol}} = \frac{\lambda}{2}$, $\quad \ell_{\text{Dipol (leitend)}} = \frac{\lambda}{4}$
- Bei einer Relativbewegung zwischen Sender und Empfänger von elektromagnetischen Wellen tritt der **relativistische Doppler-Effekt** auf: Die empfangene Frequenz f_E ist größer (Annäherung) bzw. kleiner (Entfernung) als die Senderfrequenz f_S. $\quad f_E = f_S \cdot \sqrt{\frac{c+v}{c-v}}$
- Senden zwei Antennen gleichphasig, so gilt für die Winkel φ, unter denen man **Interferenzmaxima** in Entfernungen findet, die groß gegen den Abstand d der Antennen sind: $\quad k \cdot \lambda = d \cdot \sin\varphi \quad (k \in \mathbb{N}_0)$

Concept Map: Elektromagnetische Wellen

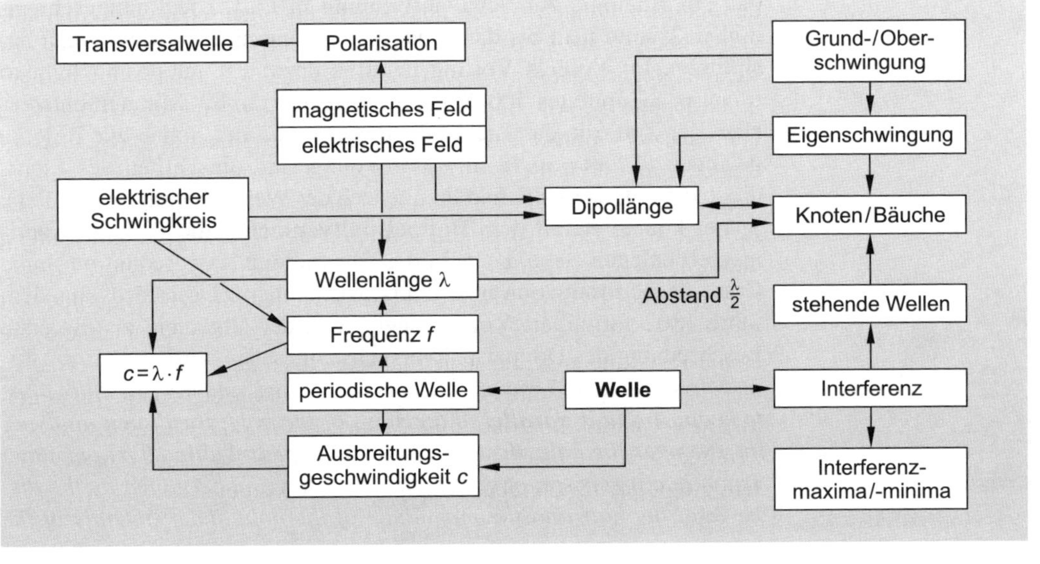

13 Welleneigenschaften des Lichts

13.1 Historisches

Im siebzehnten Jahrhundert begegnet man zwei großen Namen in der Optik, also der Lehre vom Licht (griech. optike: Lehre vom Sichtbaren): *Sir Isaac Newton* (1643–1727) und *Christiaan Huygens* (1629–1695). Sie stehen auch für einen wissenschaftlichen Streit, welchen zunächst Newton kraft seiner persönlichen Autorität für sich entschied, bis sich das Blatt wendete, als ein Experiment den Standpunkt von Huygens „bewies". Heute zeigt die Quantenphysik, dass beide recht hatten.
Newton machte präzise Beobachtungen und ausführliche Untersuchungen zum Licht, die er in dem Werk „Opticks or a treatise of the reflections, refractions, inflections and colours of light" im Jahre 1704 veröffentlichte. Seiner Vorstellung nach ist Licht ein Strom von verschieden großen Partikeln. Die Größe der Partikel bestimmt dabei die Farbe des Lichts. Huygens entwarf die Theorie der Wellen und konnte damit z. B. das Phänomen der Beugung erklären. Newton aber setzte sich durch, da er zu seiner Zeit als „Physik-Papst" galt.
Fast einhundert Jahre nach Newtons Veröffentlichung trug *Thomas Young* (1773–1829) seine Theorie der Newton'schen Farbringe (siehe Abschnitt 13.2, S. 151) vor der *Royal Society* in London vor. Dabei stellte er sich gegen Newtons **Korpuskulartheorie** und nahm stattdessen an, dass sich Licht durch **Wellen** in einem **„Äther"** ausbreitet, ganz in Analogie zur Schallausbreitung in Luft. Die Lichtgeschwindigkeit konnte man bis dahin nur aus astronomischen Messungen bestimmen. Im Youngs Vortrag heißt es dazu: „... supposing light to travel in $8\frac{1}{8}$ minutes 500 000 000 000 feet."; die $8\frac{1}{8}$ Minuten entsprechen der Zeit, die das Licht benötigt, um von der Sonne zur Erde zu gelangen (1 foot = 30,48 cm). Für Young sind die Farben des Lichts durch die unterschiedlichen Frequenzen der Wellen bedingt (Abb. 191). Später konnte er mit dem **Doppelspaltversuch** seine Theorie experimentell belegen (Abb. 192). In der Abhandlung „An Acount on Some Cases of the Production of Colours, Not Hitherto Described" aus dem Jahre 1802 formuliert Young einen Text, der allgemein als die erste Beschreibung des Doppelspaltversuchs angesehen wird:
„I therefore made a rectangular hole in a card, and bent its ends so as to support a hair parallel to the sides of the hole: then upon applying the eye near the hole, the hair of course appeared dilated by indistinct vision into a surface, of which the breadth was determined by the distance of the hair and the magnitude of the hole, independently of the temporary aperture of the pupil. When the hair approached so near to

From NEWTON's measures of the thicknesses reflecting the different colours, the breadth and duration of their respective undulations may be very accurately determined; although it is not improbable, that when the glasses approach very near, the atmosphere of ether may produce some little irregularity. The whole visible spectrum appears to be comprised within the ratio of three to five,

...

The absolute length and frequency of each vibration is expressed in the table; supposing light to travel in 8⅛ minutes 500,000,000000 feet.

Colours.	Length of an Undulation in parts of an Inch, in Air.	Number of Undulations in an Inch.	Number of Undulations in a Second.
Extreme -	.0000266	37640	463 millions of millions
Red - -	.0000256	39180	482
Intermediate	.0000246	40720	501
Orange - -	.0000240	41610	512
Intermediate	.0000235	42510	523
Yellow -	.0000227	44000	542
Intermediate	.0000219	45600	561 (= 2^{48} nearly)
Green - -	.0000211	47460	584
Intermediate	.0000203	49320	607
Blue - -	.0000196	51110	629
Intermediate	.0000189	52910	652
Indigo - -	.0000185	54070	665
Intermediate	.0000181	55240	680
Violet - -	.0000174	57490	707
Extreme - -	.0000167	59750	735

Abb. 191

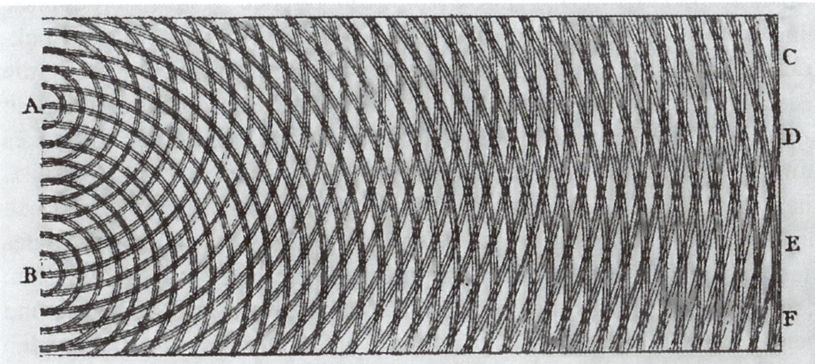

Abb. 192

Abb. 191: Thomas Young berechnete 1802 aus den Daten, die Isaac Newton bei den nach ihm benannten „Newton'schen Ringen" angegeben hatte, Wellenlängen und die zugehörigen Frequenzen. Er ging dabei von der Annahme aus, dass **Licht als Wellen**, die sich in einem „luminösen Äther" ausbreiteten, zu beschreiben wäre. Die Werte – mithilfe der damals gemessenen Lichtgeschwindigkeit berechnet – stimmen erstaunlich gut mit den heute verwendeten Werten überein.

Abb. 192: Die Grafik erschien in Youngs umfangreicher Zusammenfassung naturwissenschaftlicher Erkenntnisse *A Course of Lectures on Natural Philosophy and The Mechanical Arts* im Jahr 1807. Sie erläutert die **Interferenz von zwei Wasserwellen**. Im selben Buch stellt er das Doppelspaltexperiment für Licht ausführlich dar und verweist auf die Analogie zu Wasserwellen. Seine Überlegungen zum Zustandekommen der Interferenzerscheinungen gelten auch heute noch.

the direction of the margin of a candle that the inflected light was sufficiently copious to produce a sensible effect, the fringes began to appear; and it was easy to estimate the proportion of their breadth to the apparent breadth of the hair, across the image of which they extended. I found that six of the brightest red fringes, nearly at equal distances, occupied the whole of that image."

aus: „An Acount on Some Cases of the Production of Colours, Not Hitherto Described", Phil. Trans. R. Soc. Lond. (92), 1802, S. 389

Mathematisch weiterentwickelt und mit vielen Experimenten untermauert wurde die Wellentheorie des Lichts von *Augustin Jean Fresnel* (1788–1827; vgl. Exkurs, S. 163). Bestärkt wurde diese Sichtweise zudem von *James Clerk Maxwell* (1831–1879), der im Rahmen seiner Theorie der elektrischen und magnetischen Felder die Existenz von elektromagnetischen Wellen postulierte. Er konnte deren Ausbreitungsgeschwindigkeit durch den Term $c = \frac{1}{\sqrt{\varepsilon_0 \cdot \mu_0}}$ angeben (ε_0: elektrische

Feldkonstante; μ_0: magnetische Feldkonstante) und aus den damaligen Messwerten zu 310 740 000 $\frac{m}{s}$ berechnen. Maxwell bemerkte hierzu in seiner Abhandlung „A Dynamical Theory of the Electromagnetic Field“:

„This velocity is so nearly that of light, that it seems we have strong reason to conclude that light itself (including radiant heat, and other radiations if any) is an electromagnetic disturbance in the form of waves propagated through the electromagnetic field according to electromagnetic laws.“

aus: Phil. Trans. R. Soc. Lond. (155), 1865, S. 459–512

Diese Sichtweise hat man bis heute beibehalten.
Wieder etwa einhundert Jahre später fand *Wilhelm Hallwachs* (1859–1922) den **äußeren Fotoeffekt (Hallwachs-Effekt)**. Dieses Experiment wiederum ließ sich nun nicht mit der Wellentheorie erklären. *Albert Einstein* (1879–1955) wendete zur Deutung der Versuchsergebnisse eine Idee von *Max Planck* (1858–1947) an. Zur Erklärung der Spektralverteilung eines **Hohlraumstrahlers** nahm Planck an, dass die Energieabgabe bzw. -aufnahme nur in bestimmten Portionen möglich sei. (Ein Hohlraumstrahler ist im Prinzip ein beliebiges, geschlossenes hohles Gefäß, in dessen Wand man ein winziges Loch bohrt. Erhitzt man dieses Gefäß, zeigt sich, dass das Spektrum der aus dem Loch austretenden Strahlung nur von der Temperatur und nicht vom Material des Gefäßes abhängt.) Einstein entdeckte die Analogie zwischen den Formeln Plancks und Formeln aus der kinetischen Gastheorie und deutete den Hallwachs-Effekt mit der Annahme von Lichtteilchen, den **Photonen**. (Die Bezeichnung „Photon“ geht auf den Physikochemiker *Gilbert Newton Lewis* (1875–1946) zurück, der sich als einer der Ersten im angelsächsichen Sprachraum mit Einsteins Relativitätstheorie beschäftigte.) Für seine Arbeit „Über einen die Erzeugung und Verwandlung des Lichtes betreffenden heuristischen Gesichtspunkt“ erhielt Einstein den Nobelpreis für Physik des Jahres 1921.

13.2 Farbe durch Beugung und Interferenz

Viele Farbspiele, die wir in der Natur und in der Technik beobachten können, beruhen auf dem Phänomen der **Interferenz**: Schillernde Schmetterlingsflügel, schimmernde Öllachen, regenbogenfarbene Seifenblasen, die Farberscheinungen auf der Oberfläche einer CD. Das Grundprinzip ist dabei stets das gleiche und wurde schon von *Thomas Young* (siehe voriger Abschnitt) formuliert.

Interferenz von Lichtwellen

Lichtwellen, die von zwei oder mehreren Punkten ausgehen, überlagern sich und ergeben ein **Interferenzmaximum**, wenn der Phasenunterschied, der auf den verschiedenen Lichtwegen entsteht, ein Vielfaches von 2π beträgt:

$\Delta\varphi = k \cdot 2\pi;\ \ k \in \mathbb{N}_0$

Für ein **Interferenzminimum** lautet die Bedingung:

$\Delta\varphi = (2k+1) \cdot \pi;\ \ k \in \mathbb{N}_0$

Werden die Lichtwege **im gleichen Medium** zurückgelegt, sind diese Bedingungen erfüllt, wenn die Wegdifferenzen jeweils ein geradzahliges bzw. ungeradzahliges Vielfaches der halben Wellenlänge betragen:

- Maximum: $\Delta s = 2k \cdot \frac{\lambda}{2} = k \cdot \lambda$
- Minimum: $\Delta s = (2k+1) \cdot \frac{\lambda}{2}$

Young wendete die Wellentheorie zunächst auf die Farberscheinungen an, die heute als **„Newton'sche Ringe"** bezeichnet werden (Abb. 193). Hier spielt die Dicke der Luftschicht zwischen zwei Glasflächen die entscheidende Rolle.

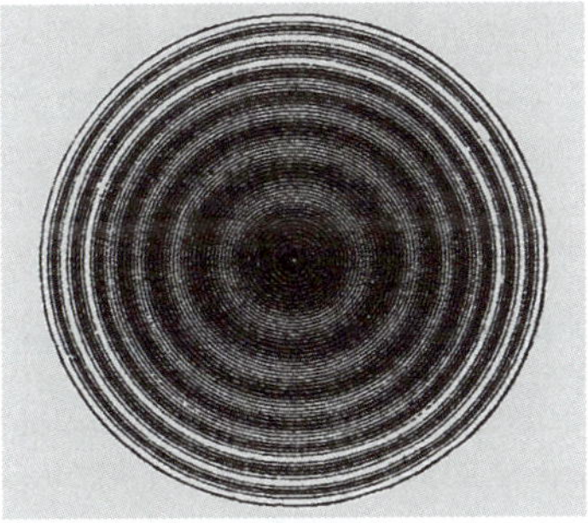

Abb. 193 a

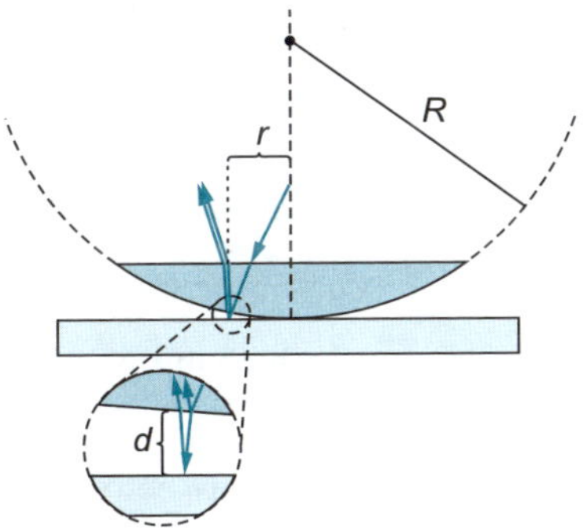

Abb. 193 b

Abb. 193: Newton'sche Ringe

a: Legt man eine flache Linse auf eine ebene Glasplatte, kann man ein System von **konzentrischen farbigen Ringen** beobachten. Dieses Phänomen hat schon Newton in seinen *Opticks* beschrieben.

b: Die Ringe lassen sich durch die Interferenz des Lichts erklären, das an der Unterseite der Linse und an der Oberseite der Glasplatte reflektiert wird. Der Wegunterschied zwischen diesen beiden Lichtwegen beträgt $2d$, das entspricht einem Phasenunterschied

$\varphi = \frac{2\pi}{\lambda} \cdot 2d.$

Dazu kommt noch ein Phasensprung von π bei der Reflexion an der Glasplatte, sodass der gesamte Phasenunterschied

$\varphi' = \frac{4\pi \cdot d}{\lambda} + \pi$

beträgt. In der Mitte ($d = 0$) entsteht daher ein dunkler Fleck. Das Interferenzmaximum für eine Farbe entsteht, wenn $\varphi' = k \cdot 2\pi$ ist ($k = 0, 1, 2, \ldots$).

Bei Seifenblasen bzw. einem Ölfilm auf der Straße sind die Farben im Wesentlichen von der Dicke der Seifenhaut bzw. des Ölfilms abhängig. Tatsächlich beobachtet man hier Mischfarben, da unter einem bestimmten Winkel nur Licht einer bestimmten Farbe völlig ausgelöscht wird. Die restlichen Farben erscheinen mehr oder weniger intensiv und führen zu den bekannten Farberscheinungen (Abb. 194 a und b).

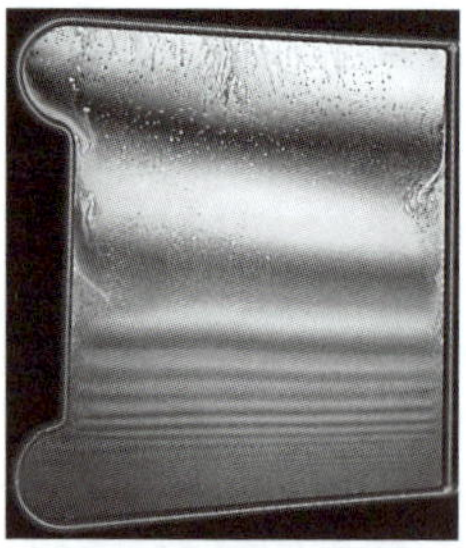

Abb. 194 a: **Seifenhaut**

Abb. 194 b: **Ölfleck**

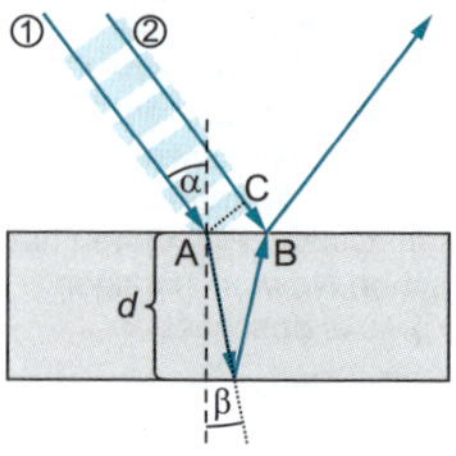

Abb. 194 c: **Prinzipskizze**

Die Skizze in Abb. 194 c zeigt, wie die Farberscheinung prinzipiell zustande kommt: Bei dünnen Schichten interferieren Wellen, die an der Unterseite (Strahl ①) bzw. an der Oberseite (Strahl ②) des Films reflektiert wurden. Um den Phasenunterschied zu bestimmen, berechnet man zunächst die Laufzeiten des Lichts und berücksichtigt, dass bei der Reflexion an der Oberseite ein Phasensprung von π auftritt. Zwischen den Winkeln α und β und den Lichtgeschwindigkeiten in Luft c_0 und in der Seifenschicht c_1 besteht der Zusammenhang:

$$\frac{\sin\alpha}{\sin\beta} = \frac{c_0}{c'} = n \quad \text{(Brechungsgesetz von } \textit{Snellius}\text{)} \qquad (1)$$

n ist die Brechzahl für den Übergang Luft–Seifenhaut.
Um von A nach B zu gelangen, benötigt der Strahl die Zeit:

$$\Delta t_1 = \frac{2d}{c_1 \cdot \cos\beta} = \frac{2d \cdot n}{c_0 \cdot \cos\beta}$$

Unterdessen gelangt das Licht auf dem Weg ② von C nach B in der Zeit:

$$\Delta t_2 = \frac{\overline{\mathrm{CB}}}{c_0} = \frac{\overline{\mathrm{AB}} \cdot \sin\alpha}{c_0} = \frac{2d \cdot \tan\beta \cdot \sin\alpha}{c_0} = \frac{2d \cdot \sin^2\alpha}{n \cdot c_0 \cdot \cos\beta}$$

Am Punkt B beträgt also die Zeitdifferenz der beiden Strahlen:

$$\Delta t_{ges} = \Delta t_1 - \Delta t_2 = \frac{2d}{n \cdot c_0 \cdot \cos\beta} \cdot (n^2 - \sin^2\alpha) \qquad (2)$$

Das Brechungsgesetz und der Zusammenhang $\sin^2\beta + \cos^2\beta = 1$ führen zu:

$$\cos\beta = \frac{1}{n}\sqrt{n^2 - \sin^2\alpha}$$

Eingesetzt in Gleichung (2) folgt:

$$\Delta t_{ges} = \frac{2d}{c_0} \cdot \sqrt{n^2 - \sin^2\alpha}$$

Die Phasenverschiebung ist dann unter Berücksichtigung des Phasensprungs:

$$\Delta\varphi = 2\pi \cdot \frac{\Delta t_{ges}}{T} + \pi = 4\pi \cdot \frac{d \cdot \sqrt{n^2 - \sin^2\alpha}}{\lambda} + \pi$$

Interferenzmaxima erhält man, wenn die Phasenverschiebung ein geradzahliges Vielfaches von π ist, d. h., wenn der Zähler ein ungeradzahliges Vielfaches der viertelten Wellenlänge ergibt:

$$\Delta\varphi = 2k \cdot \pi \quad \Rightarrow \quad d \cdot \sqrt{n^2 - \sin^2\alpha} = (2k-1) \cdot \frac{\lambda}{4}; \quad k \in \mathbb{N}$$

Entsprechend gilt für Interferenzminima:

$$\Delta\varphi = (2k-1) \cdot \pi \quad \Rightarrow \quad d \cdot \sqrt{n^2 - \sin^2\alpha} = 2k \cdot \frac{\lambda}{4}; \quad k \in \mathbb{N}$$

Wird die Seifenhaut so dünn, dass $d \ll \frac{\lambda}{4} \cdot \frac{1}{n}$ gilt, so erhält man nur noch Auslöschung, d. h., die Seifenschicht erscheint in der Reflexion schwarz. Dies ist kurz vor dem Moment der Fall, in dem die Seifenhaut zerreißt.

Bei **CDs** sind es **periodische Strukturen**, die für die Farberscheinungen verantwortlich sind. CDs sind aus mehreren Schichten aufgebaut. In einer dieser Schichten finden sich im Abstand von 1,6 µm Führungsrillen, die mit einer reflektierenden Aluminiumschicht überzogen sind. Im Bereich zwischen den Rillen werden die Informationen in Form von kleinen Vertiefungen („Pits") gespeichert (vgl. Exkurs, S. 164). CDs stellen wegen der Rillenstruktur ein **Reflexionsgitter** mit etwa 600 Linien je Millimeter dar. Infolge der Interferenz hängen die Intensitätsmaxima des reflektierten Lichts für verschiedene Farben vom Winkel ab, unter dem das Licht reflektiert wird (Abb. 195 a und b). Alte CDs kann man daher benutzen, um auf einfache Weise ein Spektroskop zu bauen.

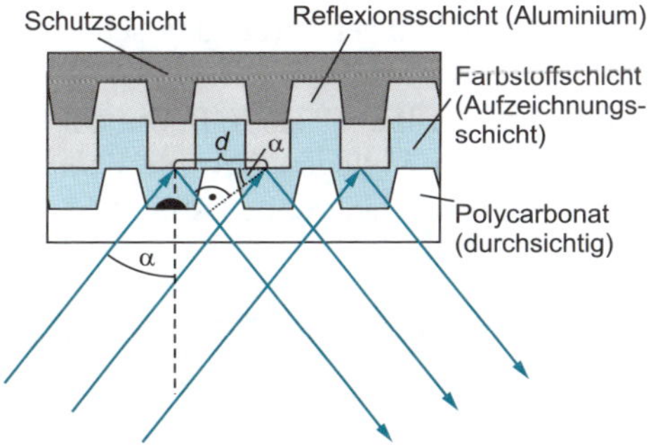

Abb. 195 a

Abb. 195 b

Abb. 195 c

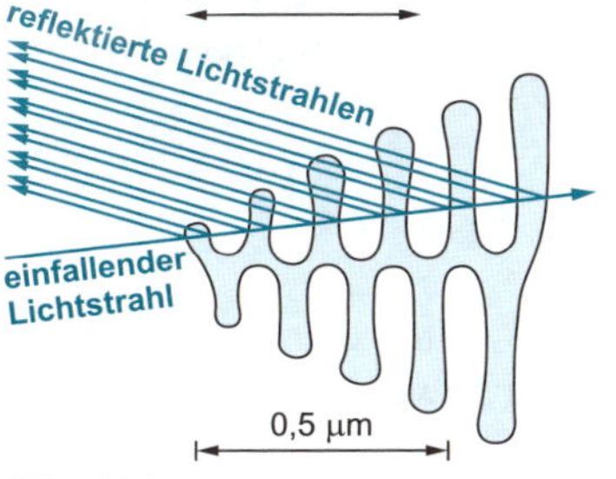

Abb. 195 d

Abb. 195: Interferenz an periodischen Strukturen

a: Bei einer **CD** wird das Licht an den Führungsrillen, die im Abstand $d = 1{,}6$ µm voneinander verlaufen, reflektiert. CDs stellen deswegen **Reflexionsgitter** dar. Für Lichtstrahlen, die unter dem Winkel α auf die Datenseite der CD fallen, ergibt sich ein Gangunterschied von $\Delta s = d \cdot \sin\alpha$. Wenn dieser Gangunterschied ein Vielfaches der Wellenlänge λ ist, ergibt sich ein Interferenzmaximum.

b: Infolge der Interferenz am Gitter beobachtet man bei der CD unter **verschiedenen Winkeln verschiedene Farben**.

c: Die Schuppen des **Schmetterlings** *Morpho peleides* bestehen aus farblosem, stark strukturiertem Material.

d: Kernstück sind dabei **christbaumartige Strukturen**, an denen das Licht mehrfach reflektiert wird. Der Abstand der „Äste" beträgt dabei etwa 170 nm. Die reflektierten Wellen interferieren und bewirken so die schillernde Farbenpracht der Schmetterlingsflügel.

Ein ähnliches Prinzip ist bei manchen **Schmetterlingsarten** verwirklicht, deren Flügel mit kleinen, farblosen Schuppen besetzt sind. Diese sind etwa 50 µm breit und 100 µm lang und mit periodischen Strukturen in der Größenordnung weniger hundert Nanometer versehen (Abb. 195 c und d). Dadurch kommt es – wie bei der CD – zur **Vielstrahlinterferenz**, welche die Ursache für das prächtige Schillern dieser Schmetterlingsflügel ist.

13.3 Interferometrie, Holografie und Spektroskopie

Zu der Zeit, als *Thomas Young* Licht als Wellenerscheinung beschrieb, ging man noch von einer mechanistischen Sicht der Dinge aus, Wellen mussten sich folglich in einem stofflichen Medium ausbreiten. Für die Ausbreitung von Lichtwellen kam diese Rolle dem **„lichttragenden Äther“** (engl. luminous ether) zu. Die mechanischen Eigenschaften dieses Äthers hätten allerdings fantastisch sein müssen: Zunächst durfte der Äther die Bewegung z. B. der Erde im Weltraum nicht wesentlich behindern. Zum anderen hatte man schon erkannt, dass sich die Wellen in einem Medium umso schneller ausbreiten, je stärker die Teilchen des Mediums miteinander gekoppelt sind. Aufgrund der enorm hohen Lichtgeschwindigkeit hätten die Ätherpartikel milliardenfach stärker als die Eisenatome in Stahl miteinander verbunden sein müssen.

1881 führte *Albert Abraham Michelson* (1852–1931) in Berlin ein Experiment durch, das er 1887 mit seinem Kollegen *Edward Williams Morley* (1838–1923) in verbesserter Form wiederholte (Abb. 196).

Abb. 196: In einem **Michelson-Interferometer** wird ein Lichtbündel in zwei Teile zerlegt. Diese durchlaufen senkrecht zueinander orientierte Wege, bevor die beiden Lichtbündel überlagert werden und dort ein Interferenzmuster erscheint. Mithilfe von Spiegeln erreichte Michelson, dass die Lichtwege möglichst lang wurden, um die erwarteten minimalen Unterschiede auf beiden Wegen messen zu können. Die ganze Apparatur wurde zur Vermeidung von Vibrationen schwimmend auf Quecksilber gelagert. Die Abbildungen sind dem Buch *Light Waves and Their Uses* entnommen, in dem Michelson 1903 sein Wissen über Licht zusammenfasste.

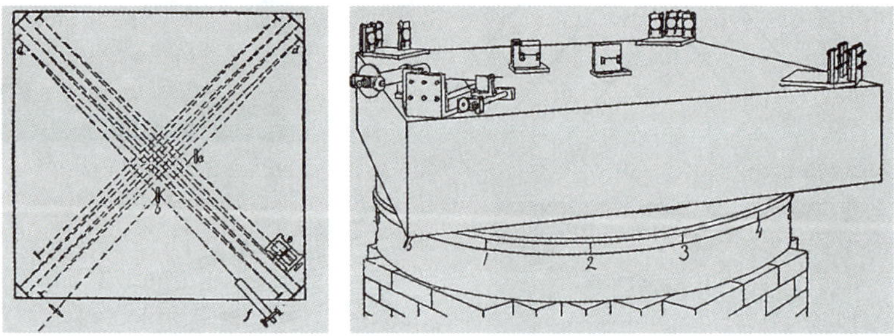

Abb. 196

Sie wollten damit überprüfen, ob sich die Erde relativ zu dem Lichtäther bewegt. In diesem Fall sollten die Zeiten, die das Licht auf den beiden gleichlangen Wegen benötigt, verschieden sein, und es sollte sich das Interferenzmuster bei einer Drehung der Apparatur um 90° ändern. Dies war nicht der Fall, woraus sie schlossen, dass auf diese Weise das Tempo, mit der die Erde sich bewegt, nicht gemessen werden kann. Später nahm *Einstein* dieses Experiment zum Anlass, im Rahmen seiner **Relativitätstheorie** zu postulieren, dass sich Lichtwellen im Weltraum nicht in einem materiellen Medium ausbreiten.

Auch heute wird die Frage, ob Licht sich in allen Richtungen gleich schnell ausbreitet, wieder untersucht, um die Gültigkeit der Relativitätstheorie zu testen. Im Jahr 2009 führten *Stephan Schiller*, *Alexander Nevsky* und *Christian Eisele* ein Experiment durch, das eine ähnliche geometrische Struktur aufweist wie der Versuch von *Michelson* und *Morley* (Abb. 197). Damit konnten zwei Postulate der Speziellen Relativitätstheorie bestätigt werden: Licht breitet sich in allen Raumrichtungen mit der gleichen Geschwindigkeit aus **(Isotropie)**, und die Lichtgeschwindigkeit hängt nicht von der Bewegung des Bezugssystems ab.

Auch zum Test einer Aussage der allgemeinen Relativitätstheorie wird ein Michelson-Interferometer verwendet: Seit dem Jahr 2002 wird mit dem Projekt GEO 600 nach **Gravitationswellen** gesucht (Abb. 198). Demnach sollte es bei kosmischen Explosionen, z. B. bei einer Supernova, zu winzigen Verformungen des Raumes kommen. Im Interferometer müssten diese sich durch eine Änderung des Interferenzmusters bemerkbar machen.

Im industriellen Bereich kommen **Interferometer** vielfach zum Einsatz, wenn es z. B. darum geht, Oberflächen sehr genau zu vermessen – über das Interferenzmuster können Höhenunterschiede bis zu einem Hundertstel der Wellenlänge, d. h. bis etwa 5 nm, registriert werden. Je nach Anwendungsgebiet finden verschiedene Typen Verwendung:

- Im **Mach-Zehnder-Interferometer** wird ein Lichtstrahl in zwei Teilstrahlen zerlegt, die anschließend die jeweils gegenüberliegenden Seiten eines Rechtecks durchlaufen. Am diametral entgegengesetzten Eckpunkt werden die beiden Strahlen überlagert. In einen der Strahlengänge lassen sich Materialproben einbringen. Kleinste Phasenverschiebungen, die sich dadurch ergeben, lassen sich so präzise vermessen (Abb. 199 a).
- Der Aufbau eines **Fabry-Perot-Interferometers** ist recht einfach: Zwei (halbdurchlässige) Spiegelschichten stehen sich gegenüber. In der Schicht zwischen den Spiegeln wird das Licht sehr oft reflektiert. Bei jeder Reflexion tritt ein Teil des Lichts aus und interferiert. Der Abstand d der beiden Spiegelschichten bestimmt, welche Wellenlängen durchgelassen werden. Es gilt bei nahezu senkrechtem Lichteinfall (n: Brechzahl für das Medium zwischen den Spiegeln; $k = 1, 2, \ldots$):

  $$\lambda = \frac{2d \cdot n}{k}$$

  Interferenzfilter sind im Prinzip Fabry-Perot-Interferometer mit fest eingestellter Schichtdicke, die man benutzt, um Licht bestimmter Wellenlängen herauszufiltern (Abb. 199 b).

Abb. 197: Einer **modernen Variante des Michelson-Morley-Experiments** liegt ein Block aus speziellem Glas zugrunde, in dessen beiden rechtwinklig angeordneten Hohlräumen stehende Lichtwellen erzeugt werden. Man lässt die Anlage rotieren und misst die Schwebungsfrequenz. Mit einer Präzision, die 100 Millionen Mal größer war als bei *Michelson* und *Morley*, wurde festgestellt, dass Licht sich in alle Raumrichtungen und unabhängig von der Geschwindigkeit des Bezugssystems gleich schnell ausbreitet.

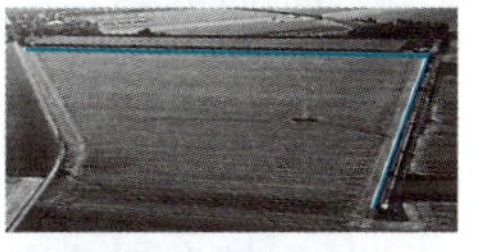

Abb. 198: Luftaufnahme des Projekts **GEO 600.** Die Arme des Interferometers im Bild (hervorgehobene Linien) sind 600 m lang. Damit sollen sich Längenänderungen nachweisen lassen, die nur ein Tausendstel des Durchmessers eines Atomkerns betragen.

Abb. 199: Prinzipieller Aufbau eines

a: Mach-Zehnder-Interferometers
① reflektierender Spiegel
② halbdurchlässiger Spiegel
③ Detektor

b: Fabry-Perot-Interferometers

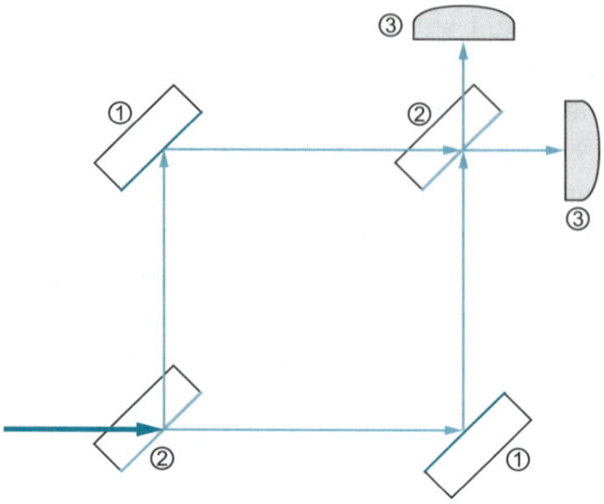

Abb. 199 a

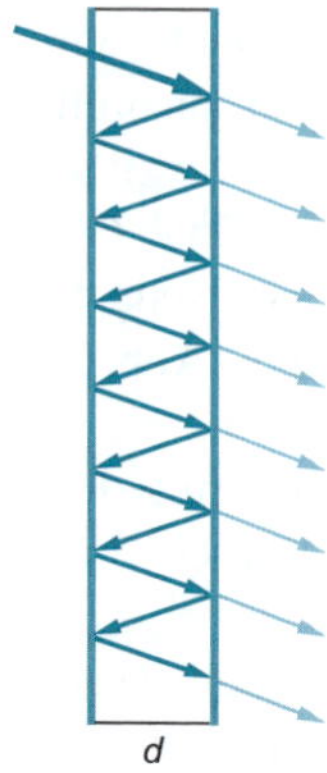

Abb. 199 b

Abb. 200: Speckle-Interferometrie

a: Beleuchtet man mit einem Laser eine mikroskopisch raue Oberfläche (links), entsteht ein sog. **Speckle-Muster** (rechts)

b: Die Veränderungen dieses Musters benutzt man bei der Laser-Speckle-Interferometrie, um schon geringste Verformungen bei dynamischen Vorgängen zu beobachten. Die drei Bilder unten zeigen z. B. die **Schwingungen des Schalltrichters einer Trompete** (Vorder-, Hinter- und Seitenansicht).

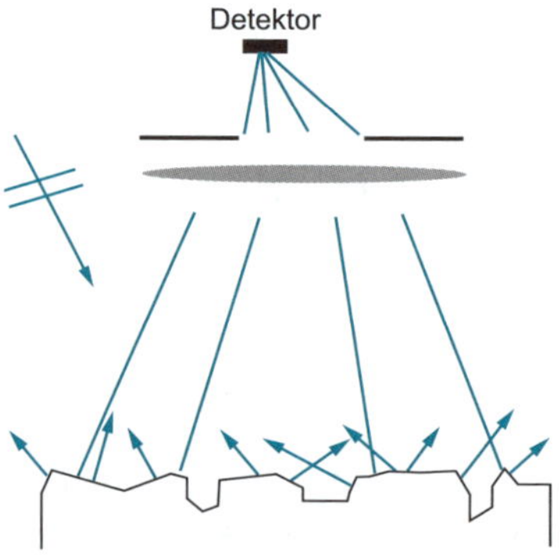

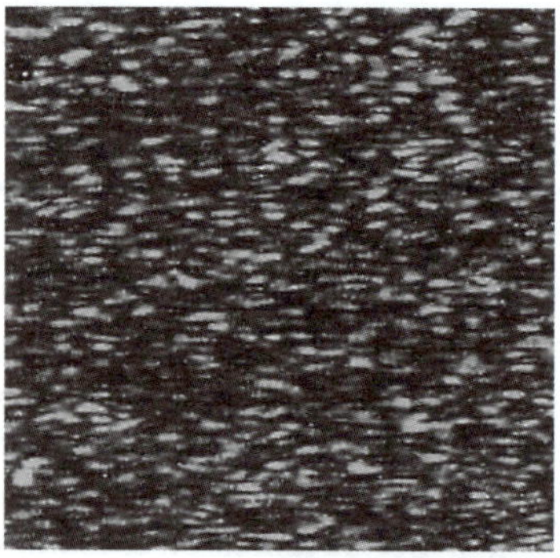

Abb. 200 a

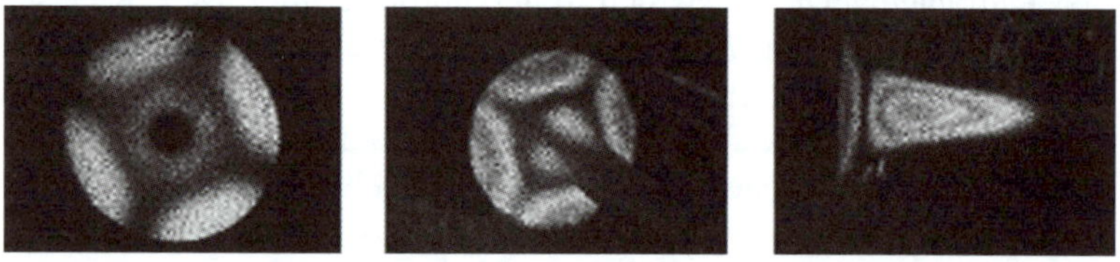

Abb. 200 b

- Bei der **Speckle-Interferometrie** nutzt man das scheinbar unregelmäßige Interferenzmuster, das entsteht, wenn man eine raue Oberfläche mit einfarbigem Laserlicht bestrahlt (engl. speckle: Sprenkel, Tupfen, Flecken). Aus der Veränderung dieses Musters lassen sich Informationen über die Bewegung der Oberfläche gewinnen, indem man zwei Speckle-Aufnahmen des gleichen Gegenstands überlagert (Abb. 200).

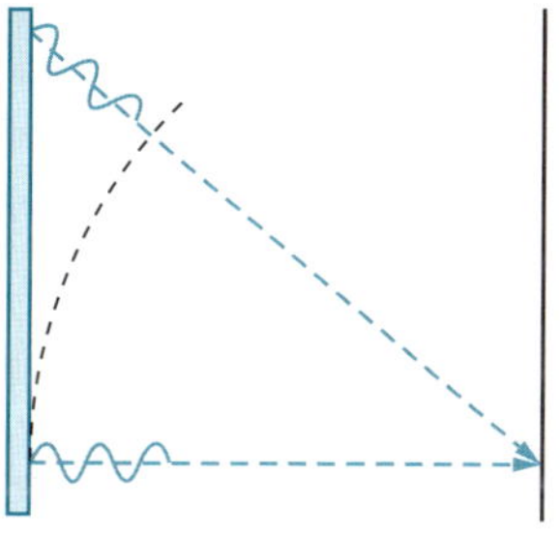

Abb. 201 a

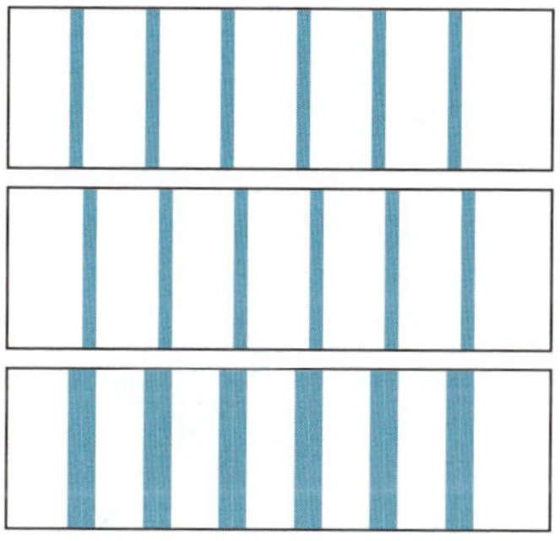

Abb. 201 b

Abb. 201: Kohärenz Zwei Lichtwellen bezeichnet man als kohärent, wenn sie in einer **festen Phasenbeziehung** stehen und sich überlagern können. Die Kohärenz wird durch zwei Phänomene beschränkt.

a: Zum einen sendet jedes Atom Licht nur über eine kurze Zeitspanne aus. Dadurch entsteht ein **Wellenzug**, der eine begrenzte Länge hat. Ist der Wegunterschied für zwei Wellenzüge, die gleichzeitig ausgesendet werden, größer als die typische Länge der Wellenzüge, so können sie sich nicht überlagern.

b: Zum anderen senden Atome ihr **Licht** nicht koordiniert, sondern **zufällig verteilt** aus. Damit kommen an einem Ort der Beobachtungsebene Wellenzüge auch zufällig verteilt an, sodass sich statistisch verteilt dort Interferenzmaxima und -minima bilden: Das Interferenzmuster „wackelt". Entsteht z. B. zunächst das obere Streifenmuster, dann das mittlere, so nimmt man insgesamt ein verschwommenes Muster (unteres Teilbild) wahr. Ist die Variationsbreite so groß, dass die Lücken vollständig überdeckt werden, sieht man nur eine einheitlich helle Fläche.

Ebenfalls auf der Überlagerung von Lichtwellen beruht das Prinzip der **Holografie**. Dazu wird ein Objekt meist mit einfarbigem Licht bestrahlt. Das Prinzip dazu wurde im Jahr 1948 von *Dennis Gabor* (1900–1979) entwickelt, der dafür 1971 den Nobelpreis für Physik erhielt. Aufgrund experimenteller Schwierigkeiten gelang es ihm allerdings noch nicht, zu befriedigenden Ergebnissen zu kommen. Das Hauptproblem dabei war, dass Gabor keine Lichtquellen zur Verfügung standen, die genügend **kohärent** (lat. cohaerere: zusammenhängen) waren (Abb. 201). Erst mit der Erfindung des **Lasers** hatte man Lichtquellen, die in ausreichendem Maße kohärentes Licht erzeugten. Zur Herstellung eines **Hologramms** wird das Licht eines Lasers in zwei Teilwellen zerlegt. Die eine Welle wird direkt auf eine Fotoplatte gelenkt **(Referenzwelle)**, die andere beleuchtet das Objekt **(Objektwelle)**. Das vom Objekt gestreute Licht überlagert sich auf der Fotoplatte und bildet dort ein komplexes Interferenzmuster, das auch Informationen über die räumliche Orientierung des Objekts enthält (Abb. 202). Anders als bei einer fotografischen Aufnahme entsteht das Bild freischwebend im Raum und man sieht andere Ansichten des Gegenstands, wenn man das Hologramm unter verschiedenen Winkeln betrachtet. Hologramme werden heute vielfach als Sicherungsetiketten benutzt, da sie nicht mittels eines Fotokopierers nachgemacht werden können.

Vielfachen Einsatz findet heute die **optische Spektroskopie**, bei der man das Licht, das von Gegenständen ausgesandt, absorbiert oder transmittiert wird, auf seine spektrale Zusammensetzung hin untersucht. Häufig kommen dabei Gitterspektrometer zum Einsatz, in denen das Licht durch Beugung und Interferenz in seine spektralen Anteile zerlegt wird. Die **Spektralanalyse** wurde von den beiden kongenialen Naturwissenschaftlern *Gustav Robert Kirchhoff* (1824–1877) und *Robert Wilhelm Bunsen* (1811–1899) an der Universität Heidelberg entwickelt und erstmals im Jahr 1860 in der Abhandlung „Chemische Analyse durch Spektralbeobachtungen" veröffentlicht.

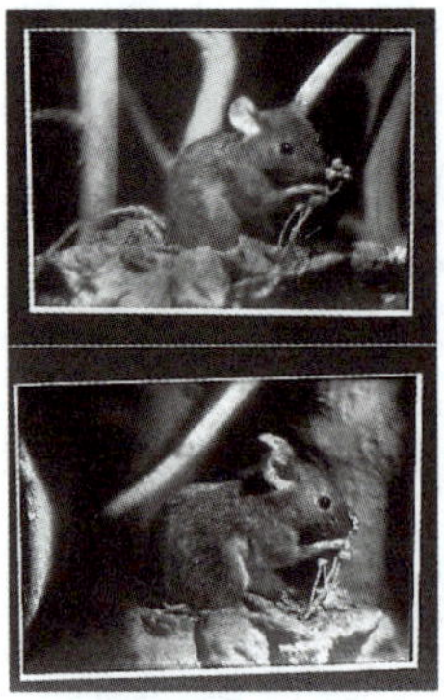

Abb. 202 a

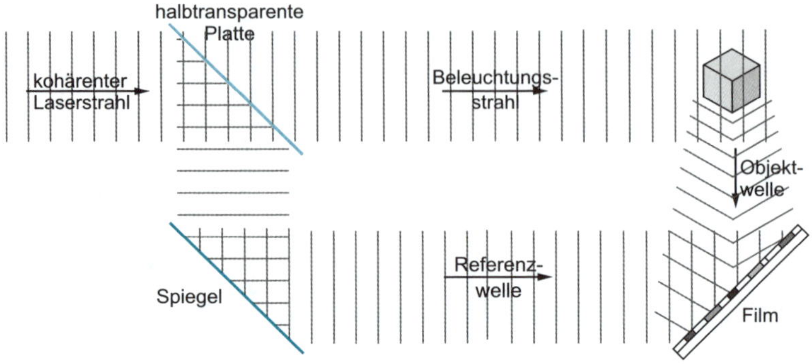

Abb. 202 b

Abb. 202: Holografie

a: Bei Betrachtung von Hologrammen erscheint der abgebildete Gegenstand, hier eine Maus, **dreidimensional**: Man kann um die Maus „herumgehen".

b: Für Holografie-Aufnahmen wird ein Laserstrahl in zwei Teilwellen zerlegt. Die Überlagerung von Referenz- und Objektwelle führt zu einem **Interferenzmuster**; die darin gespeicherten Phasenbeziehungen enthalten die „3D"-Information. Damit das Objekt korrekt abgebildet wird, muss die ganze Anordnung erschütterungsfrei aufgestellt werden.

Die Grundlage dafür hatte *Joseph von Fraunhofer* vierzig Jahre vorher mit der systematischen und genauen Untersuchung und Verbesserung der Glasherstellung geschaffen (vgl. Exkurs, S. 161). Die bahnbrechende Entdeckung von Bunsen und Kirchhoff war, dass jedes chemische Element quasi einen **optischen Fingerabdruck** in Form eines **Linienspektrums** hat. Bunsen entdeckte bei seinen Untersuchungen auffällige blaue und rote Linien, die er keinem damals bekannten Element zuordnen konnte. Er isolierte dann aus über 44 000 Litern Bad Dürkheimer Wasser ein neues Element, dem er aufgrund seiner himmelblauen Spektrallinien den Namen „Caesium" (lat. caesius: himmelblau) gab. Das zweite Element, das er auf diese Weise entdeckte, nannte er „Rubidium" (lat. rubidus: dunkelrot). Kirchhoff und Bunsen fanden auch, was vorher schon *George Gabriel Stokes* (1819–1903) und *Jonas Anders Ångström* (1814–1874) entdeckt hatten: Die Lage der Spektrallinien stimmte mit der Lage der dunklen Fraunhofer-Linien im Sonnenspektrum überein. Kirchhoff konnte auch eine Deutung für diesen Effekt geben: Im Inneren der Sonne wird ein kontinuierliches Lichtspektrum erzeugt, in der umgebenden heißen Gashülle absorbieren die Elemente genau das Licht, das sie selbst aussenden – man nennt diesen Effekt heute **Resonanzabsorption**. Damit begann auch eine neue Ära astronomischer Beobachtungen. Statt nur die Positionen von Sternen genau zu vermessen, untersuchte man nun die spektrale Zusammensetzung des Lichts. Das chemische Element „Helium" (griech. helios: Sonne) wurde auf diese Art und Weise zuerst mittels des Sonnenspektrums entdeckt. Ein wesentlicher Schritt war auch die Klassifizierung der Sterne nach ihren optischen Spektren durch *Anni Jump Cannon* (1863–1941; Abb. 203).

Stern-klasse	Farbe des Sterns	Oberflächen-temperatur in K
O	blau	30 000–50 000
B	blau-weiß	10 000–30 000
A	weiß	7 500–10 000
F	weiß-gelb	6 000–7 500
G	gelb	5 000–6 000
K	orange	3 500–5 000
M	rot-orange	2 000–3 500

Abb. 203 a

Abb. 203 b

Abb. 203: **Spektrale Klassifizierung der Sterne**

a: Sterne lassen sich spektral ordnen; die Farbe eines Sterns korrespondiert mit seiner Oberflächentemperatur. Die Bezeichnung und Reihenfolge merkt man sich mit dem Spruch „**O** **Be** **A** **F**ine **G**irl **K**iss **Me**."

b: Annie **Cannon** gelang es in geduldiger Kleinarbeit, die Sterne nach ihren optischen Spektren zu klassifizieren. Daneben gab sie den Henry-Draper-Katalog heraus, in dem die Daten von über 225 000 Sternen verzeichnet sind.

Bei der Untersuchung der Spektren von entfernten Galaxien entdeckte 1869 *William Huggins* (1824–1910), dass bei manchen Sternen die Lage der Spektrallinien zum roten Ende des Spektrums hin verschoben waren **(Rotverschiebung)**. Zur Erklärung dieses Effekts griff man die Idee von *Christian Doppler* (Abschnitt 11.3, S. 129) auf: Durch eine Relativbewegung zwischen Lichtquelle und Beobachter kommt es zu einer Veränderung der Wellenlänge des Lichts.

Optischer Doppler-Effekt

Bewegen sich Lichtquelle und ein Beobachter relativ zueinander, so stellt der Beobachter eine andere Wellenlänge fest als ein Beobachter, der bezüglich der Lichtquelle ruht. Es gilt:

$$\lambda' = \lambda_0 \cdot \sqrt{\frac{c+v}{c-v}}$$

λ: Wellenlänge beim relativ bewegten Beobachter
λ_0: Wellenlänge beim relativ ruhenden Beobachter
c: Lichtgeschwindigkeit
v: Relativgeschwindigkeit (Annäherung: $v<0$; Entfernung: $v>0$)

Bewegen sich Beobachter und Lichtquelle aufeinander zu, erscheinen die Linien zum violetten Ende des Spektrums hin verschoben; bewegen sie sich voneinander weg, finden sich die Linien näher am roten Ende. Aus der Beobachtung der Rotverschiebung der Spektren konnte man also schließen, dass sich weit entfernte Galaxien von uns fortbewegen. Aus dem Maß der Verschiebung konnte man auch die jeweiligen Geschwindigkeiten bestimmen. *Edwin Hubble* (1889–1953) fand heraus, dass zwischen der Entfernung der Galaxie zu unserem Sonnensystem und der Geschwindigkeit, mit der sie sich von uns wegbewegt, ein linearer Zusammenhang besteht. Der Proportionalitätsfaktor ist als **Hubble-Konstante** bekannt.

Abb. 204: Die **Spektralanalyse** leistet im Bereich des Umweltschutzes hervorragende Dienste.

a: Gerät zur **Sortierung von Kunststoffen**. Es kann je Sekunde 860 000 Spektren aufnehmen.

b: Mit einer **mobilen Spektrometeranlage** können Schadstoffe in Rauchgasen identifiziert werden.

Abb. 204 a

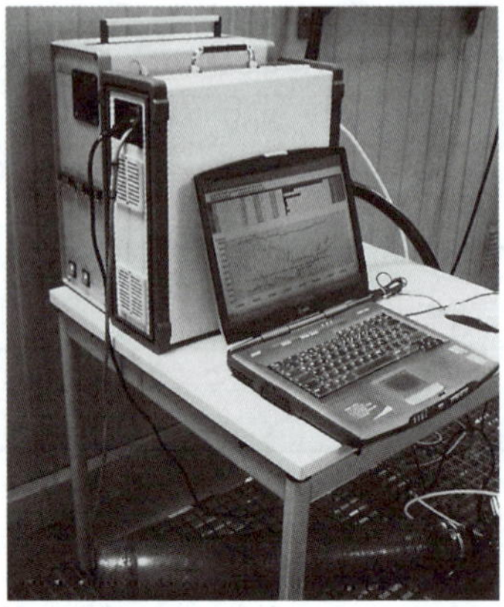

Abb. 204 b

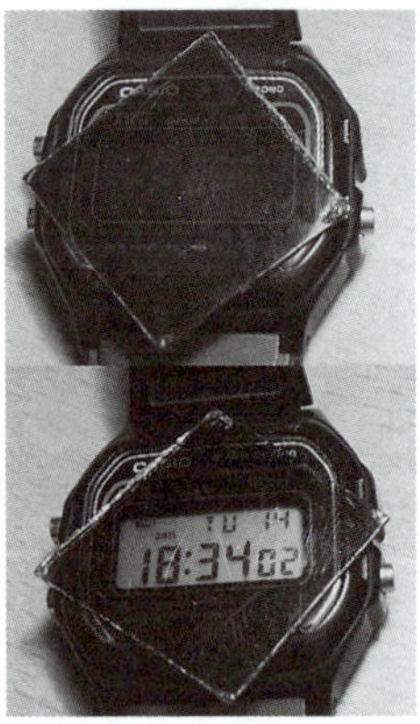

Abb. 205: Das **LCD-Display** der Armbanduhr reflektiert polarisiertes Licht. Mithilfe eines Polarisationsfilters kann man dies leicht demonstrieren.

Heute wird die Spektralanalyse in weiten Bereichen eingesetzt: Im Lebensmittel- und Kosmetikbereich zur Kontrolle der Zusammensetzung und des Schadstoffgehalts, beim Recycling von Kunststoff zur Trennung nach Sorten, in der Metallurgie zur Untersuchung der Zusammensetzung von Legierungen, im Umweltbereich zur Untersuchung der Zusammensetzung der Atmosphäre usw. (Abb. 204).

Licht ist eine **Transversalwelle**. Das lässt sich daran erkennen, dass Licht sich polarisieren lässt. Verwendet wird dieser Umstand bei den **LCD-Displays** (**L**iquid **C**rystal **D**isplays). Die Schicht aus Flüssigkristallen lässt je nach Orientierung der Kristalle nur Licht einer Polarisationsrichtung durch bzw. reflektiert nur Licht einer Polarisationsrichtung (Abb. 205).

13.4 Exkurs: Joseph von Fraunhofer (1787–1826)

Joseph Fraunhofer wurde am 6. März 1787 in Straubing als Sohn eines Glasermeisters geboren – und die Herstellung und Verwendung von Glas ist auch das, was sein Leben und Schaffen bestimmte. Nach dem Tod der Eltern im Jahr 1798 wurde er nach München zu einem Spiegelschleifer in die Lehre gegeben. Dort überlebte er 1801 wie durch ein Wunder den Einsturz des Hauses seines Lehrherrn. *Kurfürst Max IV. Joseph von Bayern* (ab 1806: *König Max. I. Joseph*) weilte gerade in der Nähe des Hauses und erlebte wohl die glückliche Rettung Fraunhofers mit. Er gewährte ihm eine Audienz und ein Geldgeschenk von 18 Gulden (Abb. 206). Noch wichtiger als das erwies sich der Kontakt zu *Joseph von Utzschneider* (1763–1840), der als Staats- und Volkswirt im Dienste des bayerischen Herzogs stand und dort weitsichtige Reformen anstieß. Um 1800 eckte Utzschneider mit seinen Reformen so an, das sich der Kurfürst genötigt sah, ihn unter Beibehaltung seines Gehalts in den Ruhestand zu versetzen. Utzschneider suchte sich neue Betätigungsfelder und fand diese in der Industrie. Er gründete zunächst eine Ledermanufaktur, dann im Jahre 1804 zusammen mit *Josef Liebherr* (1767–1840) und *Georg Reichenbach* (1771–1826) ein „mathematisch-mechanisches Institut“ zur Herstellung von Werkzeugen und kleinen Maschinen. Utzschneider förderte zunächst den jungen Joseph Fraunhofer in seinen Bemühungen, mathematische und physikalische Kenntnisse zu erwerben; 1806 stellte er ihn dann als Optiker in seinem Institut an. Es gab inzwischen einen gestiegenen Bedarf an guten optischen Instrumenten. Fraunhofer hatte zunächst den Auftrag, das Glas, das eigens dafür in der Glashütte des Instituts in Benediktbeuern (Abb. 207) hergestellt wurde, zu schleifen.

Abb. 206

Abb. 207

Abb. 206: Der zeitgenössische Kupferstich stellt die **Rettung Fraunhofers** aus dem eingestürzten Haus seines Lehrherrn dar. In der Mitte ist als besorgter und fürsorgender Landesvater Kurfürst *Max IV. Joseph* von Bayern dargestellt. Tatsächlich ließ dieser Joseph Fraunhofer gesundpflegen und unterstützte ihn finanziell.

Abb. 207: Ein Teil der historischen **Glashütte** auf dem Gelände des Klosters Benediktbeuern, in der Fraunhofer die Glasherstellung revolutionierte, steht heute als Museum zur Verfügung.

Schnell zeigt sich seine Begabung, genau und systematisch zu beobachten und zu arbeiten – er entwickelt eine verbesserte Poliermaschine und genauere Messmethoden zur Kontrolle der erreichten Linsenform. Größtes Problem aber war die Qualität des von der Glashütte gelieferten Glases. Fünf Jahre später übernahm er die Leitung der Glasherstellung und konnte nun durch gezieltes Experimentieren die Glasherstellung entscheidend verbessern. Nun waren größere Linsen und damit bessere optische Geräte möglich.

Fraunhofer ging noch einen Schritt weiter: Er erkannte, dass man das **Brechungsvermögen** und die Farbzerstreuung (in moderner Diktion die **Dispersion**) verschiedener Gläser genau bestimmen muss, um die Qualität der Instrumente weiter zu verbessern. Mit der Abhandlung zur „Bestimmung des Brechungs- und Farbenzerstreuungs-Vermögens verschiedener Glasarten in Bezug auf die Vervollkommnung achromatischer Fernröhre“, die er 1817 bei der bayerischen Akademie der Wissenschaften einreichte, legte er den Grundstein für sein wissenschaftliches Renommee. In ihr beschrieb er erstmals die später nach

Abb. 208: Mit dieser Zeichnung stellte Joseph von Fraunhofer erstmals die heute nach ihm benannten **Linien im Sonnenspektrum** vor. Die Zeichnung verdeutlicht die akribische Genauigkeit, mit der Fraunhofer arbeitete.

ihm benannten **Fraunhofer-Linien** (Abb. 208). Besondere Sorgfalt verwendete er darauf, auszuschließen, dass es sich bei diesen Linien um eine Täuschung oder einen anderen Effekt handelte:

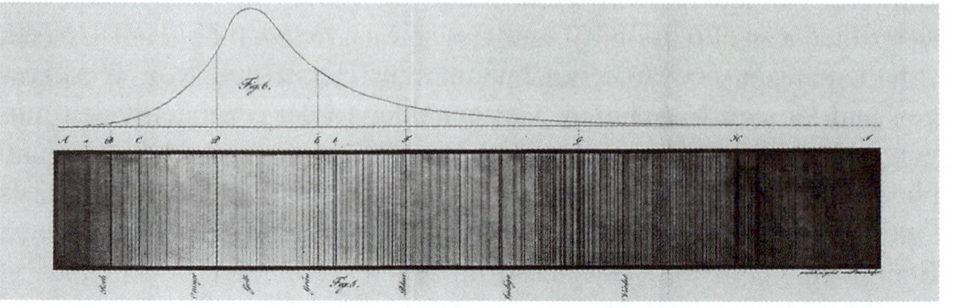

Abb. 208

„Es können demnach bloß im Raume zwischen B und H ungefähr 574 Linien gezählt werden, wovon jedoch nur die stärkern in der Zeichnung angedeutet sind. Die Entfernungen der stärksten Linien von einander wurden mit dem Theodolith gemessen, und in der Zeichnung ohngfähr nach diesem Verhältnisse aufgetragen; die schwachen Linien aber wurden bloß nach der Ansicht des Farbenbildes ohne genaues Maaß gezeichnet.
Ich habe mich durch viele Versuche und Abänderungen überzeugt, daß diese Linien und Streifen in der Natur des Sonnenlichtes liegen, und daß sie nicht durch Beugung, Täuschung u.s.w. entstehen."

Text und Bild aus: J. v. Fraunhofers gesammelte Schriften, Hrsg. E. Lommel, München, 1888, S. 12–13 (Text), S. 34–35 (Bild)

Fraunhofer begründete damit die wissenschaftlich kontrollierte Glasherstellung, ohne die es heute keine Datenübertragung via **Glasfaserkabel** gäbe.
In der weiteren Folge beschäftigte er sich mit der Wellentheorie des Lichts. Während *Thomas Young* sich damit begnügte, darauf hinzuweisen, dass die Wellentheorie auf Licht angewendet werden kann, setzte Fraunhofer sich das Ziel, dies durch präzise Messungen zu untermauern. Dazu führte er Experimente durch, in denen er Beugungsphänomene bei Licht äußerst sorgfältig vermaß und eine glänzende Übereinstimmung mit der Theorie feststellte. Als Hifsmittel fertigte er dazu sehr präzise **optische Gitter** an, indem er mit einem Diamanten parallele Linien in Glas einritzte. Heute gehören optische Gitter zu den Standardinstrumenten in der **Spektralanalyse**. Später entwickelte und baute Fraunhofer Fernrohre, die ob ihrer Qualität weite Anerkennung bei damals führenden Wissenschaftlern wie *Carl Friedrich Gauß* oder *Hans Christian Oersted* fanden.

13.5 Exkurs: Fresnels Erfindungen

Es ist eine lange Liste von Erfindungen und Entdeckungen, die sich mit dem Namen von *Augustin Jean Fresnel* (1788–1827, Abb. 209) verbindet. Dabei hatte er in jungen Jahren große Mühe, das Lesen zu erlernen – heute würde man ihn vermutlich zu den Legasthenikern rechnen. Jedoch zeigte sich bald seine praktische und mathematische Begabung. Er schlug daher die Ingenieur-Laufbahn ein und organisierte zunächst in Staatsdiensten die Reparatur von Straßen, Brücken und Deichen. Neben seinem Beruf beschäftigte er sich mit den aktuellen naturwissenschaftlichen Forschungen seiner Zeit; vor allem jene, bei denen es um Licht ging, hatten es ihm angetan. Dabei vertrat er – angeregt durch die Arbeiten *Thomas Youngs* – die Ansicht, dass es sich bei Licht um eine Welle handelte. Fresnel entwickelte dabei eine Reihe von Experimenten, mit denen er diese Theorie testen konnte. Zugleich kümmerte er sich auch darum, die Phänomene, die sich aus der Wellenbetrachtung des Lichts ergaben, mathematisch zu beschreiben. Dabei entwickelte er die nach ihm benannten **Fresnel'schen Integrale**.

Abb. 209: Augustin Jean **Fresnel** verband sorgfältige physikalische Experimente mit mathematisch-geometrischen Methoden und konnte damit die Phänomene der Lichtbeugung und der Interferenzerscheinungen auf der Grundlage der Wellentheorie erklären.

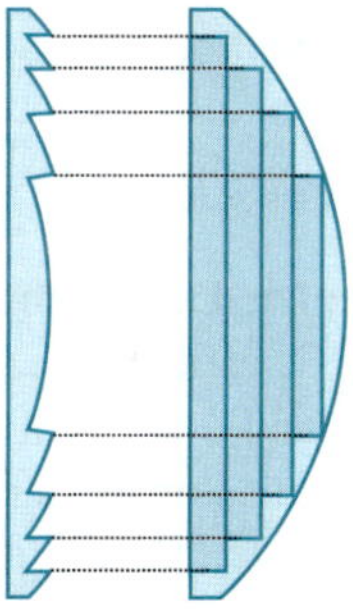

Abb. 210 a

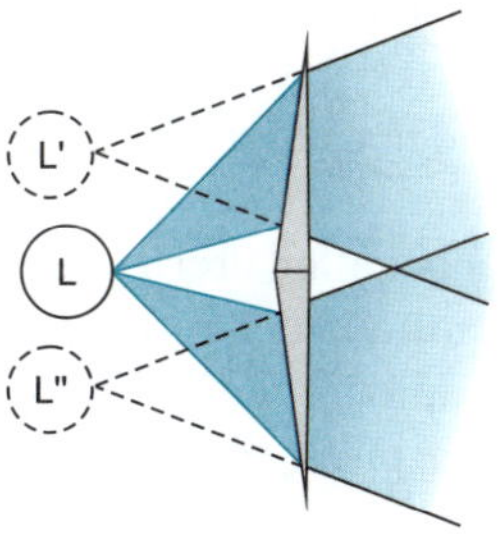

Abb. 210 b

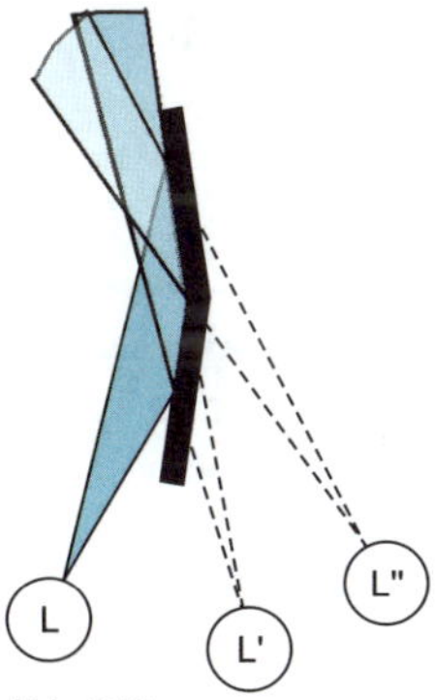

Abb. 210 c

Abb. 210 d

Abb. 210: Bedeutende, von Fresnel entwickelte **optische Geräte**

a: Fresnel-Linse (links) im Vergleich zu einer herkömmlichen Linse gleicher Brennweite (rechts). Der dunkel getönte Bereich ist für die Brechung ohne Bedeutung.

b: Biprisma

c: Doppelspiegel

d: Zonenplatte

Von seinen praktischen und experimentellen Arbeiten her tragen einige Geräte ebenfalls seinen Namen (Abb. 210):

- Die **Fresnel-Linse** fand erstmals bei Leuchttürmen ihren Einsatz. Die ihr zugrunde liegende Idee ist einfach und genial: Die Bereiche, in denen das Licht innerhalb einer Linse geradlinig verläuft, spielen für den Brechungswinkel des Lichts keine Rolle. Also kann man die Linse deutlich dünner gestalten. Heute findet sie z. B. bei Tageslichtprojektoren oder als Einparkhilfe auf der Rückscheibe von Fahrzeugen massenhaft Verwendung.

- Mit dem **Fresnel'schen Doppelspiegel** und dem **Fresnel'schen Biprisma** lässt sich Interferenz demonstrieren. Charakteristisches Merkmal beider Geräte ist ein stumpfer Winkel (beim Biprisma an der Spitze, beim Doppelspiegel zwischen den Spiegeln). Das Licht scheint daher jeweils von zwei verschiedenen Lichtquellen zu kommen, sodass sich zwischen den Teilbündeln Phasenunterschiede ergeben; es kommt zu Interferenzerscheinungen.
- Die **Fresnel'sche Zonenplatte** ist letztlich die Umkehrung der Beugung: So wie Licht, das durch ein rundes Loch geht, aufgrund der Beugung zu einem System von Ringen führt, wird Licht, das durch ein System von dunklen und hellen Ringen fällt, auf einen kreisförmigen Fleck fokussiert. Dies nutzt man vor allem im Bereich von Röntgenoptiken.

13.6 Exkurs: CD, DVD und Blue-ray

Innerhalb weniger Jahre haben Digitalisierung und **optische Speichermedien** die Informationstechnik und die Unterhaltungsindustrie umgewälzt. Gab es früher für die Kommunikationskanäle Text, Sprache und Musik sowie Film jeweils typische Transport- und Speichermedien, so findet man nun auf **CDs, DVDs** oder **Blue-ray-Discs** alle Typen vereint. Texte, Töne und Bilder werden auf ihnen digital codiert abgelegt.

Das **Grundprinzip** ist dabei bei allen drei Typen gleich: Die Disc dreht sich, während ein Laserstrahl auf der reflektierenden Oberfläche die Abfolge von Vertiefungen („pits“) und Erhöhungen („land“) abtastet. Anders als beim Schallplattenspieler, dessen Teller sich mit konstanter Umdrehungszahl je Minute dreht, wird beim Abspielen der Disc die Bahngeschwindigkeit konstant gehalten – die Drehzahl des Motors muss also ständig an die Position des Laserstrahls angepasst werden. Das reflektierte Licht wird von einem Detektor erfasst. Durch Interferenz, Beugung und Streuung ergeben sich Intensitätsunterschiede, je nachdem, ob der Laserstrahl auf ein Pit oder auf ein Land getroffen ist. Zudem ist der Fotodetektor so konstruiert, dass damit auch die Position des Laserstrahls kontrolliert werden kann.

Der **wesentliche Unterschied** zwischen Blue-ray-Disc, DVD und CD besteht in der verwendeten Wellenlänge des Laserlichts. Je kürzer die Wellenlänge ist, umso geringer sind die Beugungseffekte, die die Größe des Lichtflecks in der Datenebene der CD bestimmen (Abb. 211).

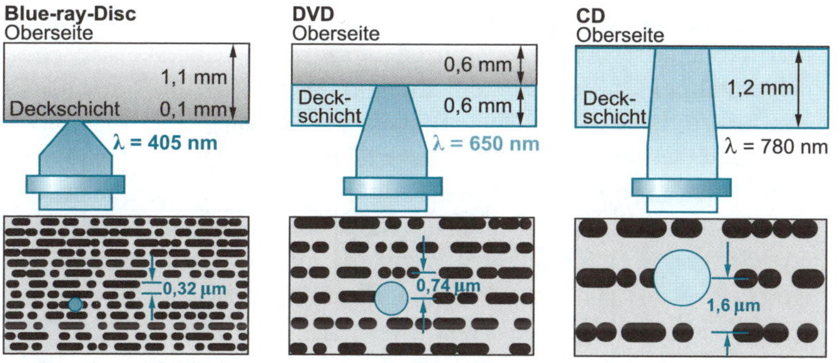

Abb. 211

Abb. 211: Die **Wellenlänge** macht den Unterschied: Bei Blue-ray-Discs wird kurzwelliges, blaues Laserlicht verwendet (daher rührt der Name). Die Lichtflecke in der Datenebene sind daher wesentlich kleiner als bei längerwelligem Licht, sodass die Datenspuren enger beieinander liegen können und die Pits entsprechend kürzer sind. Hat eine CD etwa 700 MB Speicherplatz, sind es bei einer DVD 4,7 GB, bei einer Blue-ray-Disc hingegen 25 GB.

Das Abtasten der Pits allein reicht jedoch noch nicht aus, um die Informationen korrekt wiederzugeben. Im Hintergrund laufen noch Korrekturprogramme ab, die mithilfe von Paritätsbits, die zusätzlich zur eigentlichen Information gespeichert werden, Fehler korrigieren, die aufgrund von Kratzern, Staubkörnern usw. entstehen.

Fakten und Formeln: Welleneigenschaften des Lichts

- Licht zeigt **Wellencharakter**, d. h. bei Licht treten Beugungs- und Interferenzerscheinungen auf.
- Licht ist eine **Transversalwelle**, da Licht sich polarisieren lässt.
- **Allgemeines Interferenzprinzip**
  Ein **Interferenzmaximum** zweier sich überlagernder Lichtwellen ergibt sich, wenn der Phasenunterschied, der auf den verschiedenen Lichtwegen entsteht, ein ganzzahliges Vielfaches von 2π beträgt.
  $$\Delta\varphi = k \cdot 2\pi \quad k \in \mathbb{N}_0$$
  Ein **Interferenzminimum** ergibt sich, wenn der Phasenunterschied ein ungeradzahliges Vielfaches von π beträgt.
  $$\Delta\varphi = (2k+1) \cdot \pi \quad k \in \mathbb{N}_0$$
- Mithilfe von **Beugung** und **Interferenz** kann man Licht in seine spektralen Anteile zerlegen. Darauf beruhen viele **optische Erscheinungen** in der Natur (Farbentstehung) und **technische Anwendungen** (Interferometrie, Holografie und Spektroskopie).
- **Optischer Doppler-Effekt**
  Bewegen sich Lichtquelle (Wellenlänge λ_0) und ein Beobachter relativ mit der Geschwindigkeit v zueinander, so stellt der Beobachter eine andere Wellenlänge λ fest als ein Beobachter, der bezüglich der Lichtquelle ruht (c: Lichtgeschwindigkeit).
  $$\lambda' = \lambda_0 \cdot \sqrt{\frac{c+v}{c-v}}$$

Concept Map: Welleneigenschaften des Lichts

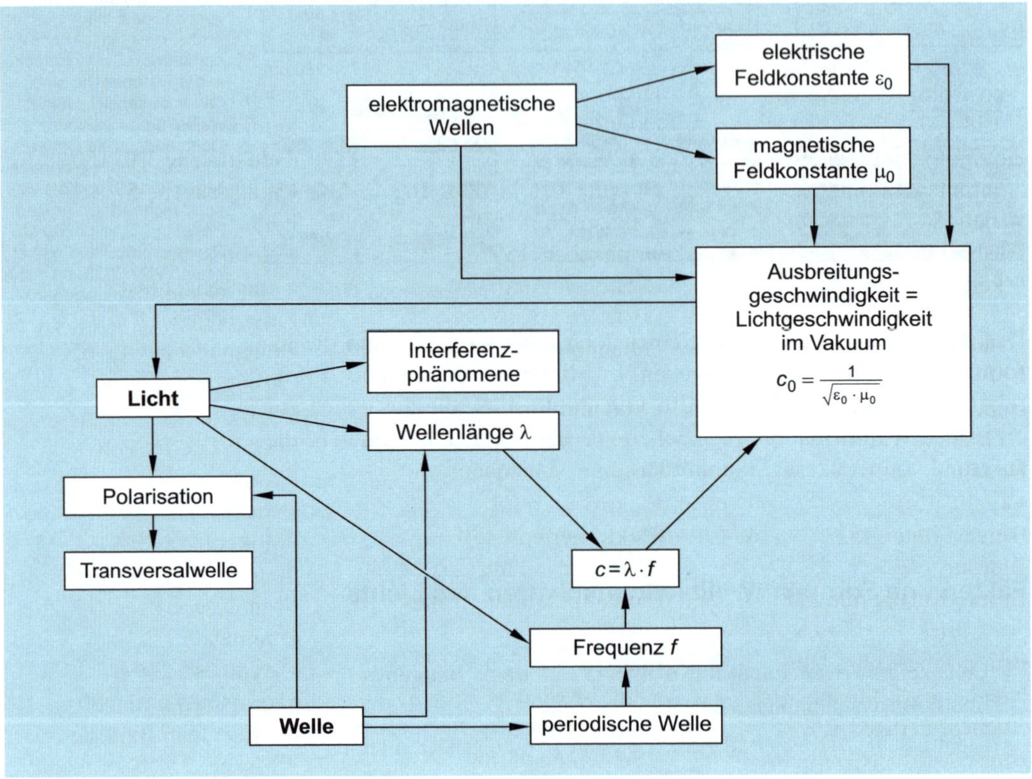

Stichwortverzeichnis

Abbildungsnachweis

Umschlagbild: Swiss Science Center Technorama
Titelbild Kap. 1: © NASA
Titelbild Kap. 2: © Anton Jankovoy / Dreamstime.com
Titelbild Kap. 3: Jos van Zetten /cc-by-2.0-generic, http://commons.wikimedia.org/wiki/File:Flickr_-_NewsPhoto!_-_ drup_(2).jpg
1 a: © thomas owen – Fotolia.com
2: © DWD
3: © DWD
6: Isaac Newton, Philosophiae Naturalis Principia Mathematica, Axiomata, sive Leges Motus, 1687
16 a: © NASA
16 b: © GFZ Deutsches GeoForschungsZentrum
18/19: Photo courtesy of the Gravity Probe B Image and Media Archive, Stanford University, U. S. A. ,and Guiness Word Records
20: Timt /cc-by-sa-3.0, http://commons.wikimedia.org/wiki/File:Lichtenberg.JPG?uselang=de
28 b: © Varian
29 b: © CERN, Genf
37 b: © OVE-ALDIS
40: Courtesy of Xerox Corporation
43: © The Bergquist Company GmbH
45: www.brix.de
46: Bild unten: © Andreas Rittershofer
48: Ulfbastel /cc-by-sa-3.0, http://commons.wikimedia.org/wiki/File:Variable_Capacitor.jpg?uselang=de.
51: © XINTEC Inc.
53: © IBM Research – Zurich
55 a: © Jonny Wilkinson – Fotolia.com
55 b: www.myartprints.co.uk/a/michael-faraday-3/john-tatums-lecture-room.html
56: Rob Lavinsky, iRocks.com /cc-by-sa-3.0, http://en.wikipedia.org/wiki/File:Magnetite-278427.jpg
57: N.N. /cc-by-sa-3.0, http://commons.wikimedia.org/wiki/File:Model_Si_Nan_of_Han_Dynasty.jpg?uselang=de
61: Urheber unbekannt
64: © „Das Weltall und unsere Erde“ von J. Kleczek & P. Jakes, 3. Aufl. 1991; Verlag Werner Dausien, Hanau/M; ISBN 3-7684-2673-4; Rechte beim Aventinum Verlag, Praha 1991
65: © NASA
66 a: United States Federal Government; http://en.wikipedia.org/wiki/File:Ernest_Orlando_Lawrence.jpg; gemeinfrei
66 b: United States Federal Government; http://www.lbl.gov/Publications/Currents/Archive/view-assets/Jan-20-2006/thm_1_XBD200104-00557-01.jpg; gemeinfrei
68: © Paul Scherer Institut
69 a: © Jean-Luc Caron – CERN
76 a: Gorchy /cc-by-sa-3.0, http://upload.wikimedia.org/wikipedia/commons/b/b4/NdFeB-Domains.jpg
79: © USGS; http://pubs.usgs.gov/gip/dynamic/magnetic.html, gemeinfrei
80: © Gary Glatzmaier; University of California, Santa Cruz
81: N.N, http://upload.wikimedia.org/wikipedia/commons/c/c2/Hermann_von_Helmholtz_01.jpg, gemeinfrei
82 a: Reproduktion Tagebuchseite vom 29. August 1831;
Fundort: http://imagesvr.library.upenn.edu/cgi/i/image/image-idx?type=detail&cc=smith&entryid=X-
82 b: Takomabibelot /cc-by-a-2.0-generic; http://commons.wikimedia.org/wiki/File:Michael_Faradays_1845_Magneto-Optical_Electro- Magnet_%26_A_Sectored_Disc.jpg
83: Niethammer, F.; Ein- und Mehrphasen-Wechselstrom-Erzeuger; Verlag S. Hirzel; Leipzig 1906; Fundstelle: http://de.wikipedia.org/w/index.php?title=Datei:Wechselstromerzeuger.jpg&filetimestamp=20060301175902, gemeinfrei
85: Sylenius /cc-by-sa-3.0, http://commons.wikimedia.org/wiki/File:Shimano_hub_dynamo.JPG
86: © Siemens
86: Mitte: Richard Wheeler (Zephyris) /cc-by-sa-3.0, http://en.wikipedia.org/wiki/File:Shaking_Torch.jpg.
86: unten: © 2011 Gadgetly.de
87 b: © Christian Gleixner
90: N.N, http://upload.wikimedia.org/wikipedia/commons/c/c7/Emil_Lenz.jpg, gemeinfrei
91 a: mit freundlicher Genehmigung von Adam Equipment Co Ltd.
91 b: Quelle: http://www.worldwide.at/ergobike/ergo/wirbelstr-bei-mic-f-web1.jpg; Zugriff 12. 1. 11
91 c: © Germanflux-NOHA GmbH
100: Gert Wrigge & Ilja Gerhardt /cc-by-sa-3.0, http://de.wikipedia.org/w/index.php?title=Datei:Stimmgabel_gr.jpg&filetimestamp=20031121122342
102 a: N.N., http://upload.wikimedia.org/wikipedia/commons/9/98/Heinrich_Rudolf_Hertz_2.jpg, gemeinfrei
102 b: Thomas Wolf /cc-by-3.0, http://commons.wikimedia.org/wiki/File:Fernsehturm_Hamburg.jpg?uselang=de

103: Mitte: Rudolf Hoffmann, http://upload.wikimedia.org/wikipedia/commons/c/cc/Wilhelm_ Eduard_Weber_IIa.jpg, gemeinfrei; unten: http://upload.wikimedia.org/wikipedia/commons/3/36/Franz_Ernst_Neumann_by_Carl_Steffeck_1886.jpg, gemeinfrei
104: © John Jenkins; www.sparkmuseum.com
105: Julien Léopold Boilly, http://upload.wikimedia.org/wikipedia/commons/a/aa/Joseph_Fourier.jpg, gemeinfrei
110 a: © Hauke Marxsen
112 a: julo, http://upload.wikimedia.org/wikipedia/commons/8/81/Czestosciomierz-49.9Hz.jpg, gemeinfrei
113 a: N.N., http://upload.wikimedia.org/wikipedia/commons/4/4a/Tacoma-narrows-bridge-collapse.jpg, gemeinfrei
113 b: Arpingstone, http://upload.wikimedia.org/wikipedia/commons/5/5f/ Millennium_Bridge750pix.jpg, gemeinfrei
117: © Klaus Schlaefer
119 a: N.N., http://upload.wikimedia.org/wikipedia/commons/4/43/Jules_Antoine_Lissajous.jpeg, gemeinfrei
144: Emanuel Handmann, http://upload.wikimedia.org/wikipedia/commons/f/f1/Leonhard_Euler_ by_Handmann_.png, gemeinfrei
146 a: N.N., http://upload.wikimedia.org/wikipedia/commons/f/f8/Alexander_Graham_Bell_12.jpg, gemeinfrei
146 b: © National Archives; US
147: Florian K /cc-by-3.0, http://commons.wikimedia.org/wiki/File:Confed-Cup_2005_-_Laolawelle.JPG
150 a: Swiss Science Center Technorama
150 b: © Leonard Lessing/Peter Arnold
153 b: © NASA, N. Benitz, T. Broadhurst, H. Ford of The Hebrew University, M. Clapin, G. Harting of STScl, G. Illingworht of UCO Lick Observatory, the ACS Science Team and ESA, STScl-PR03-01a
155 b: © nebucadnezzar – Fotolia.com
158: © Christian Gleixner
159: Bernard Vaillant, http://upload.wikimedia.org/wikipedia/commons/0/03/Christiaan-huygens4.jpg, gemeinfrei
160: Universität von Oklahoma, Fundstelle: http://hsci.ou.edu/images/jpg-100dpi-5in//17thCentury/Huygens/ 1659/ Huygens-1659-047.jpg, gemeinfrei
164: Sam Pullara /cc-by-2.0-generic, http://en.wikipedia.org/wiki/File:Baby_in_ultrasound.jpg
165 a: MichaelMaggs /cc-by-3.0, http://en.wikipedia.org/wiki/File:Cello_study.jpg
167: N.N., http://upload.wikimedia.org/wikipedia/commons/8/86/Christian_Doppler.jpg, gemeinfrei
170: N.N., http://upload.wikimedia.org/wikipedia/commons/b/be/Ernst_Mach_01.jpg, gemeinfrei
172: © U.S. Navy photo by Ensign John Gay
173: © DLR
174 a: © NOAA
174 b: http://brotherpeacemaker.wordpress.com/2007/05/
175: Stefan Kühn /cc-by-3.0, http://commons.wikimedia.org/wiki/File:Radio.jpg
176: © FIRE Foto / Thomas Gaulke
182: www.astra.de
183: Photo courtesy of Spencer Family Archive
185: D. Karstädt, K.-P. Möllemann, M. Vollmer, Eier im Wellensalat – Experimente mit der Mikrowelle; Physik in unserer Zeit, 35 © Wiley-VCH Verlag GmbH / Co. KGaA (2004) reproduced with permission, H.2, 90–96, Abb. 2 c auf S. 91
186: Loadmaster /cc-by-3.0, http://en.wikipedia.org/wiki/File:Police-LIDAR-Gun-0946.jpg
187: © Xavier MARCHANT – Fotolia.com
190 a: N.N., http://de.wikipedia.org/w/index.php?title=Datei:Popov.jpg&filetimestamp=20070425165931, gemeinfrei
190 b: N.N., http://upload.wikimedia.org/wikipedia/commons/f/f8/Guglielmo_Marconi_1902.jpg, gemeinfrei
190 c: N.N., http://upload.wikimedia.org/wikipedia/commons/5/55/Ferdinand_Braun.jpg, gemeinfrei
191: Thomas Young, An Acount on Some Cases of the Production of Colours, 1802; S. 38, 39
192: Thomas Young, An Acount on Some Cases of the Production of Colours, 1802, S. 389
193 a: Meyers Großes Konversations-Lexikon, 2. Auflage 1905
194 a: © SSPL / Science Museum
194 b: John /cc-by-2.5-generic, http://commons.wikimedia.org/wiki/File:Dieselrainbow.jpg
195 b: Hispalois /cc-by-2.5-generic, http://commons.wikimedia.org/wiki/File:Reverso_de_CD.JPG
195 c: Bilboq, http://upload.wikimedia.org/wikipedia/commons/9/93/Tropical_butterfly.jpg, gemeinfrei
196: Albert Alfred Michelson, Lights waves and their uses; university of Chicago PRESS (1903), gemeinfrei
197: © S. Schiller, Heinrich-Heine-Universität Düsseldorf (2005)
198: AEI / Harald Lück
200 a: ABoe/cc-by-sa, http://de.wikipedia.org/wiki/Datei:Speckle.jpg
200 b: T.R. Moore, J.D. Kaplon, G.D. McDowall and K.A. Martin, "Vibrational modes of trumpet bells", Journal of Sound and Vibration 254, 777–786 (2002).
202 a: Georg-Johann Lay; http://commons.wikimedia.org/wiki/File:Holo-Mouse.jpg; gemeinfrei
203 b: © NASA, http://upload.wikimedia.org/wikipedia/commons/8/81/Annie_jump_cannon.jpg, gemeinfrei
204 a: © Deutsche Bundesstiftung Umwelt; DBU aktuell, Januar 2009
204 b: © Ansyco GmbH
205: Moritz Lenz; http://moritz.faui2k3.org/images/blog/uhr.jpg; Zugriff 12. 1. 11
206: BayHStAM IV, Kriegsarchiv, M Kr 14 953, Remontedepot Benediktbeuern Bund 1, 1806–1822. Kaufvertrag v. 23. 10. 1807, XX.
207: © Gästeinformation Benediktbeuren
208: Joseph von Fraunhofers gesammelte Schriften, Hrsg. E. Lommel, München, 1888, S. 34–35
209: N.N., http://upload.wikimedia.org/wikipedia/commons/0/02/Augustin_Fresnel.jpg, gemeinfrei

Ihre Meinung ist uns wichtig!

Ihre Anregungen sind uns immer willkommen. Bitte informieren Sie uns mit diesem Schein über Ihre Verbesserungsvorschläge!

Titel-Nr.	Seite	Vorschlag

Bitte hier abtrennen

Lernen • Wissen • Zukunft
STARK

Zutreffendes bitte ankreuzen!

Die Absenderin/der Absender ist:

- ☐ Lehrer/in in den Klassenstufen:
- ☐ Fachbetreuer/in
  Fächer:
- ☐ Seminarlehrer/in
  Fächer:
- ☐ Regierungsfachberater/in
  Fächer:
- ☐ Oberstufenbetreuer/in
- ☐ Schulleiter/in
- ☐ Referendar/in, Termin 2. Staatsexamen:
- ☐ Leiter/in Lehrerbibliothek
- ☐ Leiter/in Schülerbibliothek
- ☐ Sekretariat
- ☐ Eltern
- ☐ Schüler/in, Klasse:
- ☐ Sonstiges:

Unterrichtsfächer: (Bei Lehrkräften!)

STARK Verlag
Postfach 1852
85318 Freising

20-V1T_NW
Bitte ausfüllen und im frankierten Umschlag an uns einsenden. Für Fensterkuverts geeignet.

Kennen Sie Ihre Kundennummer? Bitte hier eintragen.

Absender (Bitte in Druckbuchstaben!)

Name/Vorname

Straße/Nr.

PLZ/Ort/Ortsteil

Telefon privat

Geburtsjahr

E-Mail

Schule/Schulstempel (Bitte immer angeben!)

Bitte hier abtrennen

(Bitte blättern Sie um)

Erdkunde/Geographie

Geographie – Baden-Württemberg	Best.-Nr. 84904
Geographie 1 – Bayern (G8)	Best.-Nr. 94911
Geographie 2 – Bayern (G8)	Best.-Nr. 94912
Erdkunde – Atmosphäre · Relief- und Hydrosphäre · Wirtschaftsprozesse und -strukturen · Verstädterung	Best.-Nr. 94909
Abitur-Wissen Entwicklungsländer	Best.-Nr. 94902
Abitur-Wissen Die USA	Best.-Nr. 94903
Abitur-Wissen Europa	Best.-Nr. 94905
Abitur-Wissen Der asiatisch-pazifische Raum	Best.-Nr. 94906
Abitur-Wissen GUS-Staaten/Russland	Best.-Nr. 94908
Kompakt-Wissen Abitur Erdkunde Allgemeine Geografie · Regionale Geografie	Best.-Nr. 949010
Lexikon Erdkunde	Best.-Nr. 94904

Biologie

Biologie 1 – Baden-Württemberg Molekular- und Zellbiologie Genetik · Neuro- und Immunbiologie	Best.-Nr. 84701
Biologie 2 – Baden-Württemberg Stammgeschichtliche Entwicklung des Lebens Biotechnologie	Best.-Nr. 84702
Biologie 1 – Bayern (G8), Strukturelle und energetische Grundlagen des Lebens · Genetik und Gentechnik · Neuronale Informationsverarbeitung	Best.-Nr. 947018
Biologie 2 – Bayern (G8), Evolution · Der Mensch als Umweltfaktor – Populationsdynamik und Biodiversität · Verhaltensbiologie	Best.-Nr. 947028
Biologie 1 – Bayern LK K12 (G9) Genetik · Stoffwechsel · Ökologie	Best.-Nr. 94701
Biologie 2 – Bayern LK K13 (G9) Verhaltensbiologie · Evolution	Best.-Nr. 94702
Biologie 1 – Bayern gk K12 (G9) Genetik · Stoffwechsel · Ökologie	Best.-Nr. 94715
Biologie 2 – Bayern gk K13 (G9) Verhaltensbiologie · Evolution	Best.-Nr. 94716
Biologie 1 – NRW, Zellbiologie, Genetik, Informationsverarbeitung, Ökologie	Best.-Nr. 54701
Biologie 2 – NRW , Angewandte Genetik · Evolution	Best.-Nr. 54702
Chemie für den LK Biologie	Best.-Nr. 54705
Methodentraining Biologie	Best.-Nr. 94710
Abitur-Wissen Genetik	Best.-Nr. 94703
Abitur-Wissen Neurobiologie	Best.-Nr. 94705
Abitur-Wissen Verhaltensbiologie	Best.-Nr. 94706
Abitur-Wissen Evolution	Best.-Nr. 94707
Abitur-Wissen Ökologie	Best.-Nr. 94708
Abitur-Wissen Zell- und Entwicklungsbiologie	Best.-Nr. 94709
Kompakt-Wissen Abitur Biologie Zellbiologie · Genetik · Neuro- und Immunbiologie Evolution – Baden-Württemberg	Best.-Nr. 84712
Kompakt-Wissen Abitur Biologie Zellen und Stoffwechsel · Nerven Sinne und Hormone · Ökologie	Best.-Nr. 94712
Kompakt-Wissen Abitur Biologie Genetik und Entwicklung Immunbiologie · Evolution · Verhalten	Best.-Nr. 94713
Kompakt-Wissen Abitur Biologie Fachbegriffe der Biologie	Best.-Nr. 94714

Deutsch

Dramen analysieren und interpretieren	Best.-Nr. 944092
Erörtern und Sachtexte analysieren	Best.-Nr. 944094
Gedichte analysieren und interpretieren	Best.-Nr. 944091
Epische Texte analysieren und interpretieren	Best.-Nr. 944093
Abitur-Wissen Erörtern und Sachtexte analysieren	Best.-Nr. 944064
Abitur-Wissen Textinterpretation Lyrik, Drama, Epik	Best.-Nr. 944061
Abitur-Wissen Deutsche Literaturgeschichte	Best.-Nr. 94405
Abitur-Wissen Prüfungswissen Oberstufe	Best.-Nr. 94400
Kompakt-Wissen Rechtschreibung	Best.-Nr. 944065

Sprachenzertifikat

Sprachenzertifikat Englisch Niveau A 2 mit Audio-CD	Best.-Nr. 105552
Sprachenzertifikat Englisch Niveau B 1 mit Audio-CD	Best.-Nr. 105550

Englisch

Übersetzung	Best.-Nr. 82454
Grammatikübung	Best.-Nr. 82452
Themenwortschatz	Best.-Nr. 82451
Grundlagen, Arbeitstechniken und Methoden mit Audio-CD	Best.-Nr. 944601
Sprachmittlung	Best.-Nr. 94469
Sprechfertigkeit mit Audio-CD	Best.-Nr. 94467
Klausuren Englisch Oberstufe (G8)	Best.-Nr. 905113
Abitur-Wissen Landeskunde Großbritannien	Best.-Nr. 94461
Abitur-Wissen Landeskunde USA	Best.-Nr. 94463
Abitur-Wissen Englische Literaturgeschichte	Best.-Nr. 94465
Kompakt-Wissen Abitur Themenwortschatz	Best.-Nr. 90462
Kompakt-Wissen Abitur Landeskunde/Literatur	Best.-Nr. 90463
Kompakt-Wissen Kurzgrammatik	Best.-Nr. 90461
Kompakt-Wissen Grundwortschatz	Best.-Nr. 90464

Bestellungen bitte direkt an:
STARK Verlagsgesellschaft mbH & Co. KG · Postfach 1852 · 85318 Freising
Tel. 0180 3 179000* · Fax 0180 3 179001* · www.stark-verlag.de · info@stark-verlag.de
*9 Cent pro Min. aus dem deutschen Festnetz, Mobilfunk bis 42 Cent pro Min.
Aus dem Mobilfunknetz wählen Sie die Festnetznummer: 08167 9573-0

Lernen • Wissen • Zukunft
STARK

20-VIT_NW